A. Lachmann

Die Farbewaren

in Beziehung auf ihre Abstammung, Bestandteile, Eigenschaften,

Prüfung und technische Anwendung

Verlag
der
Wissenschaften

A. Lachmann

Die Farbewaren

in Beziehung auf ihre Abstammung, Bestandteile, Eigenschaften, Prüfung und technische Anwendung

ISBN/EAN: 9783957009333

Auflage: 1

Erscheinungsjahr: 2017

Erscheinungsort: Norderstedt, Deutschland

Hergestellt in Europa, USA, Kanada, Australien, Japan
Verlag der Wissenschaften in Hansebooks GmbH, Norderstedt

Encyklopädie

der

Chemisch-technischen Wissenschaften.

Im Verein

mit

Gelehrten und Praktikern

herausgegeben

von

DR. THEODOR KERNDT,

Docent der Technologie und Chemie an der Universität Leipzig, Königl. Sächs. Regierungsberichterstatter bei der allgemeinen Industrie-Ausstellung zu Paris 1855, Königl. Sächs. Spezialcommissär bei der allgemeinen landwirth-schaftlichen Industrie-Ausstellung zu Paris 1856, Königl. Sächs. Commissär bei der Industrie-Ausstellung zu Warschau 1857, Mitglied mehrerer gelehrten, sowie technischen Gesellschaften und Vereine etc.

Heft II:

Die Farbewaaren in Beziehung auf ihre Abstammung, Bestandtheile, Eigenschaften, technische Anwendung, Prüfung und merkantilischen Vertrieb, für Farbewaaren-händler, Droguisten, Apotheker, Chemiker und Färber.

Leipzig,

Verlag von Gebhardt & Reisland.

1860.

Die

Farbewaaren

in Beziehung auf ihre

Abstammung, Bestandtheile, Eigenschaften, technische
Anwendung, Prüfung und merkantilischen Vertrieb,

für

Farbewaarenhändler, Droguisten, Apotheker, Chemiker und Färber

von

Dr. A. Lachmann.

———⬦⬦⬦———

Leipzig,

Verlag von Gebhardt & Reisland.

1860.

Vorwort.

Es ist ohne Zweifel ein glüklicher Gedanke gewesen, bei Herausgabe dieser in den ersten Stadien ihrer Entwicklung begriffenen Encyclopädie insofern von der inneren Einrichtung anderer gleichartiger Werke abzuweichen, als in ihr nicht einzelne Artikel im bunten Durcheinander, sondern freie Hefte, die das Bereich eines ganzen Industriezweiges auf einmal umfassen, in Gestalt für sich abgeschlossener Theile der Encyclopädie auf einander folgen. Es ist nicht die Aufgabe des Verfassers der Farbewaarenkunde hierzu an dieser Stelle den Nachweis zu liefern, aber er muss es um so offener gestehen, dass ihm diese Anordnung bei Bearbeitung der Farbewaaren mit dem besten Erfolge zu Statten gekommen ist. Was durch ein inneres Band mit einander zu einem Ganzen eng verbunden ist, darf auch von einander nicht getrennt werden, will man dem Verständniss im Ganzen wie im Speziellen nicht erheblichen Eintrag thun. Dass dies auch von den Farbewaaren gilt, die mit wenigen Ausnahmen in den Werkstätten der Drucker und Färber zur Erzeugung von Farben auf Seide-, Wolle-, Baumwolle- und Linnenstoffe in dem grossartigsten Maassstabe konsumirt werden, bedarf wohl kaum einer besonderen Beweisführung; wohl aber bedarf es der besonderen Erwähnung, dass der Verfasser mit Uebergehung sämmtlicher Salze z. B. von Alaun, Bleizucker, chromsaurem Kali, Weinstein, Zinnsalz etc., welche ebenfalls als unerlässliche Hülfsmittel in den Druckereien und Färbereien allerwärts auf den Preiskurranten der Farbewaarenhandlungen unter der Rubrik „Farbewaaren" aufgeführt sind, nur diejenigen Farbewaaren in dem vorliegenden Hefte in das Bereich seiner Bearbeitung gezogen hat, welche, mögen sie nun dem Pflanzenreich oder Thierreich angehören, das Material enthalten, welches die Salze zumeist erst zu den Farben umgestalten, wie wir sie auf Zeugen theils aufgedruckt, theils aufgefärbt erblicken. Alle die hierher gehörigen Salze in dieses Heft mit aufzunehmen, gestattete der Raum nicht, und es konnte ihre Bearbeitung einem späteren Hefte um so eher vorbehalten bleiben, als auch sie, gleich den in diesen Blättern bearbeiteten Farbewaaren, eine durch ihre Eigenschaften und namentlich durch ihr Verhalten gegen die Farbstoffe und die ve-

gctabilische wie animalische Faser eine für sich bestehende harmonische Körper-
gruppe bilden und desshalb zu einer selbstständigen Bearbeitung in einem besonderen Hefte recht wohl geeignet sind. — Wer die grosse Wichtigkeit der
Farbewaaren für die Gewerbsindustrie kennt, dem wird es nicht auffallen, dass
ihnen in einem der ersten Hefte der Encyklopädie ein Platz eingeräumt worden
ist; nur musste dem Fortschritt, der mit der Zeit auch im Bereich dieser Waaren sich geltend gemacht hat, gebührende Rechnung getragen werden und Das
Aufnahme in die Farbewaarenkunde finden, was in den technischen Journalen
als werthvolle neuere Erfindungen, als wichtige Resultate gewissenhafter Forschungen niedergelegt ist; dass aber von dieser Aufnahme auch ältere Jour-
nalartikel nicht ausgeschlossen wurden, davon lag der Grund in ihrer bis auf
den heutigen Tag unbestrittenen Richtigkeit. Eine eingehendere Besprechung
der Anwendungsweise der bearbeiteten Farbewaaren in der Praxis der Färberei
und Druckerei würde die Grenzen dieses Heftes allzuweit hinausgeschoben haben; wir haben es desshalb vorgezogen nur andeutungsweise uns über dieselbe
auszusprechen, dafür die Contofinten, welche mit wenigen Ausnahmen vom neuesten Datum sind, sowie in Ermangelung von Illustrationen genauere Charakte-
ristiken derjenigen Pflanzen und Thiere aufzunehmen, von welcher die resp. Farbewaaren abstammen. Gruppirung der Farbstoffe nach den Theilen der Pflanzen,
in welchen sie enthalten sind, dürfte, wenn auch in einigen Fällen die logische
Schärfe in der Ausdrucksweise zu wünschen übrig lässt, gleichwohl ihrer Ueber-
sichtlichkeit wegen Beifall verdienen.

Inhaltsverzeichniss.

Anmerkung. Kostoriko; ein geschätztes, dem Bimas fast gleichstehendes Holz; Kloben nicht voll, sondern gefurcht, nicht selten bis auf die Mitte, oft so breit, dass man die Hand hineinlegen kann; fast splintfrei, auf dem frischen Bruch von lebhaft rother Farbe, $5/4$ lang geschnitten, bis 1 Centner schwer. Wird gemahlen, gerissen, genadelt oder geschnitten. Seite 87.

* Färbeginster. *Genêt. Broom.* Seite 71.
* Färberscharte. *Serratule. Saw-wort.* Seite 70.

Farbstoffe aus dem Thierreiche.

1. Kochenille. *Cochenille. Cochineal.*

Der unter diesem Namen im Handel vorkommende Farbstoff stammt aus dem Thierreich und ist das im Zustand der Trächtigkeit gesammelte und getödtete Weibchen einer Art Schildlaus *Coccus cacti*, das ein rothes Pigment enthält, welches Seide und Wolle sehr schön Scharlach, Rosa, Karmoisin färbt und das bis jetzt wenigstens in dieser Beziehung von keinem anderen Farbstoff übertroffen worden ist. Obgleich auch Baumwolle- und Linnenstoffe mittels Kochenille gefärbt werden können, so lässt doch die auf solchen Zeugen dargestellte Farbe namentlich an Festigkeit zu wünschen übrig; es findet daher die Kochenille in der Wolle- und Seidenfärberei eine ungleich ausgedehntere Anwendung als in der Baumwolle- und Linnenfärberei. Abgesehen von einer Menge von sogenannten Modefarben auf Wolle und Seide zu färben, die aus einer sehr mannigfaltigen Vermischung der einfachen Farben mit den einfachen, der zusammengesetzten mit den zusammengesetzten gewonnen werden, dient in den Färbereien die Kochenille, wie schon bemerkt, ausser zur Darstellung von Scharlach, Karmoisin und Rosa, noch ganz besonders in den Wollestoff-Druckereien zur Darstellung von Dunkelroth, Hellroth und Rosa zum Aufdruck, zur Darstellnng von Lackfarben für die Malerei (Wiener, Pariser, Florentiner Lack), von rothem Karmin etc. etc. Ueber die Anwendung und Beschaffenheit des Lack-Dye als Kochenillesurrogat s. weiter unten.

Die oben erwähnte Art Schildlaus, *Coccus cacti*, wird auf der Kochenille - Fackeldistel, *Cactus coccinellifer Linn.*, gefunden und es hat daher dieselbe auch als Bezeichnung der besonderen Gattung den vollständigen Namen erhalten: *Coccus cacti coccinelliferi.* Diese Fackeldistel, gewöhnlich auch Nopalpflanze genannt, wird sowohl wild wachsend als cultivirt in Mexiko. Peru, Brasilien, auf Java, St. Domingo, Teneriffa (kanarischen Inseln), in Algier, Spanien angetroffen und ist folglich daselbst heimisch. Auch die Kochenille hat in diesen Ländern ihre Heimath und kommt von dort aus zu uns in den Handel. Das Männchen des Thieres ist kleiner als das Weibchen, von schön hellrother Farbe und mit zwei langen, zarten, weisslich gefärbten Flügeln versehen, über welche zwei lange, ebenfalls weiss gefärbte Faden, die von dem Hinterleib ausgehen, hinausragen; ihre Fress- oder Saugwerkzeuge sind von solcher Kleinheit, dass man sie selbst durch gute Vergrösserungsgläser nicht deutlich wahrnehmen kann; die ganze Länge des Männchens beträgt etwa $^3/_4$ Linien, die Körpergestalt ist oval und der Kopf mit dem Körper durch ein zartes Zwischenglied zusammenhängend; es erreicht das Alter von einem Monat; unmittelbar nach der Begattung tritt der Tod ein. Die Flügel dienen dem Männchen zur leichteren Beweglichkeit, wenn es im Begriff ist, das Weibchen, das an irgend einer saftigen und zarten Blattstelle sich festgesogen hat, aufzusuchen und zu begatten. Das Weibchen hat eine fast eirunde Körpergestalt, ist von dunkelrother Farbe und zeigt auf dem Oberleib eine Menge von Einkerbungen, die auf dem Unterleib nur am hinteren Theile wahrnehmbar sind; die Fühler unterscheiden sich von denen der Männchen durch grössere Kleinheit, und zwischen das erste Fusspaar ragt ein schnabelförmiger Saugrüssel hinein, der am Kopf angewachsen dem Thiere dazu dient, die Blätter der Nopalpflanze anzubohren und den

Saft aus ihnen zu saugen. Die ganze Grösse des weiblichen Insectes beträgt eine Linie und seine Lebensdauer nicht ganz zwei Monate; der Tod tritt ein, nachdem die Jungen die Eier verlassen, denn sie bedürfen der mütterlichen Pflege nicht, weil ihnen die Blätter der Nopalpflanze vom ersten Augenblick ihres Lebens an Alles bieten, was sie zur Erhaltung desselben nöthig haben, und die günstigen Witterungsverhältnisse eines gleichmässigen, durch seltene Störungen unterbrochenen Sommers, sowie ihre eigenthümliche Körperbedeckung den Schutz der Mutter überflüssig machen. Sind die Jungen aus den Eiern ausgekrochen, so erscheinen sie anfänglich selbst dem bewaffneten Auge nur als kleine rothe Punkte, die man für die Eier zu halten geneigt ist, von welchem Irrthum man aber bald zurückkehrt, wenn die immer sichtbarer werdende Bewegung dieser kelinen Geschöpfe ihre Existenz ausser Zweifel setzt. Mit dem Wachsthum derselben kommen gleichzeitig weisse Härchen zum Vorschein, die nach und nach dichter werden und zuletzt einen Ueberzug auf ihren Körper bilden, der denselben gegen den nachtheiligen Einfluss eintretender übler Witterung sicherstellt. Binnen 6 Wochen haben die Kleinen die den Insecten eigenthümlichen Verwandlungsstufen durchlaufen, sind vollkommen ausgewachsen, die Männchen mit Flügel und die Weibchen mit Saugrüssel versehen, um von Neuem die Hauptaufgabe ihres Lebens, sich durch Fortpflanzung zu ergänzen, zu erfüllen. Im Laufe eines Sommers findet gewöhnlich ein dreimaliger Generationswechsel statt.

Um die Kochenille zu züchten und zu veredeln, sind in den genannten Ländern Fackeldistel-Plantagen von grösserem oder geringerem Umfange angelegt; die in zweckmässiger Ordnung gepflanzten Fackeldisteln erleichtern dem Züchter den Eintritt zwischen ihre Reihen, eine feste Umzäunung wehrt jedem fremden Besuch den Zutritt, und die hinreichende Entfernung der Plantage von wildem Fackeldistelgebüsch hat die wohlthätige und zugleich wichtige Folge, dass eine Vermischung der wilden kleineren und wegen ihrer geringeren Farbstoffmenge weniger geschätzten Kochenille mit der veredelten grösseren und farbstoffreicheren, wie sie bei kleinerer Entfernung durch den Gebrauch der Flügel der männlichen Thiere wohl möglich ist, verhütet wird. Es ist nun Sache der Erfahrung, zu rechter Zeit an die Einsammlung der trächtigen Weibchen zu gehen, d. h. den Zeitpunkt möglichst genau einzuhalten wenn einerseits in den Weibchen die Eier entwickelt und andererseits diese von ihnen noch nicht gelegt sind; denn das ist das Eigenthümliche, dass mit der Begattung erst die wesentliche Entwickelung des rothen Pigments beginnt und zwar jedenfalls mit der Eierbildung, und dass folglich die Zunahme am rothen Pigment zu der fortschreitenden Ausbildung und Vermehrung der Eier in demselben Verhältniss stehen muss, wie die Abnahme des Farbstoffs zur allmähligen Entleerung des mütterlichen Leibes von den Eiern; hieraus geht aber unzweifelhaft hervor, dass das Kochenilleweibchen am farbstoffreichsten im höchsten Stadium der Trächtigkeit ist, und dass schon aus dem Grunde die käufliche Kochenille nicht durchgehends von gleichem Farbewerth sein kann, weil es selbst dem geübtesten Auge und dem erfahrensten Verstande nicht möglich sein dürfte, genau jenes Stadium der Eierentwickelung in dem kleinen und stillbelebten thierischen Körper äusserlich zu erkennen; genug wenn es möglich ist, die grosse Mehrzahl der Weibchen überhaupt in noch trächtigem Zustande zu sammeln. Bekanntlich trägt die Kochenille-Fackeldistel eine rothe Frucht, welche nach Angabe von Pelletier den rothen Farbstoff der Kochenille enthält; nach der Ansicht desselben Chemikers sollen wirklich die Kochenillethierchen ihren Farbstoff aus derselben schöpfen. — Aus der bereits eben in kurzen Umrissen gegebenen Biographie dieser Thiere ergiebt sich von selbst, dass eine Vermischung der Weichen mit den Männchen bei der Einsammlung nicht vorkommen kann, weil die Männchen bereits mehrere Wochen vorher, unmittelbar nach der Begattung der Weibchen, ihren Tod bereits gefunden haben, und dass folglich diejenigen irren, welche der Meinung sind, dass auch die Männchen dieser Insecten und zwar unter besonderem Namen, z. B. als Zakkatille, im Handel vorkommen.

Das Einsammeln der Kochenille wird auf einfache Weise so ausgeführt, dass der Züchter mittels eines hölzernen Instruments dieselbe von der Fackeldistel vorsichtig abtsreift und in einem Gefäss, das er mit sich führt, aufsammelt, aber mit Zurücklassung einer hinreichenden Anzahl von trächtigen Weibchen auf den Blättern, welche zu einer zweiten Sammlung von Kochenille durch das Legen ihrer Eier die einzige Möglichkeit bieten, die dann auch bereits nach wenig Wochen wirklich eintritt; diese zweite Sammlung wird ganz wie die erste vorgenommen, indem der Züchter wieder eine Anzahl von trächtigen Weibchen auf den Blättern zurücklässt, um noch eine dritte Ernte vorzubereiten, die ebenfalls stattfindet, — allein diesmal, weil die Regenzeit mit ihren Stürmen und Wettern nahe bevorsteht, ohne auch nur ein einziges Thier auf den Blättern zurückzulassen. Die auf den Blättern gesammelten Weibchen aller drei Ernten werden getödtet, mit Ausnahme derjenigen von der dritten Sammlung, welche im nächsten Frühjahr zur Bevölkerung der Nopalpflanzen dienen sollen. Nach Ruuscher tragen die Indianer die zur Ueberwinterung bestimmten Weibchen mit den abgebrochenen Zweigen in ihre Wohnungen, sorgen dafür, dass diese so lange als möglich frisch bleiben und bauen kleine Nestchen, in deren jedes sie 12—14 Weibchen hineinsetzen. Während des Verlaufes der Regenzeit schreitet die Entwickelung der trächtigen Weibchen immer mehr vor, so dass, wenn nach der Regenzeit sie wieder ins Freie kommen und auf die Nopalpflanzen ausgesetzt werden, schon nach Verlauf von 3—4 Tagen das Eierlegen beginnt; an den Ursprung jedes Blattes, und zwar da, wo es am zartesten grünsten und saftigsten ist, werden 2—3 Nestchen befestigt; es findet nun derselbe Generationswechsel dieser Thiere wie im vorigen Jahre statt, und wird die Einsammlung der trächtigen Weibchen ebenfalls ausgeführt wie im vergangenen Jahr. Das Tödten derselben geschieht, indem man sie entweder in den heissesten Stunden des Tages den directen Sonnenstrahlen aussetzt, oder sie in erhitzte irdene Pfannen oder in einen warmen Ofen oder in heisses Wasser schüttet; in dem letzteren Fall tritt der Tod augenblicklich ein, wesshalb auch die Thiere sofort wieder aus dem Wasser herausgenommen und schnell getrocknet werden. — Auf die Farbe der Kochenille ist, wie man allgemein annimmt, die Art der Tödtung nicht ohne Einfluss; ist sie erfolgt durch den Sonnenstrahl, so erscheint die Farbe silberweiss-glänzend; ist sie erfolgt durch heisses Wasser und Trocknen im Schatten bei hoher Temperatur, so erscheint sie gefleckt aschgrau, ist sie erfolgt im warmen Ofen, so erscheint sie marmorirt und ist sie erfolgt in heissen Pfannen, so erscheint sie dunkelbraunroth bis schwarz. Das Tödten der Kochenille mag aber auf diese oder jene Art vorgenommen worden sein, immer besteht die unmittelbar darauf folgende Arbeit darin, dass man mittels ganz einfacher Siebvorrichtungen die grösseren Thiere von den kleineren trennt, was aus dem Gesichtspunkt der Oekonomie dem Plantagenbesitzer um so praktischer erscheinen muss, einen je entschiedeneren Vorzug die ersteren durch grösseren Gehalt an Farbstoff vor den letzteren behaupten und je bedeutender der hierdurch bedingte Kaufpreis im Handel zu Gunsten der ersteren ausschlägt; gleichzeitig verbindet man aber mit dem Sieben noch den weiteren Zweck, etwaige Bruchstücke oder Körpertheile der Kochenille, sowie kleine Steinchen und grauen Staub, die häufig als mechanische Gemengtheile auftreten, zu entfernen; diese Abgänglinge führen im Handel den Namen Kochenillestaub (Kochenilleflaum).

Die Bestandtheile der Kochenille sind folgende: das rothe Pigment, der Karmin $= C_{16}H_{26}O_{16}$, ferner Coccin, Koccinsäure? welche die schwache Röthung des Lackmuspapier in der Kochenillenabkochung, sowie ihren characteristischen Geruch verursacht, und eine eigenthümliche stickstoffhaltige, in farblosen glänzenden Nadeln krystallisirende Substanz (von *Warren de la Rue* entdeckt), die wahrscheinlich mit dem von Liebig entdeckten Tyrosin identisch ist, ferner fett-, und wachsartige Stoffe und eine Anzahl von Kali- und Kalksalzen.

Nach *Warren de la Rue* wird die Karminsäure auf die Weise rein gewonnen, dass man gemahlene Kochenille mit dem 40fachen Gewicht Wasser etwa 20 Minuten auskocht, das filtrirte Dekokt mit schwach angesäuerter Bleizuckerlösung (6 Theile Bleizucker, 1 Theil Essigsäure) versetzt und den erhaltenen Niederschlag, karminsaures Bleioxyd, auf dem Filter sorgfältig auswäscht. Indem man ihn hierauf im Wasser durch Umrühren zertheilt, leitet man einen Strom von Schwefelwasserstoffgas durch, welcher das Bleisalz zersetzt und die Karminsäure freimacht. Die vom Schwefelblei abfiltrirte Lösung der Karminsäure wird zum Trocknen eingedampft, der Rückstand hierauf in siedendem absoluten Alkohol aufgelöst, und um die Phophorsäure daraus abzuscheiden, mit karminsaurem Bleioxyd digerirt. Man filtrirt und vermischt endlich, um auch stickstoffhaltige Substanz abzuscheiden, die Lösung mit Aether, und erhält nun, nach wiederholtem Filtriren, durch allmähliges Eindampfen die reine Karminsäure. Eigenschaften: ein bräunlich purpurrothes, sehr glänzendes, feinkörnigus Pulver, welches an der Luft sich nicht verändert, bei $+ 50^0$ aber zu schmelzen beginnt; im Wasser ist es mit sehr schöner rother Farbe leicht auflöslich, ebenso in verdünntem, schwerer hingegen in starkem Weingeist und fast gar nicht in Aether und ätherischen Oelen; verdünnte Säuren treiben die wässrige Karminsäureauflösung ins Hellroth, bei grösserem Zusatz ins Gelbroth und bei noch grösserem ins Gelbe hinüber; konzentrirte Säuren zerstören das Pigment; Alkalien nüanciren die Farbe ins Violettpurpurrothe, ohne jedoch in dem Farbstoff eine Veränderung hervorzurufen; Thonerdehydrat zieht das Pigment aus seiner wässrigen Auflösung vollständig aus, verbindet zich mit ihm und färbt sich sehr schön roth, nimmt hingegen eine violette Farbe an, wenn Wärme gleichzeitig mit einwirkt; Zinnoxydul wirkt auf die Auflösung wie die Alkalien, Zinnoxyd hingegen wie die Säuren ein. Durch Behandlung der Karminsäure mit 6—7 Salpetersäure erhält man theils Oxalsäure, theils Nitrococcussäure $= C_{16}U_5N_3O_{18}$; gelbe, rhombische in Wasser und Weingeist auflösliche, stark sauer reagirende Prismen.

Die im Handel vorkommende Kochenille ist entweder eigentliche Kochenille oder Zakkatille; letztere eine besondere Art der ersteren; meist aus Honduras. Beide unterscheiden sich von einander durch folgende Merkmale: 1) die Kochenille ist vollkörnig, die Zakkatille hingegen mehr schaalig, 2) die Kochenille ist dnnkelaschgrau bis silbergrau, die Zakkatille schwarzgrau bis schwarz; 3) die Kochenille ist in gleichen Mengen 15—20% schwerer als die Zakkatille, daher letztere in gleichen Gewichten unverhältnissmässig farbstoffreicher als erstere und 4) die Kochenille zeigt keine Spur von sogenannten Blutkörnchen, die überaus reich an rothem Farbstoff sind, während die Zakkatille reichlich damit untermischt erscheint. Diese Eigenschaften der Zakkatille zusammengenommen geben ihr vor der eigentlichen Kochenille einen entschiedenen Vorzug, obwohl der praktische Färber auch der letzteren zur Erzeugung gewisser Farbenüancen, z. B. von Scharlach sich gern bedient. Der Unterschied bezüglich der Qualität und der Reichhaltigkeit des Farbstoffs wird bei der Kochenille, so gut wie bei der Zakkatille durch: extrafein, fein, mittelfein, gut, ordinär u. a. m. bezeichnet und durch Beifügung der Farbe, als fuchsig, grau, silbergrau, gesilbert, die selbstverständlich nur Werth hat, wenn sie naturell ist, sowie durch Angabe der Kornbeschaffenheit, grob-, mittel-, feinkörnig, für Zakkatille speciell schaalig, äusserlich genauer beschrieben.‘

In den Auctionen, von denen mehrere im Jahr in London und in Amsterdam, und in Rotterdam 2 im Jahre mit Kochenille und Zakkatille abgehalten werden, kommen folgende Arten zur Versteigerung; in London: Kochenille und Zakkatille aus Honduras, Vera-Cruz, (mexikanisch. Koch.) von Teneriffa und aus Lima; in Amsterdam und Rotterdam: Kochenille und Zakkatille von Java.

Nach Letellier in Rouen (polytechn. Journ. B. 95.) wird ein grosser Theil der in Bordeaux vorkommenden Kochenille in Zakkatille verwandelt, indem sich in dieser Stadt ausschliesslich Leute damit beschäftigen; er glaubt, dass dies auf die Weise geschieht, dass die graue Kochenille mit heissem Wasser stark behandelt wird, um ihr den weissen Staub, der auf ihr liegt, vollständig zu entziehen. Erwägt man freilich, dass dadurch gleichzeitig der Kochenille ein Theil ihres Farbstoffs entzogen wird, so darf es nicht Wunder nehmen, wenn derartig künstlich bereitete Zakkatille farbstoffärmer als die natürliche Zakkatille sich erweist.

Was Reinheit, Grosskörnigkeit und Ausgiebigkeit der Waare sowie die specifische Beschaffenheit des Farbstoffs anlangt, so hat vor allen Arten den Vorzug

1) Honduras; das Land producirt das grösste Quantum; Korn meist sehr gross, silbergrau, specifisches Gewicht mittelmässig, bis leicht; wenig Unreinigkeiten, wie Steinchen, Sandkörner u. s. w. Mestek-Kochenille ist eine aus den Plantagen von Mesteque in Honduras stammende gute Kochenille. Nicht minder beachtenswerth ist

2) Teneriffa, dessen Production diejenige von Honduras fast erreicht hat; leichteres specifisches Gewicht meist vorherrschend, Korn mittelmässig, aber ziemlich egal, Farbstoff sehr kräftig und voll und darum häufig der Honduras vorgezogen; es ist die einzige Sorte Kochenille, welche unter der Benennung „bunt“ vorkommt, d. h. eine Mischung von Grau und Zakkatille. Teneriffa bindet sich mit dem Verkauf seiner Kochenilleproduction keineswegs an den Londoner Markt, behält sich vielmehr seine freie Hand und bringt von seinen Sammlungen — ohne Zweifel den grössten Theil in London — sehr viel aber auch auf französischen (Marseille, Havre, Bordeaux) und deutschen (Bremen, Hamburg) Märkten zum Verkauf.

3) Vera-Cruz. Specif. Gewicht und Korn mittelmässig bis klein, Farbe kräftig, viel Unreinigkeit, wie Steinchen, Sandkörner etc.

4) Lima. Spec. Gew. günstig, Korn meist klein, Reinheit mittelmässig.

5) Java; wenig Grosskorn, meist mittel und klein, häufig von mattem fuchsigem Ansehen; specif. Gewicht schwer und die Körner meist in dem Grade von fettiger Substanz durchzogen, dass sie sich selten ohne vorheriges Trocknen mahlen lassen; der Farbstoff ist ziemlich mager.

Die oben genannten Arten sind wiederum unter einander nach ihren besonderen Verschiedenheiten mannigfaltig sortirt, und es dienen zur Bezeichnung der resp. Sortimente, wie schon oben angedeutet, die Beschaffenheit des Korns, der Farbe, des Farbstoffes, sowie die Reinheit der Waare von Staub, Steinchen, Bruchstücken, Holztheilchen u. s. w. Dergleichen Sortimentsbezeichnungen, wie sie unter anderen die Londoner und Amsterdamer Preiscourrante vom **19. März 1859** aufführen, sind die folgenden:

Honduras Silber fein.

      „   Silber ordinär, klein fuchsig.

      „   Silber gut ordinär bis mittel.

      „   Silber gut bis fein.

      „   Silber mit Lak (d. i. mangelhaft entwickelte Thierchen).

      „   Silber ordinär bis gut.

      „   Zakkatille gross, ordinär bis gut.

      „   Zakkatille, kleinkörnig, ordinär bis gut.

      „   Zakkatille fein.

Vera-Cruz Silber ordinär bis gut.

      „   Silber ordinär und mittel.

      „   Silber grau und grosskörnig.

      „   Zakkatille rein, ordinär und gut.

      „   Zakkatille fein.

Teneriffa Silber ordinär fuchsig.

      „   Silber grau.

      „   Siber (aus Kochenille und Zakkatille gemischt).

      „   Zakkatille ordinär bis fein.

Lima Silber mittel bis gut.

      „   Silber grau.

      „   Zakkatille rein.

      „   Zakkatille fein, ordinär bis gut.

Java Silber sehr gut.

      „   Silber gut a), gut b), gut c).

      „   Silber ziemlich gut.

      „   Zakkatille gut.

Ausser den oben genannten Sorten bleiben noch zwei zu erwähnen übrig, von denen die eine als Handelsartikel von sehr untergeordneter Bedeutung ist, die andere im Handel gar nicht vorkommt; die beiden Sorten heissen Domingokochenille und Sylvesterkochenille. Die Domingokochenille ist klein, mager, mangelhaft genährt, unansehnlich und von röthlich aschgrauer Farbe. Ihr ganzes äusseres Ansehen deutet auf geringen Gehalt an Farbstoff, was sich auffallend dadurch als richtig erweist, dass, wenn man sie kauet, sie den Speichel auffallend schwachroth färbt. Nach den Analysen von Berthollet enthält sie etwa 8% Farbstoff, eine Menge, die gering erscheint, wenn man weiss, dass Honduras mehr als noch einmal so viel, über 20% Farbstoff enthält. Um die Domingokochenille zu veredeln, hat man früher Versuche gemacht, Honduras nach Domingo überzusiedeln, und sie mit den einheimischen zu vermischen; allein sie sind sämmtlich nicht gelungen; weder das Klima noch die Witterungsverhältnisse, noch vielleicht auch die Behandlungsweise entsprachen der Natur der Honduras und so kam es, dass diese nach und nach auf Domingo wieder ausstarb. (Andere Akklimatisirungsversuche s. unter Consum.) Unter Sylvesterkochenille versteht man die wilde Kochenille im Gegensatz zur veredelten; die wilde Kochenille ist von kleinerer Gestalt, weniger gut genährt, minder reich an Farbstoff und mit einem dichten wolligen Ueberzug bedeckt, der die Einkerbungen auf dem Oberkörper kaum erkennen lässt; ihre kräftigere Natur lässt sie den Wechsel der Witterung leichter ertragen und macht es erklärlich, dass sie weit stärker als die zahme Kochenille sich vermehrt. Schon oben ist es bemerkt worden, dass man die Fackeldistel-Plantagen absichtlich in ziemlicher Entfernung von den wild wachsenden gleichnamigen Pflanzen anlegt, um dadurch einer möglichen Vermischung beider vorzubeugen. Die Sylvesterkochenille wird mitunter zur Verfälschung der veredelten verwendet. In früheren Zeiten und zwar vor dem Bekanntwerden der Kochenille vertrat deren Stelle in den Färbereien die deutsche oder polnische Kochenille (polnische Körner, Körnerschild, Johannisblut genannt), deren weibliche Thiere ganz so wie gegenwärtig die Kochenille, ebenfalls im trächtigen Zustand gesammelt wurden; in Druckfabriken und Farbanstalten wird diese Kochenille gegenwärtig nicht mehr in Anwendung gebracht; vielleicht noch in Pommern, Polen, in der Mark hier und da auf dem Lande, um damit im Hause zu färben. Die Pflanze, auf welcher dieses Insekt lebt, ist *Scleranthus perennis*, die wildwachsend ausser in den eben genannten Ländern auch im südlichen Russland, in Mecklenburg und anderwärts noch angetroffen wird. Die polnische Kochenille ist ungefähr so gross wie ein Hanfkorn und hat eine violettrothe Farbe. Später, nachdem man in der Kermeskochenille (Kermeskörner) ein ergiebigeres und schöneres Farbematerial erkannt hatte, trat diese an die Stelle der polnischen Kochenille und wurde bis zur Einführung der amerikanischen und ostindischen Kochenille für Zwecke der Färberei in ausserordentlicher Menge konsumirt; gegenwärtig theilt sie das Schicksal der polnischen Kochenille, indem sie nur noch in vereinzelten Fällen und in sehr geringen Quantitäten verwendet wird. Voraus sei es bemerkt, dass man auch unter Kermeskochenille nichts anderes als die getrockneten Weibchen in trächtigem Zustand zu verstehen hat. Das Insekt lebt auf der Kermeseiche, welche die Höhe von 12—18 Fuss erreicht und in allen südeuropäischen Ländern, im nördlichen Afrika, in der Levante und in Kleinasien verbreitet ist. Guter Kermes hat fast die Grösse von Erbsen, ist rund, ohne Einkerbungen, glatt und von lebhaft braunrother Farbe; Geschmack bitterlich. Noch verdient als früheres Surrogat für die amerikaniscke Kochenille die Gummilack-Schildlaus genannt zu werden, welche auf *Ficus religiosa*, einem in Ostindien heimischen und weitverbreiteten Baume lebt; es ist dies ebenfalls das im trächtigen Zustand gesammelte und getödtete weibliche Insekt, aber von einer harzartigen Masse umgeben und eingeschlossen, welche aus der zarten Rinde der jugendlichen Zweige, da wo das Insekt einsticht, herausquillt; die Länge der Insekten beträgt $2\frac{1}{2}$ Linien und ihre Farbe ist scharlachroth. (Hierüber sowie über Kermes und deutsche Kochenille Ausführlicheres, s. weiter unten.) — Die ersten nach Europa gekommenen Nachrichten über die Kochenille stammen aus Amerika von Cortez, sind an den König von Spanien gerichtet und datiren vom Jahr 1523; kurze Zeit darauf muss auch schon der Handel mit Kochenille nach Europa und deren Einführung in der Färbekunst begonnen haben, da Guicciandini, der im Jahr 1540 starb, sie unter den Handelsartikeln aufführt, die Antwerpen von Amerika damals bekam (conf. Geschichte des Handels v. Anderson). Noch lange darnach, als man es bereits verstand, mittels Kochenille schöne Farben auf Stoffe zu erzeugen, stritt man sich darüber, ob die Kochenille kleine Thierchen oder ob sie Beeren oder Saamenkörnchen seien. Eine Wette, die in den zwanziger Jahren des vorigen Jahrhunderts in Amsterdam eingegangen wurde, brachte endlich Gewissheit über das Wesen der Kochenille. Der Verlauf der ganzen Angelegenheit war folgender: ein Holländer Namens Melchior de Ruuscher behauptete in einer Gesellschaft, nach den in Spanien erhaltenen Nachrichten, dass die Kochenille kleine Thiere wären; ein Anderer, dessen Namen er nicht öffentlich bekannt gemacht hat, behauptete mit so ungestümer Heftigkeit das Gegentheil, dass endlich der Streit in eine ernstliche Wette ausging. Ruuscher trug darauf einem Freunde, dem Spanier Don

Martin de Raynossa, der gerade nach Mexiko reiste, auf, sich im Lande selbst darüber gerichtlich bestätigte Zeugnisse geben zu lassen, dass die Kochenille wirklich kleine Thiere seien. Diese Zeugnisse, welche von dem Gericht der Stadt Antiquera im October 1725 im bejahenden Sinne unterschrieben worden waren, kamen im Herbst 1726 in Amsterdam an. Ruuscher nahm hierauf von der Summe, die der Gegner verwettet hatte, und die sein ganzes Vermögen betrug, Besitz, gab ihm aber dasselbe, nachdem er davon die Kosten bestritten hatte, wieder zurück.

Der vorzügliche Erfolg, dessen sich die Anwendung der Kochenille erfreute und der dadurch hervorgerufene starke Consum von diesem Farbstoff, hat zunächst, um sie auch in anderen Zonen und Ländern einzubürgern, verschiedene Akklimatisationsversuche zur Folge gehabt, die theils resultatlos geblieben sind, zum Theil aber auch einen glücklichen Ausgang genommen haben. Von dem vergeblichen Versuche Honduras auf St. Domingo zu akklimatisiren, haben wir bereits oben berichtet; im Jahr 1756 brachte Rolander seinem Lehrer Linné eine Nopalpflanze mit Insekten nach Upsala, die aber auch im Sommer nur in den warmen Treibhäusern ihr Leben zu fristen vermochten; später wurde durch Vermittlung eines gewissen Dr. Prosas die Kochenille nach Spanien gebracht, wo sie bis auf den heutigen Tag in der Umgegend von Malaga, wenn auch nicht gerade mit glänzenden Erfolgen gezüchtet wird; im Jahr 1828 wurde von Cadix aus die Kochenille nach Java übergesiedelt, wo sie zwar in ansehnlichen Plantagen gehegt wird, allein zu einem bemerkenswerthen Grad von Veredlung noch nicht gelangt ist; von der Regierung ist eben so wenig bisher ein Impuls zur Beförderung dieses wichtigen Industriezweigs ausgegangen, als von der Gesellschaft für Kochenillezucht etwas Erhebliches zu ihren Gunsten geschehen ist (über die Beschaffenheit der Javakochenille s. unter Sorten). Mit vielem Glücke hat man um dieselbe Zeit die Kochenille auch auf die kanarischen Inseln übergesiedelt und namentlich ist es Teneriffa, welches neben Honduras und Vera-Cruz die beste Kochenille in den Handel ausschickt. Auch nach Algier ist die Uebersiedelung gelungen. Mit dem starken Verbrauch an Waare geht natürlich ein Aufschlag der Preise Hand in Hand; man hat zu Kochenillesurrogaten seine Zuflucht genommen und färbt mit ihnen Garne und Stoffe, wenn auch nicht ganz gleich schön wie mit Kochenille, doch immerhin preiswürdig; ein dergleichen Surrogat ist das aus dem Stocklak bereitete Lak-Dye (s. weiter unten); zu vielen Farben bedarf aber immer noch der Färber der Kochenille, und da nicht nur die Anzahl der Färbereien und Druckfabriken sich beträchtlich vermehrt, sondern auch Kochenille zu einer Menge anderer Zwecke Anwendung gefunden hat z. B. zur fabrikmässigen Bereitung von Kochenilleextrakt, Ammoniakkochenille, ferner wie oben bemerkt zur Bereitung von Karmin, von Karminlack (florentiner, wiener, pariser, leipziger Lak) zum Färben von Tinkturen, Parfümerien, Pulvern etc., so hat der Verbrauch an Kochenille keineswegs abgenommen und es werden die guten Sorten derselben auf den Auktionen zu London wie zu Amsterdam nach wie vor mit ansehnlichen Preisen notirt. Während die jährliche Einfuhr der Kochenille anfangs der dreissiger Jahre durchschnittlich bis zu 1 Million Pfd. steigen mochte und nach Bankroft der jährliche Bedarf Europas an Kochenille damals gegen 800,000 Pfd. betrug, ist der Bedarf an Kochenille seitdem in fortwährendem Wachsthum begriffen und haben die Zufuhren, Ablieferungen und Vorräthe in London während der zuletzt verflossenen vier Jahre folgende Höhepunkte erreicht:

Jahre.	Zufuhren.	Ablieferungen.	Vorräthe.				
1858	15,127	15,329	6274	Seronen circa à 120 Pfd.			
1857	15,733	14,012	8570	„	—	„	
1856	12,678	15,922	6859	„	—	„	
1855	19,093	14,098	10,716	„	—	„	

Die Kochenille-Produktion auf Java hat in den Jahren 1857 und 1858 auffallende Einbusse erlitten; es bleibt dahingestellt, ob die Ursache davon in ungünstigen Witterungsverhältnissen, wie sie während der zuletzt verflossenen 2 Jahre auf Java stattgefunden haben können, oder in der geringeren Nachfrage nach der Waare liegt; so betrug die Ernte im Jahr

1856	Gouvern.	51,619 Pfd. Kochenille und Zakkatille
	Privat	72,000 Pfd. Kochenille und Zakkatille
1857	Gouvern.	43,500 Pfd. Kochenille und Zakkatille
	Privat	51,300 Pfd. Kochenille und Zakkatille
1858	Gouvern.	28,000 Pfd. Kochenille und Zakkatille
	Privat	43,000 Pfd. Kochenille und Zakkatille.

Darf man den folgenden Zahlen trauen, so staunt man, welche Massen von Kochenillethierchen eine einzige der oben angeführten über London effectuirten Ablieferung enthält; rechnet man nämlich im Durchschnitt auf die Unze älteres Gewicht 4000 Stück getrocknete Insekten, so würde deren auf das Pfd. (à 32 Lth.) 64,000 Stück kommen, folglich auf die Serone (à 120 Pfd.) 7,680,000 Stück und demgemäss auf die ganze Ablieferung von 1858 (à 15,929 Seronen) die Summe von 118,384,720,000 Stück. Da ein mit Fackeldisteln sorgfältig angebauter Morgen Landes ungefähr 200 Pfd. d. i. durchschnittlich gegen 13 Millionen Thierchen pr. Jahr liefert, so würde, um obige Ablieferung zu decken, der Ertrag von circa 9107 Morgen nöthig gewesen sein. — Unter dem 13. Mai des laufenden Jahres war in London das Werthverhältniss der Kochenillesorten auf den Preislisten notirt:

Honduras, fein Silber	pr. Pfd.	45	0 d	45	2 d
gut bis schön, mittel	— „	35	8 d	35	11 d
ordinär und klein	— „	35	3 d	35	6 d
Zakkatille fei	— „	55	0 d	55	6 d
ordinär bis gut	— „	35	9 d	45	11 d
Vera-Cruz, grau grosskörnig	— „	35	5 d	35	6 d
ordinär und mittel	— „	35	1 d	35	6 d
Zakkatille fein	— „	45	0 d	45	3 d
ordinär und gut	— „	35	8 d	35	10 d
Teneriffa, graue	— „	35	6 d	35	8 d
bunte	— „	35	9 d	35	10 d
Zakkatille	— „	35	11 d	45	4 d
Lima graue	— „	35	5 d	35	8 d
Zakkatille	— „	35	11 d	45	4 d
gefärbte schwarze	— „	35	0 d	45	6 d.

In Amsterdam unter dem 23. März des laufenden Jahres:

Sorte	Korn	Beschreibung	Werth letzter Auktion
erste	sehr	beschlagen grau einz. fuchsig K.	210 à 235 Cents.
,,	gut	zieml. lebh. silbergr. einz. fuchsig K.	250 à 270 ,,
,,	,,	dunkel silbergr. einz. fuchsig K.	225 à 235 ,,
,,	,,	sehr dunkelgr. etw. fuchs. Hond. Art	245 à 260 ,,
zweite	zieml. gut	dunkelgrau mit fuchsig Korn	210 à 230 ,,
Zakkatille	gut	lebh. schwarz s. schaal, einz. gr. K.	245 à 270 ,,
Beschädigt	—	. . . .	— ,, — ,,

Grobkörnige graue Zakkatille war in erster Sorte notirt = 250 à 265 C.

Grobkörnige graue Zakkatille war in zweiter Sorte = 225 à 240 C.

Grobkörnige graue Zakkatille war in dritter Sorte ,, = 200 à 115 C.

Conto finto von Amsterdam.

6	Kisten Kochenille # 200/5				
	Brutto 406½ Kilogr. Th. 97,7 Kilogr.				
	Netto 308,8 Kilogr. à 200 cs. 1½ Kilogr.		Fl.	1235	20
	ab 2%		,,	24	70
			Fl.	1210	50
	Comptant 1½%		,,	18	16
			Fl.	1192	34
	von Fl. 1210 ,, 50 ,, bis 1%		,,	12	11
			Fl.	1204	45
	Courtage ½% und Siegel	Fl. 6 ,, 43 ,,			
	Versandspesen	,, 19 ,, 40 ,,			
	Wechselspesen und Porto	,, 2 ,, 10 ,,			
	Assecuranz v. Fl. 1400 ,, ∞ ,, à 1¼%₀₀	,, 1 ,, 75 ,,			
	Police	,, — ,, 20 ,,		29	28
			Fl.	1234	33
	Provisionen 1½%		,,	18	51
			Fl.	1252	84

Conto finto von London nach Hamburg.

3 Fässer: 9 Ctr. 3 Qr. — ℔ enthaltend.

6 Säcke	8 Ctr. — Qr. 12 ℔		
Tara	— ,, — ,, 8 ,,		
	8 Ctr. — Qr. 4 ℔, oder		
900 ℔ à 7s	£ 315. —. — d		
Disconto 2½%	,, 7. 17. 6 ,,		
	£ 307. 2. 6 d		
Courtage ½%	,, 1. 11. 6 ,,		
Zollangabe, Garantie und Certificat	£ —. 15. — d		
Kosten der Fässer, Packen und Küperlohn	,, 2. 2. 9 ,,		
Leichterfracht und Wachtgeld	,, —. 8. 6 ,,		
Kleine Unkosten und Porto	,, 1. 13. 9 ,,		
	,, 5. 5. — ,,		
	£ 321. —. 8 d		
Provision 2%	,, 6. 5. 7 ,,		
Wechsel-Courtage und Stempel ¼%	,, —. 16. 1 ,,		
	£ 313. 19. — d		

	à 13 ℳ 12 ß	B. ℳ 4414. 3 ß
Assecuranz $^1/_2$% ($99^1/_2 = ^1/_2$)		„ 22. 3 „
Fracht, 7s 6d d. F. und 15%. £ 1. 5. $10^1/_2$ d à 13 ℳ 10 ß		„ 17. 10 „
Stader Zoll, 24 ß Spec. d. S. à 150 %,	C. ℳ 13. 8 ß	
Everführer- und Arbeitslohn	„ 6. — "	
Lagermiethe und kleine Unkosten	„ 5. 8 „	
	C. ℳ 25. — ß	„ 20. — „
		B. ℳ 4474. — ß

Eingangszoll, $^1/_2$%Crt. à 120% in Bo,	$^5/_{12}$%		
Versicherung gegen Feuerschaden	$^1/_8$ „	$2^3/_8$%	
Verkaufs-Courtage	$^5/_6$ „	($97^5/_8 = 2^3/_8$)	„ 108. 13 „
Decort	1 „		
			B. ℳ 4582. 13 ß

1 Ctr.=ca. $104^1/_2$ ℔ in Hamburg:

847 ℔	Abschlag. $^1/_2$ ℔ d. S.	3 ℔	
19 „	Tara 2 „ „ „	12 „	
	Ggw. $^1/_2$%	4 „	
828 ℔ à 5 ℳ $8^1/_2$ ß			B. ℳ 4579. 14 ß

Anmerkung. Man kauft aber heut zu Tage die Waare fast um 100% billiger.

Beim Einkauf von Kochenille und Zakkatille hat man zunächst auf ihre Trockenheit, dann auf ihre Farbe, vorausgesetzt, dass sie nicht durch Nachahmung erzeugt ist, auf die Grösse des Korns, auf ihre Reinheit von Staub, Steinchen, Schaalen und auf ihr Vermögen den Speichel zu röthen, Rücksicht zu nehmen. Am sichersten gehen beim Einkauf Färber und Fabrikanten zu Werke, wenn sie mit der angebotenen Kochenille Probe färben und nach ihrer Ausgiebigkeit sowie nach der Beschaffenheit des erhaltenen Farbetons die Qualität der Kochenille, ungekümmert um ihr äusseres Ansehen und ihre Sortimentsbezeichnung, feststellen; selbstverständlich sind gute Resultate andrerseits wieder bedingt durch die erforderliche Trockenheit der Waare, durch ihre Reinheit, durch ihr Vermögen den Speichel intensiv roth zu färben etc. Was die Trockenheit der Kochenille anlangt, so ist sie für den Käufer von grösstem Belang; es unterliegt keinem Zweifel, dass Kochenille dem Einfluss einer feuchten Atmosphäre längere Zeit ausgesetzt, bis zu 12% ihres eigenen Gewichtes Wasser aus der Luft anzieht, dass mithin solche Kochenille auch um 12% an ihren Werth dadurch verliert, ganz abgesehen davon, dass ein derartiger Feuchtigkeitszustand der Waare sie leicht in Gefahr bringt in Zersetzung überzugehen und auch dadurch beträchtliche Einbusse an Färbungsfähigkeit zu erleiden. — Nicht in einer anderen organischen Beschaffenheit der Thierchen, nicht darin, dass sie grösser oder kleiuer sind, liegt der Vorzug der Zakkatille vor der gewöhnlichen Kochenille, sondern lediglich darin, dass sie nicht durch Hineinwerfen in heisses Wasser oder durch Auslegen in die heissen Sonnenstrahlen oder Einschütten in warmen Ofen, sondern in erhitzten Pfannen getödtet und ausgetrocknet wird; der Verlust an Wasser, d. h. die Menge Wasser, welche durch die Hitze aus den Körpern dieser Thiere ausgetrieben wird, entspricht dem angewendeten Hitzgrad und es muss jene in demselben Verhältniss grösser sein, und die Färbungsfähigkeit der Zakkatillle um so höher steigern, je höhere Temperaturgrade die aber selbstverständlich Rösthitze nicht erreichen dürfen, angewendet worden sind.

in der Regel ist sie um 15 bis $20^0/_0$ leichter als das beste Silber. Dieser Austrocknungsprozess erklärt zugleich die hohlkörnige, man möchte fast sagen zusammengeschrumpfte Beschaffenheit, sowie die schwarzbraune Farbe der Zakkatille. Der Glanz den man häufig an den Körnern der Zakkatille beobachtet, ist absichtlich durch Anwendung gewisser Maschinen, in welcher die Zakkatillekörnchen an einander abgeriewerden, hervorgebracht. Es ist bereits weiter oben ausgesprochen worden, dass auch die Farbe der Kochenille, vorausgesetzt, dass sie naturel ist, von Einfluss auf die Beurtheilung ihrer Güte sein muss; da aber die Farbe dieser Thiere von der Art und Weise der Tödtung abhängt, diese aber von Einfluss auf die Färbungsfähigkeit der Kochenille ist, so muss im Allgemeinen auch, wenn nicht andere Verhältnisse stören, der Farbe der Kochenille ihr Farbewerth entsprechend sein (s. oben). Wir haben gesehen, dass die Zakkatille, welche schwarzbraun gefärbt ist, den Vorzug vor der Kochenille verdient und in der That wird auch eine gute Zakkatille jeder guten Kochenille wenn auf Ausgiebigkeit des Farbstoffs gerechnet wird, von praktischen Färbern vorgezogen. In allen Abstufungen von Silberweiss bis Aschgrau erachtet man die Kochenille für um so besser, je mehr sie dem Silber sich nähert; dies ist aber der Fall, je intensiver die Sonnenstrahlen auf die Insekten einwirken und sie austrocknen; folgt also hieraus, dass die glänzend silberweisse Kochenille einen erheblichen Theil ihrer Feuchtigkeit eingebüsst hat, so muss ihr Farbewerth den der Zakkatille nahe erreichen und den der aschgrauen Kochenillesorten, die nicht auf dieselbe Weise getödtet und getrocknet worden sind, weit überholen; der Farbewerth der im warmen Ofen getödteten und getrockneten Thiere, der marmorirten Kochenille, dürfte die Mitte zwischen der Zakkatille und der silberweissen Kochenille halten; man erzeugt auch diesen Marmor auf ganz mechanische Weise dadurch, dass man Zakkatille und silberweisse Kochenille in verschiedenen Verhältnissen mit einander vermischt. Bei der Taxirung der Kochenille kann aber auch die Beschaffenheit des Korns nicht ausser Betracht bleiben; man giebt bekanntlich gern der grobkörnigen vor der feinkörnigen den Vorzug, weil die erstere die farbstoffreichere ist; zwar liesse sich einwenden, dass der Verlust, welchen ein bestimmtes Gewicht kleinkörniger Kochenille durch den Mangel an Grobkorn trägt, durch die grössere Menge an Thierchen ausgeglichen werde, indess darf doch nicht übersehen werden, dass vorzugsweise die kleinkörnige Kochenille mit sogenanntem Lack, d. h. unausgebildeten Thierchen, ferner mit Bruchstücken, Steinchen und Staub untermischt erscheint und desshalb in gleichen Gewichten sich als eine farbstoffärmere heraus zu stellen pflegt, als die gross- oder mittelkörnigen Sorten. Dass bei der Werthabschätzung einer Kochenillesorte auch das Zerkauen eines einzelnen Thierchens zwischen den Zähnen seine praktische Berechtigung hat, um aus der Intensität, mit welcher der Speichel roth gefärbt wird, einen Schluss auf den Farbstoffgehalt der Waare zu machen, ist selbstverständlich; denn nie wird eine farbstoffarme Kochenille den Speichel in demselben Grade färben wie eine farbstoffreiche; freilich darf hierbei nicht unerwähnt bleiben, dass bei der Prüfung zweier Sorten nur immer Thierchen von gleichem Korn ausgewählt werden müssen, und dass das Zerkauen das eine Mal nicht weniger sorgfältig als das andere Mal erfolgen darf.

Dass ein Farbstoff, der in so grosser Menge alljährlich verbraucht wird und durchschnittlich sich bei immer guten Preisen erhält, mannigfaltigen Verfälschungen unterworfen ist, liegt auf der Hand; sie sind etwa folgende: Vermischung der veredelten Kochenille mit der wilden Kochenille, Vermischung derselben mit Kochenillestaub, mit gestossenen Kermeskörnern, mit schon gebrauchter Kochenille, die in der Regel in den Fabriken und Färbereien als nutzlos auf die Seite gethan wird, mit der so genannten Sylvestersubstanz (wohl kaum mehr vorkommend), sowie die künstliche Nachahmung der silbergrauen Farbe. Im Bezug auf die hierher einschlagenden Prüfungsmethoden wiederholen wir im Allgemeinen das, was wir in einer grösseren Waarenkunde an betreffender Stelle mitgetheilt haben: den ersten drei Verfäl-'schungen kommt man schon durch sorgfältige Betrachtung der Kochenille auf die Spur, indem der Unterschied zwischen der veredelten und wilden Kochenille, sowie zwischen ihr und dem Kochenillestaub und den Kermeskörnern augenfällig genug ist. Um die Mengen festzustellen, in welchen jene Verfälschungsmittel angewendet worden sind, treibt man die Kochenille durch ein Sieb von entsprechend grossen Maschen, welche, während die grossen Kochenillekörner auf denselben zurückbleiben, die kleineren sowie allen Staub und alle Bruchstücke durchfallen lassen; durch die Wage bestimmt man das Gewichtsverhältniss, in welchen das, was durchgefallen ist, zur Menge der auf dem Sieb zurückgebliebenen Kochenille steht. Mit der Verfälschung mittels Sylvestersubstanz verhält es sich, wie folgt: zunächst ist zu bemerken, dass sie aus Traganth, Thon und Fernambukbrühe bereitet wird und zwar in möglichster Aehnlichkeit mit der natürlichen Kochenille; man erkennt den Betrug, wenn solche der Verfälschung verdächtige Kochenille in Wasser eingeweicht wird, indem die Sylvestersubstanz nicht wie die natürliche Kochenille im Wasser aufquillt, sondern allmählich zu einer breiartigen Masse aufweicht, die, wenn nun die Kochenille nach dem Einweichen wieder getrocknet und hierauf durch ein Sieb getrieben wird, in Gestalt eines bröcklichen Pulvers durch die Maschen fällt, während die ächte Kochenille aber auf dem Sieb zurückbleibt. Durch Wiegen der Kochenille vor und nach der Prüfung ist das quantitative Verhältniss, in welchem die Verfälschung angewendet worden ist, leicht zu bestimmen. Es ist indess sehr zu bezweifeln, dass gegenwärtig diese Art der Verfälschung überhaupt noch vorkommt. Bezüglich der Verfälschung der Kochenille mit schon gebrauchter, ist zu bemerken, dass die Veranlassung hierzu ein Theil der Färber und Fabrikanten selbst giebt, insofern sie die Kochenille, ohne sie vorher zu mahlen ganz auskochen und dann wieder verkaufen. Abgesehen davon, dass aus der ungemahlenen Kochenille eine vollständige Ausziehung des Farbstoffes nach der gewöhnlichen im Kessel vorgenommenen Methode nicht möglich ist, nimmt auch jene, wofern nur nach dem Auskochen das gewaltsame Auspressen derselben unterbleibt, während des Trocknens ihre vorige Gestalt wieder an, sodass sie, der frischen Kochenille beigemischt, der Entdeckung sich um so leichter entzieht, da man es nicht versäumt, sie vorher künstlich silbergrau zu färben; dabei verfährt man auf folgende Weise: man legt die Kochenille in einem feuchten Raum so lange an die Luft aus, bis jene merklich feucht sich anfühlt; man bestreut sie hierauf mit fein gemahlener Kreide oder Talkerde, wendet fleissig und fährt mit Bestreuen so lange fort, bis jedes Korn hinreichend mit Farbe bedeckt ist; alsdann schreitet man entweder in einem gelinde erwärmten Ofen oder an der Sonne zum Trocknen, worauf solche Kochenille, um überschüssige Kreide oder Talkerde zu entfernen, gesiebt und nun erst in Kisten verpackt wird. Eine derartige künstliche Färbung ist leicht zu entdecken, wenn man die Kochenille mit Wasser, das vorher mit einigen Tropfen Salzsäure angesäuert worden ist, übergiesst; beide Färbungsmittel werden durch die Säure aufgelöst; filtrirt man, so fliesst die Auflösung unter Zurücklassung der ihrer Farbe beraubten Kochenille, durch das Filter durch, aus welcher Auflösung alsdann einige Tropfen oxalsaures Ammoniak den Kalk als oxalsauren Kalk, Ammoniak und phosphorsaures Natron hingegen die Talkerde als phosphorsaure

Talkerde-Ammoniak ausfällen. Der praktische Färber prüft, wie schon früher bemerkt, die käufliche Kochenille am einfachsten auf Güte und Ausgiebigkeit durch Probefärben. Zum Schluss erwähnen wir noch einer im 24. Band des Archives des Apothekervereins für das nördliche Deutschland mitgetheilten Untersuchung, die Hofrath Dr. Brandes in Laar mit einer ihm übersendeten und der Verfälschung verdächtigen Kochenilleprobe angestellt hat; die Masse, aus welcher die Kochenille nachgebildet war, bestand aus dunklem Schiefermehl, Bolus, Lehm und fein gemahlenen Sägespähnen, die mit Rothholzabkochung und wenig Alaun schwach angebeizt waren.

Kochenille-Lack.

Derselbe kommt im Handel in zwei verschiedenen Sorten vor, 1) als Groseille-Laque von karmoisinrother Farbe und als Ponceau-Laque von ziegelrother Farbe, beide von dickflüssiger Beschaffenheit, in Fässern von sehr verschiedener Grösse. Der Kochenille-Lack wird in Fabriken, die sich vorzugsweise mit der Darstellung chemischer Farbewaaren beschäftigen, dargestellt, indem man zunächst die Kochenille in Abkochapparaten extrahirt, das Dekokt hierauf durchseihet, und aus demselben nun mittels entsprechender Metallsolutionen z. B. von Zinn u. a. den Farbstoff niederschlägt; man seiht durch und schreitet sofort zur Verpackung des erhaltenen Lackes. Derselbe eignet sich ausschliesslich für den Aufdruck von Kochenillefarben, weil diese von den Druckern auch nur durch Anwendung von Metallsolutionen und Säuren erzeugt werden können, wenn sie sich der reinen selbst bereiteten Kochenilleabkochung bedienen wollten; für die Färber aber ist solcher Kochenille-Lack ganz untauglich, weil sie zur Erzeugung von Farben auf Stoffen nur reine Kochenilleabkochung brauchen können. Reine Kochenilleabkochung kommt aber gleichwohl im Handel nicht vor; vielmehr bleibt die Abkochung den Färbern selbst überlassen, die freilich in den seltensten Fällen im Besitz zweckmässiger Abkochungsapparate sind, um mit Vortheil die Kochenille selbst auskochen zu können. Viel Kochenillefarbstoff geht daher in den Färbereien leider verloren, und es wäre aufrichtig zu wünschen, dass im Interesse der Färber und des überaus werthvollen Farbstoffs chemische Fabriken sich entschlössen, neben dem Kochenille-Lack auch Kochenilleextract zu bereiten. Ob aber ein derartiges Geschäft lukrativ sein würde, ist freilich zweifelhaft.

Ammoniakkochenille.

Ein Handelsartikel, der theils getrocknet, und in Tafelform geschnitten, theils als teigartige Masse in Fässchen von verschiedenen Grössen verpackt, Färbern und Druckern offerirt wird. In Fabriken bereitet man ihn auf die Weise, dass man ein bestimmtes Gewicht Kochenille fein pulverisirt und darüber eine gewisse Menge Aetzammoniak unter fortwährendem guten Umrühren hinweg giesst. Bildet nun das Ganze eine homogene, gleichartige Masse, so verdeckt man das Gefäss, damit kein Ammoniak entweiche, so sorgfältig als möglich, und lässt es ungefähr einen Monat in Ruhe. Nach Verlauf dieser Zeit giesst man die Ammoniakkochenille in einen Kessel und erwärmt diese in demselben unter Zusatz von etwas Thonerdehydrat so lange, bis kein Ammoniak mehr entweicht. Zu dicken Brei geworden, streicht man die Masse auf Zeugstückchen auf, die, ist das erstere vollkommen getrocknet, dann in Tafeln zerschnitten werden. Die teigartige Kochenille wird, nachdem die Masse im Kessel behandelt worden ist, nicht auf die oben beschriebene Weise getrocknet, sondern aus dem Kessel in Fässchen sofort übergossen und luftdicht verschlagen. Aufbewahrung an kühlen Orten.

Ammoniakkochenille ist in gleichen Gewichten nicht nur ausgiebiger als rohe Kochenille, sondern erzeugt auch in gewissen Farbetönen z. B. in Karmoisin mehr Lebhaftigkeit und grössere Lieblichkeit.

2. Gummilack. *Gomme Laque. Gumlac.*

Derselbe ist ein Naturprodukt und entsteht auf folgende Weise: Die Weibchen der Lack-Schildlaus (*Coccus laccae*) saugen sich in die Rinde der Zweige der weiter unten aufgeführten Bäume ein und werden in diesem Zustand von den Männchen befruchtet. Die Wunde in der Rinde hat zur Folge, dass aus dem Zweige eine Menge Harz ausfliesst, welches, unter den Seitenkanten des Schildes hervortretend, das Weibchen zuletzt ganz umgibt. Mit der Entwickelung der Eier in den mütterlichen Körper bildet sich gleichzeitig in demselben in verhältnissmässig grosser Menge eine Flüssigkeit aus, die einen Farbstoff enthält, welcher in Verbindung mit Mordants rothe Farbentöne auf Stoffen erzeugt und gleichzeitig auch das Harz selbst roth färbt. Nachdem die Eier gelegt, stirbt das Weibchen; aus den Eiern kriechen die Maden aus, zu deren Nahrung bis zu ihrer Verpuppung die rothe Flüssigkeit dient. Nach überstandener Verwandlung bahnen die ausgebildeten Insecten sich einen Weg durch die harzige Umgebung, verlassen diese und lassen nur den todten Körper der Mutter zurück. Hieraus folgt aber, dass zunächst der Ausdruck Gummilack ein irrthümlicher ist, und zweitens dass, um den rothen Farbstoff zu erhalten, es nothwendig ist, den Gummilack zu sammeln, wenn die Weibchen trächtig sind und folglich ihre Eier noch nicht gelegt haben. Dies geschieht auch; im Monat Februar und August werden die Zweige, die ganz und gar mit diesen Thieren und ihren harzigen Gehäusen bedeckt sind, in eine Länge von 2—3 Zoll abgebrochen und die Thiere durch Auslegen der Zweige an die Sonnenstrahlen getödtet. Ihre Heimath ist Ostindien und die Bäume, auf welchen man sie findet, sind: L a c k c r o t o n (*Aleurites laccifera Willd*) zur Familie der Euphorbiaceen gehörig; eiförmige feingesägte Blätter, end- und achselständige Rispen, Blüthen weiss, Früchte wie kleine Pfefferkörner, auf Ceylon und den Molukken. Der w o h l r i e c h e n d e C r o t o n (*Croton aromaticum L.*): ebenfalls zu der Familie der Euphorbiaceen gehörig, mit herzförmigen, spitzigen und unten etwas filzigen Blättern; vielblüthige weisse Trauben. Der b e l a u b t e B u t e a (*Butea frondosa Roxb*): zu den Papilionaceen gehörig; 18—25 Fuss hoher Baum, Blätter gross rundlich, verkehrt eiförmig, Blüthe dunkelscharlach, Hülsen hängend, lineal 1—2 saamig. Der h e i l i g e F e i g e n b a u m (*Ficus religiosa L.*): zur Familie der Artocarpeaceen gehörig; hoher Baum mit ausgebreiteter Krone, länglich herzförmigen Blättern, Blüthenkuchen achselständig, röthlich. In Ostindien. Der b e n g a l i s c h e F e i g e n b a u m (*F. bengalensis L.*): grosser Baum mit über die Erde hervorragender Wurzel, Blätter eiförmig, am Grunde abgerundet, fast herzförmig, Blüthenkuchen gepaart, hochroth. Der o s t i n d i s c h e F e i g e n b a u m (*Ficus indica*): schlanker Baum mit dichter weiter Krone, Blätter breit eirund, sehr stumpf; Blüthenkuchen gepaart, achselständig, weichhaarig, mittelroth. Der I u j u b a - I u d e n d o r n (*Zizyphus Iujuba Lam.*): zu den Rhamneen gehörig; 6—10 Fuss hoher Strauch; Blätter eilänglich, am Rande gesägt; Nebenblätter pfriemig zu Dornen verhärtend; Blüthen gelblichgrün; Früchte dunkelroth. Im Orient.

Der Gummilack kommt im Handel vor zunächst als Stocklack. So nennt man ihn, wenn die harzigen Massen sammt den Thieren von den Zweigen nicht abgeschabt sind, sondern die Zweige sammt ihrem Ueberzug als Handelsartikel verschickt werden;

dieser Ueberzug umgibt die Zweige in Gestalt einer 1—4 Linien dick durchscheinen-
den, wenig glänzenden Rinde, der es man deutlich ansieht, dass sie aus zusammenge-
flossenen Harztropfen entstanden ist. Vom Stocklack kommen zwei Unterarten vor: der
nicht durchlöcherte und durchlöcherte; der erstere ist der bessere; er ist
gesammelt vor dem Auskriechen der Jungen und enthält mithin noch die Farbstoff hal-
tige rothe Flüssigkeit, er ist von braunrother Farbe und färbt beim Kauen den Speichel
merklich roth; der durchlöcherte zeigt an seinen Booren die Wege, welche die ausgebildeten Jungen nach überstandener Verwandlung sich gebahnt haben, um in die
Freiheit zu gelangen; die farbstoffhaltige Flüssigkeit ist zum grössten Theil aus ihm
verschwunden, seine Farbe ist lichter und färbt beim Kauen den Speichel blässer. Der
Geschmack von beiden ist bitterlich zusammenziehend; der Stocklack riecht, auf Kohlen
geworfen, anfangs angenehm, später hingegen wie verbranntes Horn, und verbrennt mit
rusender aber leuchtender Flamme. Im Handel kommen beide Arten mit einander vermischt
vor. Die Qualität des Stocklacks ändert nach den Bäumen, von den er stammt, ab, hängt
aber auch gleichzeitig von dem Verhältniss mit ab, in welchem der durchlöcherte Stocklack mit dem undurchlöcherten vermischt ist. Vergleichende Analysen über den relativen Farbewerth der verschiedenen Stocklacksorten fehlen. Verpackung in Kisten bis
zu 2 Centnern. Die Zufuhren von Stocklack nach Europa haben seit der Erfindung
des Lack-Dye (s. weiter unten) beträchtlich abgenommen; Bezugsorte sind Bombay,
Calcutta über London, Liverpool, Amsterdam, Havre, Hamburg, Bordeaux, Marseille u. a. O.
Weniger geschätzt ist der Stocklack des ostindischen Archipels und von Malacca, als der
von Bengalen, Pegu, Siam, Caos und Astam. Körnerlack nennt man den Gummilack, wenn er von den Zweigen losgebrochen und in Stückchen gestossen ist; diese
Stückchen haben die Grösse einer Erbse, sind hellbraungelblich, fast geschmacklos und
mit Holztheilchen untermischt, meistens ihres Farbstoffes bereits beraubt, bestimmt für
andere technische Zwecke als zum Färben (s. weiter unten). Verpackung in Kisten ebenfalls bis zu 2 Centner. Klumpenlack entsteht wenn man den Körnerlack schmilzt und
ihn in mehr oder weniger dicke runde oder ovale Stücke giesst; ist die Hitze zu gross
gewesen, so hat der Klumpenlack eine schwärzlich braune Farbe und in Folge dessen
geringeren Werth. Schellack entsteht, wenn man den Körnerlack durch Auskochen
seines Farbstoffes beraubt und ihn in mehrere Fuss lange Säcke einbindet, die über einem
Kohlenfeuer so stark erwärmt werden, dass der Lack schmilzt, auf darunter liegende
Pisangblätter auftröpfelt und in Tafelformen sich ausbreitet, in welcher Gestalt er alsbald
erhärtet; er führt auch den Namen Blattlack, Tafellack. Ein besonderes Verfahren, Schellack darzustellen, ist von Alphonso la Mire de Normandy; es besteht nach den Mittheilungen des polytechn. Journ. (B. 97.) im Folgenden: Um den Gummilack (Stocklack)
von Unreinigkeiten, z. B. von Baumzweigen, Staub u. s. w. mit denen er entweder
absichtlich verfälscht oder zufällig vermischt ist, zu befreien, bringt man ihn in
ein Sieb, dessen Feinheit der Beschaffenheit und der Grösse der zu entfernenden Unreinigkeiten angemessen ist und taucht dasselbe so lange in Alkohol, bis sich der Lack
aufgelöst hat, was man durch Anwendung von Wärme zu beschleunigen sucht, nämlich
vermittels eines Dampfrohres, das durch das von Alkohol angefüllte Gefäss geleitet
wird. Ist der Lack gelöst so ist er durch das Sieb durchgegangen und hat auf demselben die Unreinigkeiten zurückgelassen. Die Lackauflösung bringt man nun in eine
Destillirblase, destillirt daselbst den Weingeist ab und erhält nun den Lack fest. Derselbe wird nun wiederum geschmolzen und in Schellacktafeln verwandelt, indem man
tropfenweise den geschmolzenen auf feuchtgehaltene sich drehende Walzen fallen lässt,

die durch ihre Bewegung den Lack in flache Tafeln pressen. Nach der Farbe des Körnerlackes und nach dem Grad der angewendeten Hitze erscheint er bald hellgelb, bald orangegelb, bald dunkel braungelb; in Gestalt von tafelförmigen Bruchstücken, die grösser oder kleiner, eine Linie dick, flachmuschlig, harzglänzend und geschmacklos sind; die eigenthümlichen Linien, die man auf der einen Seite der Tafel, oft auch auf allen beiden beobachtet, sind die Eindrücke der Blattnarben. Anwendung des Schellacks: gebleicht und in Weingeist aufgelöst zur Tischlerpolitur; zur Siegellackfabrication, zu Weingeistfirnissen, zu Elektrophoren, zu Kitten für Glas- und irdene Waaren, sur Darstellnng von Marineleim, zum Steifen und Wasserdichtmachen von Hüten u. s. w. Verpackung in Kisten bis zu 2 Centnern. Hattschett fand in 100 Theilen Stocklack, Körnerlack und Schellack:

Stocklack   68 Harz 10 Farbstoff   6 Wachs 5,5 Pflanzenleim 6,5 Unreinigkeiten   4 Verlust
Körnerlack 88,5 „   2,5 „   4,5 „   2,0   „   —   „   2,5 „
Schellack   90,9 „   0,5 „   4,0 „   2,8   „   —   „   1,8 „

Nach Jahn besteht der Körnerlack aus:

66,65 Harz   16,7 Lackstoff 3,75 Farbstoff   1,67 verschiedene Salze u. Erde.

3,92 Bitterstoff 1,67 Wachs   0,62 Stocklacksäure 2,08 gerötheten Insektenbälgen.

Unverdorben zerlegte den Stocklack in ein in Alkohol und Aether lösliches α Harz, ferner in ein in Alkohol aber nicht in Aether lösliches β Harz, in ein in Alkohol wenig lösliches ϵ Harz, in ein krystallinisches γ Harz und in ein nicht krystallisirbares in Alkohol und Aether nicht in Steinöl lösliches δ Harz, in braunen Extractivstoff, Farbestoff etc. Nach ihm ist der hauptsächlichste Bestandtheil des Stocklacks das α Harz, das sich zum grössten Theil in Alkohol, Aether, ätherischen Oelen auflöst, zum geringeren aber in kaltem Weingeist, wenig in Aether und Oelen unlöslich ist.

Eigenschaften des Gummilack. Ueber die äusseren Eigenschaften der verschiedenen Arten des Gummilacks (Stock- und Körnerlacks), sowie über das Verhalten des Stocklacks gegen die Lösungsmittel ist bereits berichtet worden. Es bleibt noch zu erwähnen, dass Gummilack bei der Temperatur des siedenden Wassers schmilzt, angezündet mit rusender Flamme verbrennt und unter Abschluss der atm. Luft höheren Temperaturgraden ausgesetzt, Leuchtgas erzeugt. Wird Körnerlack in Kali aufgelöst, und durch die Auflösung, eine Verbindung des Alkali mit dem Harz, Chlorgas geleitet, so wird die Farbe der rothen Auflösung bleich und das Harz, getrennt von dem Akali, scheidet sich unlöslich aus, gebleicht, mit weisser Farbe. Dasselbe Resultat erhält man, wenn man, statt Chlorgas in die Auflösung zu leiten, diese vielmehr in eine konzentrirte Chlorkalkauflösung schüttet und hierauf zur Beseitigung des Kalks und Entwicklung von Chlor verdünnte Säure hinzufügt. Schellack ist mit Harzen zusammenschmelzbar, ist in Salz- und Essigsäure, auch in Aetzlaugen löslich, in Kalilauge, wenn er selbst von rother Farbe ist, mit rother Farbe, welche Auflösung nach dem Abdampfen einen in Wasser und Alkohol auflöslichen Rückstand hinterlässt. Er kommt von sehr verschiedenen Farben vor, in dem Maasse wie aus ihm der rothe Farbstoff entfernt ist; es gibt Blutlack (Knopflack), braunen Lack in hellen und dunklen Nüancen; der erstere wird von den Siegellackfabricanten, letzterer von den Hutmachern gern gebraucht. Weiss gebleicht, löst er sich in Weingeist und Aether zu einem fast farblosen Lackfirniss auf, der für die Lackirkunst namentlich auf weisse Hölzer, von Wichtigkeit ist, da farbige Lackfirnisse, wie z. B. von Mastix oder Kopal dem weissen Fond Nachtheil bringen und daher auf diesem nicht verwendbar sind.

3. Lak-Dye. *Lac-dye.*

Nachdem man namentlich durch Bancrofts Bemühungen erkannt hat, dass im Stocklack ein rothes Pigment enthalten sei, mit dem man dauernd und schön Zeuge färben könne, kam alsbald ein von Stephens dargestelltes und von ihm Lak-Lak genanntes Präparat in den Handel, welches den Farbstoff des Stocklacks in konzentrirtem Zustand enthielt; allein es fand wegen seines bedeutenden Gehaltes an Harz wenig Beifall, da dasselbe in den meisten Fällen, wo Lak-Lak angewendet wurde, störend auf den Färbeprozess einwirkte; so kam es, dass dieses Präparat alsbald vom Markte wieder verschwand. Gewonnen wurde es durch Digestion des Stocklackes mittelst kohlensaurem Natron und Fällung des Farbstoffs aus der Auflösung durch Alaun; durch die erstere Operation kam Harz durch die zweite Thonerde in das Präparat. Später brachte die ostindische Kompagnie ein reineres und farbstoffreicheres, ebenfalls aus Stocklack bereitetes Fabrikat unter dem Namen Lak-Dye in den Handel, das noch jetzt als Surrogat der Kochenille für Zwecke der Färberei mit gutem Erfolg und in grosser Menge verwendet wird. Im Speziellen ist bis jetzt die Darstellungsweise des Lak-Dye, wie sie in Ostindien gebräuchlich ist, nicht bekannt, doch glaubt man im Allgemeinen, dass sie aus folgenden Hauptmanipulationen zusammengesetzt ist: der von Staub und Schmuz gereinigte Körnerlack (s. oben) wird fein gepulvert und mehrere Tage lang in schwache Sodalauge eingeweicht, bis die letztere den Farbstoff aufgenommen und demzufolge sich intensiv roth gefärbt hat; aus der abfiltrirten Farbstoffauflösung wird mittels Alaun der Farbstoff als Lack niedergeschlagen; durch Abseihung des Fluidums wird der Lack als Teig gewonnen und dieser vom Harz, welches durch die Behandlung mit Lauge in den Lak gelangt ist, sowie von der Thonerde dadurch gereinigt, dass man den Lak mit konzentrirter Schwefelsäure behandelt, hierauf die Mischung wit Wasser verdünnt, welches die schwefelsaure Thonerde nebst dem Pigment aufnimmt, das Harz aber unaufgelöst zurücklässt; ferner dadurch, dass man die schwefelsaure Thonerde durch Zusatz von Kalk als schwefelsauren Kalk und Thonerdehydrat ausscheidet, und die auf diese Weise gereinigte und von den Niederschlägen abfiltrirte Farbstoffauflösung bis zur Teigkonsistenz langsam eindampft, aus welchem Teige man alsdann Kuchen oder Blöcke formt, die an der Luft getrocknet werden. Wir lassen die allseitige Richtigkeit dieser Darstellungsweise dahingestellt und bemerken nur, dass in europäischen Fabriken Lak-Dye nicht dargestellt wird.

Wie bereits bemerkt, wird Lak-Dye in Ostindien dargestellt; es gelangt von da über London oder Hamburg in Gestalt von Blöcken oder Kuchen nach Europa; Verpackung in Kisten oder Fässern bis zu 7 Centnern. Die Kuchen haben die Grösse von 2—4 Zoll ins Gevierte, sind von dunkler braunschwarzer Farbe, ohne charakteristischen Geruch und Geschmack. Die Blöcke sind in ihrer Grösse sehr verschieden. In europäischen See- und Handelsstädten werden auf eigens dazu konstruirten Mühlen dieselben zu Pulver gemahlen und dieses weiter in den Handel geschickt; das Pulver ist von feiner Beschaffenheit, von fast schwarzer Farbe. Verpackung in Kisten von mehreren Centnern. In London verführt man mit dem Mahlen des Lak-Dye auf die Weise, dass man zunächst die Kuchen etc. in einen Trog, in welchem ein vertikal aufgestellter Mühlstein Umgänge macht, zu einem groben Pulver zerdrücken lässt; hierauf lässt man dasselbe durch zwei unmittelbar über einander gestellte Paare von Mühlsteinen laufen, die so konstruirt sind, dass, während aus dem oberen Paare das Pulver halbfein unmittelbar in das untere gelangt, aus diesem Paare dasselbe ganz fein gemahlen hervortritt.

Dass Lak-Dye in fester Masse wie in Pulver mannigfachen Verfälschungen ausgesetzt ist, ist leicht denkbar, da die dunkle Farbe die absichtliche Beimischung irgend einer dunkelgefärbten, zu Pulver gemahlenen, wenn auch an sich unschuldigen Substanz erleichtert; vorausgesetzt, dass Lack-Dye nicht absichtlich durch solche verschlechtert ist, wird es dann immer von guter Qualität sein, wenn es 1) aus gutem Material und 2) mit Sorgfalt fabrizirt worden, namentlich wenn es so viel als möglich frei von Harz ist. Der Qualität nach ist Lak-Dye ungemein verschieden, was sich unter Anderen auch aus der grossen Verschiedenartigkeit der Preise auf den Londoner Auktionen ergiebt; jede Qualität hat ihre besondere Marke; auf einer der jüngsten Auktionen wurde DT mit 2, IE mit 11 d @½, IMcR mit 6 d @ 9 d, native und geringe Marken mit 2 d @ 6 d bezahlt. Da der Färber das erstere durch Probefärben, das letztere aber durch Behandlung des käuflichen L. mit Säuren erfahren kann, so färbt er, um Lak-Dye auf seine Güte zu prüfen, mit ihm ein Probestück und taxirt nach Beschaffenheit der erhaltenen Farbe die Qualität der Farbewaare, und löst Lak-Dye in Salzsäure auf, die das Harz als unlöslichen Rückstaud zurücklässt, aus dessen relativem Gewicht er auf die Reinheit des Lak-Dye von Harz dann mit Sicherheit schliessen kann.

Um mit Lak-Dye zu färben, löst man dasselbe in Salzsäure oder in einem Gemenge von Salzsäure und Zinnchlorür (Zinnsalz) auf; nachdem beides 24 Stunden auf einander eingewirkt hat, verdünnt man das roth gewordene Gemisch mit Wasser und benutzt es in dieser Gestalt zum Färben. Die mit Lak-Dye erzielten Farbetöne stehen, wenn mit guter Qualität sich auch Geschicklichkeit und Erfahrung in der Färbekunst verbindet, den Kochenillefarbe wenig nach.

4. Kermes. *Kermès. Kermes.*

Der käufliche Kermes (Kermesbeere) hat die Grösse einer Erbse, ist braunroth, glatt, glänzend, unterseits mit einem durch 2 eingerollte Ränder gebildeten Ritz versehen, hat überhaupt mit getrockneten Beeren die grösste Aehnlichkeit. Früher als man seine Entstehungsart nicht kannte, hielt man ihn auch für Beeren und nannte ihn Kermesbeeren; allein gegenwärtig, nachdem die zuverlässigsten Forschungen dargethan haben, dass die vermeintlichen Beeren die getrockneten und noch trächtigen Weibchen einer besonderen Art von Schildlaus sind, sollte der Irrthum überall geschwunden und der Name Kermesbeeren von den Listen der verkäuflichen Farbewaaren längst verschwunden sein; richtiger Kermesthier, Kermesinsekt.

Die weiblichen Insekten saugen sich im Monat April an den saftigen Stellen junger Blätter fest und erleiden in diesem Zustand die Begattung. Die Grösse des Weibchens ist die eines Hirsekorns; während der folgenden 5—6 Wochen entwickeln sich in dem Körper des Weibchens die mit einem rothen Saft angefüllten Eier, deren Zahl bis zu 2000 aufsteigt; der Körper schwillt an und erreicht die Grösse einer mittleren Erbse; sind die Eier gelegt, stirbt das Weibchen und ihr todter Körper bildet nur noch eine schützende Decke über die Eier, die eines Schutzes gegen die Einflüsse ungünstiger Witterung sowie gegen die Räubereien insektenfressender Vögel bedürfen. —

Der rothe Saft der Eier ist es, welcher das Pigment enthält, und desshalb werden, um die Eier in einem möglichst kleinen Raum konzentrirt zu haben. die Weibchen in noch trächtigem Zustand gesammelt; es geschieht dies in den ersten Tagen des Monat Juni, zumeist vor Tagesanbruch und zwar durch Frauen, die zu diesem Zweck die Nägel lang wachsen lassen; eine geübte Frau vermag an einem Tag gegen 2 Pfund solcher Thiere zu sammeln; sind sie gesammelt, werden sie getödtet, indem man sie entweder mit Essig besprengt, oder einen Strom von Essig langsam zwischen sie durchstreichen lässt; die getödteten Thiere trocknet man an der Sonne, oder bei ungünstiger Witterung in Trockenstuben. Eine zweite aber geringere Erndte hält man im Monat September.

Das Vaterland dieser Thiere ist Spanien, Portugal, Italien, das südliche Frankreich, Istrien, Dalmatien, Ungarn, die griechischen Inseln, Kleinasien bis hinter nach Ostindien. Die oben angedeutete Art von Schildlaus ist diejenige, welche ihren Aufenthalt auf *Quercus Ilex* (*Q. coccifera*) hat, wesshalb sie von Linné *Coccus Ilicis* genannt wurde. Dieses Thier gehört zur Ordnung der Schnabelkerfe oder Halbdeckflügler; das Weibchen erleidet die Umbildung von der Larve zum vollkommnen Insekt bloss in Gestalt mehrmaliger Häutungen, das Männchen in Gestalt einer vollkommnen Verwandlung; während daher schon an der Larve des Weibchens der Typus des ausgebildeten Insektes erkennbar ist, besitzt die Larve des Männshens mit dem zum vollkommnen Thier umgewandelten, keine Aehnlichkeit. Diese Geschöpfe haben wie oben bemerkt, ungefähr die Grösse eines Hirsenkorns, sind von dunkler Färbung, haben 6fach gegliederte, fadenförmige Fühler, undeutlich entwickelte Füsse und bezüglich der Weibchen einen Saugrüssel aber keine Flügel; der Saugrüssel bildet eine Art Schnabel, der nach unten gegen die Brust zurückgeklappt ist; er besteht aus vier Borsten, von denen die zwei dickeren und oberen die Oberkiefer, die zwei unteren und dürren dagegen den Unterkiefer darstellen, ferner aus einer kurzen Unterlippe, welche mit den zweigliedrigen Tastern eine gegliederte Scheide bildet und einer Oberlippe, welche als ein kurzes Dreieck vorn am Kopfschild erscheint; zwischen den Borsten liegt aber am Kopf noch eine kleine Platte, welche die Zunge andeutet. Männchen haben keine Saugrüssel, aber 4 Flügel, von denen die vorderen nur halbe Flügeldekken sind. Da die ausgekommenen Jungen schon nach 18—20 Tagen für die Begattung reif sind, so findet während der Sommermonate ein doppelter Generationswechsel folglich auch eine doppelte Erndte statt. Sie sind Schmarozer und werden vorzugsweise auf *Quercus Ilex* angetroffen. *Quercus Ilex* (*Q. coccifera L.*) Stecheiche oder Kermeseiche gehört zur Gattung *Quercus* aus der Familie Cupuliferen. Aeussere Kennzeichen: Blätter eiförmig, ganzrandig oder dornig gesägt; Blüthen in Kätzchen, achselständig. Früchte eiförmig, traubig. Im ganzen südlichen Europa einheimisch und gemein. Aeussere Kennzeichen von *Quercus Ilex:* Baum oder Strauch von 4—12 Fuss Höhe mit zahlreichen, abstehenden Aesten und kleinen, immergrünen, glänzenden, lederartigen Blättchen von ovaler Gestalt, am Rande dornig gezähnt und kurz gestielt. Männliche Blüthen stehen in endständigen, dünnen, zolllangen Kätzchen beisammen; Blüthenhülle fünftheilig, gewimpert, Staubfaden fünf, Staubbeutel eiförmig. dick. Weibliche Blüthen stehen meist zu zwei beisammen auf sehr dicken Stielen, Kelchhülle aus verwachsenen, dachziegelförmig gebildeten Schuppen gebildet; Fruchtknoten fächerig, umgeben von einer kleinen am Rande gezähnten Korolle. Narben gekrümmt und Frucht länglich, eirund, lederartig und ungefähr $1^1/_2$ Zoll lang. Vaterland ist das südliche Europa, der griechische Archipel, Kleinasien, Ostindien.

Ganz wie bei der Kochenille und dem Gummilackthier ist auch bei dem Kermesthier der Farbstoff, wie schon oben angedeutet in der rothen, den Eiern angehörigen Flüssigkeit enthalten; mag er in dem Gummilackthier wie in dem Kermesinsekt von geringerer Reinheit und in geringerer Menge vorhanden sein wie in der Kochenille, gegen Zinn- und Thonerdebeizen verhält er sich aber ganz wie der der Kochenille; daher vertrat der Kermes noch vor Bekanntwerden des Stock- und Körnerlacks in den Färbereien die Stelle der Kochenille. Schon zu Moses Zeiten, glaubt man, ist mit Kermes Scharlachroth auf das hohepriesterliche Gewand gefärbt worden, und möglicher Weise ist dieses Farbematerial überhaupt von den Morgenländern, von den Griechen und Römern in grösserer Menge zum Färben als selbst die altberühmte Purpurschnecke angewendet worden. Allein der Umstand dass man in gleichen Gewichten mit Kochenille weit mehr Stoff als mit Kermes zu färben vermag und dass die mit diesem Farbstoffe erzeugten Farben denen mit Kochenille dargestellten an Schönheit erheblich nachstehen, hat zur Folge gehabt, dass nach Entdeckung Amerikas die Kochenille den Kermes aus den Färbereien gänzlich verdrängte. Ausser diesem rothen Pigment enthält der Kermes noch Fette und eine Anzahl mineralsaurer Salze, z. B. phosphorsauren Kalk, phosphorsaures Kali und Natron, Chlorkalium u. a. m. Wegen des in ihnen enthaltenen rothen Farbstoffs führten die Kermesinsekten im Handel auch den Namen Scharlachbeeren.

Die Anwendung der Kermesthiere für Zwecke der Färberei ist gegenwärtig bei uns eine sehr geringe; möglich dass sie eine bedeutendere ist in jenen Gegenden, wo diese Insekten ihre Heimath haben, vielleicht dass sie dort ausser zum Färben von Stoffen auch zum Färben von Papier, Leder u. a. S. verwendet werden; schon ist es erwähnt worden, dass die Kermesfarben nicht die Kochenillefarben zu erreichen vermögen; das Kermesscharlach hat immer einen auffallenden Stich ins Gelbe, was der Schönheit der Farbe wesentlichen Eintrag thut und weder an dem Lak-Dye noch an den Kochenille-Scharlach beobachtet wird. Zudem hat man 8—10 Pfd. Kermesthiere nöthig, um Wollestoffe bis zu der Höhe und Fülle Scharlach zu färben, die man mit 1 Pfd. Kochenille erreicht. Auch die arzneiliche Anwendung der Kermesinsekten hat aufgehört; es werden daher diese Thiere im Kleinhandel fast gar nicht mehr verlangt, im Grosshandel nur noch von einzelnen chemischen Fabriken zur Darstellung wohlfeilerer Lacke, zum Färben von Tinkturen, Pulvern etc. und namentlich in Frankreich zur Darstellung des sogenannten Kermessyrups, erhalten durch Auspressen frisch gesammelter Kermesthiere und Einkochen des erhaltenen Saftes unter Zusatz von Zucker bis zur Syrupskonsistenz; es hat dieses Präparat einen angenehm süsslich zusammenziehenden Geschmack, einen gewürzhaften Geruch und eine schöne rothe Farbe. Versendung in kleinen luftdicht verschlossenen Fässchen.

Sortirt ist der Kermes nach den Gegenden, aus welchen er stammt; portugisischer Kermes aus den Provinzen Alemtejo und Algarbien, spanischer aus den Provinzen Valenzia und Andalusien, französischer aus dem Departement der Rhonemündungen, jonischer namentlich von den Inseln Korfu, Cephalonia, Zante, griechischer aus der Provinz Livadien und türkischer aus Macedonien und von der Insel Candia. Die Bedeutungslosigkeit dieser Farbewaare für die Zwecke der Färberei und der hierdurch bedingte geringe Konsum hat vergleichende Analysen über den relativen Farbewerth sowie eine genaue Aufstellung der äusseren Eigenschaften der genannten Sorten als nothwendig nicht erscheinen lassen; im Allgemeinen hält man den französischen, spanischen und griechischen Kermes für den besten. Gute Kermeskörner sind gross, von lebhaft braunrother Farbe und glatter Oberfläche, frisch, voll und markig; beim Kauen röthen sie den Speichel und erregen auf der Zunge einen bitteren Geschmack. Verpackung in Kisten bis zu 3 Centnern.

5. Deutsche oder polnische Kochenille. *Cochenille allemande.* *German C.*

Wie der Name es besagt, ist auch dieser Farbstoff ein animalischer; er stammt von *Coccus polonicus*, einer Art Schildlaus, die im nordöstlichen Deutschland, in Polen und in der Ukraine auf *Scleranthus perennis*, *Plantago* und *Potentilla* lebt; sie ist von violett bis scharlachrother Farbe, 1—1½ Linie lang, und von der Gestalt eines Hanfkorns. Männchen mit 15 Fühlgliedern, Weibchen halbkuglig, nackt, mit Saugrüssel; Männchen ohne demselben; Weibchen keine Verwandlung durchlaufend; leben als Schmarozer.

Was im Bezug auf den Ansammlungsort des rothen Pigmentes in diesen Thieren, in Bezug auf die Erndte und auf die Tödtung derselben unter Kochenille, Gummilackthier und Kermes gesagt worden ist, gilt auch von der polnischen Kochenille; das Pigment ist in den Eiern der trächtigen Weibchen enthalten, die in diesem Zustand gesammelt, durch Eintauchen in kochendes Wasser oder durch Behandlung mit heissen Essigdämpfen getödtet und endlich getrocknet werden. Sammelzeit Johanni. Es ist also die deutsche Kochenille eine Farbewaare, die aus den trächtigen Weibchen der oben genannten Insektenspezies besteht. *Scleranthus perennis* gehört der Familie der Illecebrineen und zwar der Gattung *Scleranthus* an; äussere Merkmale der Gattung sind: Kleine Kräuter mit gegenständigen linealen Blättern; Blüthen sitzend in den Gabelspalten der Aeste; bald Knäule bald Trugdolden bildend. Kelch fünfspaltig, 10 oder 5 Staubgefässe, 2 Griffel. *Scleranthus perennis*: Mehrere Stengel aus einer Wurzel ausgebreitet; nur am Ende der Stengel Blüthenäste; Blätter lineal, spitz; Blüthen klein, in Trugdolden. Frucht ist eine Kapsel mit zahlreichen Samen.

Das in *Coccus polonicus* enthaltene rothe Pigment kommt im Wesentlichen mit dem der amerikanischen Kochenille, des Gummilackthieres und des Kermes überein; wesshalb es vor dem Bekanntwerden der amerikanischen Kochenille mit dem Kermes zugleich und vor dem Kermes in Deutschland, Polen und südwestlichem Russland allein zum Scharlachfärben benutzt wurde. Jene Kochenille verdrängte aber aus den Färbereien, weil sie schöner und reichlicher färbt, nicht nur den Kermes sondern auch die polnische Kochenille, so dass die letztere jetzt nur noch in manchen Gegenden zur Darstellung von geringen Lackfarben, von rother Schminke, rothem Leder, vielleicht auch hier und da in Russland und Polen in der Hausfärberei zum Rothfärben von Wollestoffen benutzt wird; ihr Farbstoff ist mit einem eigenthümlichen Fett vermischt, welches durch Pressen der Insekten vor ihrer Benutzung zum Färben aus den Körpern entfernt werden muss. Wie gegenwärtig der Handel mit dieser Farbewaare unbedeutend ist und sie höchstens nur noch von ukrainer Bauern gesammelt wird, so war er bis vor 300 Jahren ein eben so beträchtlicher als umfangreicher; in Deutschland wurde diese Art Kochenille um die Zeit Johanni unter religiösen Ceremonien gesammelt (daher der Name Johannisblut) und die Klöster nahmen sie als Tribut, der Adel von ihren Leibeigenen als Abgaben an. Die Sorten führen die Namen der Länder, aus welchen sie stammen; über ihre Qualitätsverschiedenheit ist etwas Näheres nicht bekannt; der Konsum dieser Waare ist zu gering, ihre Wichtigkeit zu unerheblich. Versendung in Kisten bis zu 3 Centnern.

6. Murexyd. *Murexyde.* *Murexyd.*

G. Jac. Braun, Chemiker in Prag schreibt folgendes Verfahren vor , Murexyd zu bereiten (p. J. B. 152): Vorerst wird guter Guano mit Salzsäure behandelt, um das kohlensaure und oxalsaure Ammoniak zu lösen, den kohlensauren und phosphorsauren Kalk und die phosphorsaure Ammoniak-Bittererde zu zerlegen und in Lösung zu bringen, ausserdem die Harnsäure von ihren Alkalien, namentlich vom Ammoniak zu trennen. Am besten bewerkstelligt man diese Behandlung in einem mit Feuerung versehenen Bleikessel; in demselben wird Salzsäure von 12⁰ B. erhitzt und sodann ein ihr gleiches Gewicht Guano langsam eingetragen. Hierauf kocht man das Ganze 1 Stunde lang und entleert es in hölzerne Standgefässe, worin es durch Dekantiren mit Wasser gewaschen wird; diese Abwässerung wiederholt man so lange, bis alle löslichen Salztheile aus dem Sedimente entfernt worden sind. Der abgesäuerte und abgewässerte Guano wird auf grossen Filtern gesammelt und dadurch weiter vom Wasser getrennt. Das so erhaltene Produkt enthält 42—45 Proc. trockene Substanz; 100 Pfd. Guano liefern in der Regel 30 Pfd. von diesem trockenen Körper. Die Ausbeute variirt sehr wenig, obgleich das Produkt mehr oder weniger Harnsäure enthält. In demselben befindet sich alle Harnsäure des Guanos, vermengt mit Sand, Thon, Gyps, organischen Restern und Extraktionstoffen; auch das Guanin des Guanos ist noch zum Theil darin vorhanden, ein Theil desselben ist jedoch durch die Behandlung mit Salzsäure schon ausgezogen worden. Um nun zunächst aus dem mit Salzsäure vereinigten Guano Alloxan zu erhalten, verfährt man folgender Maassen: In einer thönernen Schüssel werden 5 Pfd. von dem noch feuchten Guano mit 1¹/₄ Pfd. Salzsäure von 24⁰ B. bis auf 40⁰ R. erwärmt, dann vom Feuer entfernt, und hierauf nach und nach unter beständigem Umrühren mit 6 Unzen Salpetersäure von 40⁰ B. versetzt, indem man darauf achtet, dass die Temperatur nicht über 50⁰ steigt, aber auch nicht unter 35⁰ R. sinkt. Das gewonnene alloxanhaltige Gemisch wird mit seinem gleichen Volumen Wasser vermischt, abfiltrirt, dann noch zweimal gewässert und filtrirt. Alle Lösungen werden gesammelt, vereinigt und aus denselben fällt man mit einer gesättigten Auflösung von Zinnchlorür das Alloxan als Alloxantin. Diese Ausscheidung geschieht sehr leicht, und man kann sich auch ohne Schwierigkeiten überzeugen, wie lange man Zinnchlorür zuzusetzen hat. Wenn man nämlich von der behandelten Flüssigkeit die klare Lösung mit etwas Zinnchlorür versetzt und selbst nach einigen Minuten kein Niederschlag erfolgt, so ist alles Alloxon in Alloxantin umgewandelt und dieses wegen seiner Schwerlöslichkeit ausgefällt. Einen Ueberschuss von Zinnchlorür hat man zu vermeiden, weil dasselbe dann auch mit anderen vorkommenden organischen Körpern einen, wenn auch nur schwachen Niederschlag bildet. Nachdem der Niederschlag (Alloxantin), was bald geschehen ist, in der Ruhe sich abgesetzt ·hat, wird die überstehende braune Flüssigkeit abgezogen und das Alloxantin mit Wasser ausgesüsst, welches mit Salzsäure angesäuert ist. Das anf diese Weisse erhaltene Alloxantin wird filtrirt, getrocknet und höchst fein abgerieben, sodann warmen Ammoniakdämpfen ausgesetzt, und dadurch reines Murexyd erzeugt. Am zweckmässigsten wird diese Behandlung des Alloxantin in einer eisernen Sandkapelle vorgenommen, auf welcher ein cylindrischer Aufsatz von Weissblech angebracht, dessen Boden in einer Siebfläche besteht, auf welcher feine Leinwand ausgebreitet und auf dieser das fein gepulverte Alloxantin aufgelegt wird. In der Sandkapelle erzeugt man das Am-

moniak aus schwefelsaurem Ammoniak und Kalkhydrate; das Alloxantin muss auf die
Leinwand locker und nicht in zu hoher Schicht gelegt werden, und der Blechaufsatz
wird offen erhalten, um den sich bildenden Wasserdämpfen freien Ausgang zu gewähren,
damit sich das Präparat nicht in Folge darin verbreiteter Feuchtigkeit zusammenballe,
wodurch die gehörige Einwirkung des Ammoniaks verhindert würde.

Derselbe Chemiker schreibt auch ein Verfahren vor, aus Harnsäure Murexyd darzustellen. Im Bezug hierauf fährt er in der oben angeführten Stelle unter Anderen weiter
fort: Wie aus den Lehrbüchern der Chemie bekannt ist, wird die Harnsäure durch
die Salpetersäure jedesmal vorerst in Alloxan umgewandelt; das Verhältniss zwischen
Harnsäure und Salpetersäure, welches zu dieser Umwandlung erforderlich ist, war erst
zu ermitteln; nach mehreren Versuchen behauptet folgendes Verfahren den Vorzug.
In $2^1/_8$ Pfd. Salpetersäure von 36^0 B. werden nach und nach $1^3/_4$ Pfd. Harnsäure eingetragen, wobei man in nachstehender Weise verfahren muss: Man giesst die Salpetersäure in eine hohe thönerne Schüssel, welche man mit ihrem Inhalte in ein mit
kaltem Wasser angefülltes Gefäss stellt, so dass sie auf letzterem schwimmt; dabei
trifft man Vorsorge, das warm gewordene Wasser durch frisches zu ersetzen. Nun
trägt man die Harnsäure nach und nach in kleinen Portionen in die Salpetersäure ein;
mehr als 2 Loth darf man auf einmal nicht hineinschütten, weil sonst in Folge der
Reaktion eine zu grosse Erwärmung stattfinden und dadurch ein Theil des gebildeten
Alloxans in Produkte zersetzt würde, welche kein Murexyd bilden können, somit die
zur Erzeugung dieses Alloxans verwendete Harnsäure rein verloren wäre. Man ver-
theile die Harnsäure auch nur auf der Oberfläche der Salpetersäure und rühre das
Gemenge erst dann mit einem Porzellanspatel um, nachdem die Harnsäure grösstentheils aufgezehrt worden ist. Auch darf man eine neue Quantität Harnsäure nie früher
in die Salpetersäure eintragen, als nachdem die Temperatur des Gemenges auf mindestens 26^0 gesunken ist. Später wird die Einwirkung beider Körper auf einander
eine schwächere, und dann wird es auch nöthig, die eingetragene Harnsäure mit der
Salpetersäure zu verrühren, bevor sich das Gemenge soweit abgekühlt hat, dass die
Oxydation aufhört und durch ein gelindes Anwärmen wieder hervorgerufen werden
müsste. Die letzten Antheile von Harnsäure werden bei der einzuhaltenden Temperatur von 26^0 R. nicht mehr aufgezehrt, was auch mit dem gewählten Verhältniss von
Salpetersäure beabsichtigt ist. Ein grösseres Quantum von Salpetersäure und Harnsäure,
als oben vorgeschrieben wurde, in einem Steingefäss zu bearbeiten ist nicht rathsam,
sondern man bringe bei der Fabrikation im Grossen eine Anzahl von Schüsseln mit
der vorgeschriebenen Quantität von Salpetersäure in ein gemeinschaftliches Kühlwas-
serbad, indem man selbstverständlich für einen guten Abzug der entstehenden Dämpfe
sorgt. Nach dem Erkalten stellt das Gemenge einen Krystallbrei von Alloxan mit
Harnsäure, Wasser und etwas Salpetersäure dar; die gelbe Färbung der Flüssigkeit entstand durch die Zersetzung des Extraktivstoffes, womit die angewandte Harnsäure verunreinigt war. Man vereinigt nun das von zwei verarbeiteten Portionen erhaltene Gemenge in einem emaillirten eisernen Topf von 12 wiener Maass Inhalt und
stellt diesen auf ein erwärmtes Sandbad oder auf einen mit Sand bestreuten Platten-
ofen. In der Wärme bildet sich jetzt durch die Einwirkung der im Gemenge erhaltenen verdünnten Salpetersäure auf die noch vorhandene Harnsäure eine Quantität Alloxantin, und man muss, wenn das bei der Reaktion sich erhebende Gemenge bis zur
Hälfte des Gefässes aufgestiegen ist, dieses vom Ofen wegnehmen; nachdem das Gemenge sich gesenkt hat, wird das Gefäss wieder auf den Boden gesetzt und nimmt

es abermals weg, wenn es sich zu erheben beginnt. Beim dritten Erwärmen ist die Gefahr des Uebersteigens vorüber und man erhitzt daher das Gemenge bis auf 28° B., hierauf rückt man das Gefass auf eine niedere heisse Stelle und trägt nun unter sorgfältigem Umrühren so rasch als möglich ein halbes Pfund Salmiakgeist ein, von 24° B. wodurch das Gemenge gänzlich in Murexyd umgewandelt wird. Nach dem Eintragen des Salmiakgeistes lässt man das Gefass noch beiläufig zwei Minuten lang auf der heissen Stelle stehen und beseitigt es sodann Behufs des Erkaltens, wornach man das Gemenge in einen dunkelrothbraunen zähen Teig verwandelt findet. Derselbe besteht meistens aus Muroxyd, gemengt mit salpetersaurem Ammoniak, löslichen braunen Extraktivstoff. Dieses Produkt bildet das sogenannte *Murexyde en pâte* des Handels, teigartiges Murexyd. Um das Murexyd reiner und trocken zu erhalten, rührt man diesen Teig mit Wasser an und filtrirt, was man so oft wiederholt, bis alle Salze und Extraktivstoffe etc. ausgewaschen sind. Nach dem letzten Abwaschen, was mit schwachen Ammoniakwasser geschieht, wird das Produkt getrocknet und bildet sodann das *Murexyde en poudre*, das trockene Murexyd.

Zwei Verfahrungsweisen Murexyd darzustellen liess sich W. Chlark in London patentiren, die eine aus Alloxantin, die andere aus Alloxan. Bezüglich der ersteren wird Alloxantin in gepulvertem Zustand mit flüssigen und mit Alkohol vermischten Ammoniak in Berührung gebracht, wodurch das Alloxantin sich in Murexyd verwandelt; man filtrirt und dampft zum Trocknen ein, um das Murexyd im trocknen Zustand zu erhalten. Bezüglich der letzteren behandelt man Alloxan mit Ammoniakflüssigkeit, indem man in der Kälte soviel Ammoniak zum Alloxan hinzugiesst, dass es die Hälfte des angewendeten Alloxans beträgt; man erwärmt die Mischung bis zu 70° C., lässt sie hierauf abkühlen, wobei das Murexyd herauskrystallisirt; man filtrirt und bringt das gewonnene Murexyd zur Trockene. Folgende Mischungsverhältnisse sind mit Vortheil anwendbar: 100 Liter Alloxan von 30° B. 23—30 Liter Ammoniakflüssigkeit von 18° B. — Gutes trockenes Murexyd ist von feurigrother Farbe, fein gepulvert und kräftig färbend, denn reines Murexyd, bis zu $^1/_{30}$ Quentchen verringert, vermag eine sächsische Kanne Druckfarbe zu liefern; von den Zersetzungsprodukten Alloxan, Alloxantin, Parabansäure, salpetersaures Ammoniak, Harnstoff enthält es nur geringe Mengen. Das Gegentheil gilt von den geringeren Qualitäten, die nur 4—5% Muroxyd enthalten. Das im Handel vorkommende breiartige Muroxyd bildet einen schmuzigbraunrothen Teig und enthält ebenfalls kaum über 5% Muroxyd. Verpackung in Flaschen M. en p. und in Töpfen M. en pâte. Versendung in Kisten bis 50 Pfd.

Man braucht Murexyd vorzugsweise zum Färben von Wolle und Seide.

In der deutschen Musterzeitung 1859 No. 1 wird Folgendes von Th. Würz in Leipzig herrührendes Verfahren, Wolle durch Murexyd schön purpur zu färben, mitgetheilt: Die Stücke oder Wollen werden von dem Färber in einem starken warmen Sodabade und dann in einem eben so starken und warmen Seifenbade auf das Sorgfältigste gereinigt. Die gänzliche Reinigung der Wolle ist zum Erlangen einer schönen Farbe unumgänglich nothwendig. Nachdem die Stücke im Wasser gezogen und abgetropft sind, nimmt man sie in folgendes Färbebad:

Auf 12 Pfund Wolle

350 Pfd. lauwarmes Wasser von 25—30° R.

$^1/_2$ „ Murexyd en poudre und

15 „ salpetersaures Bleioxyd.

Das Murexyd wird mit einem Theil des lauwarmen Wassers gemischt und aufgelöst, dann die Farbe dem Reste des Wassers beigegeben. Hierauf wird das salpeter-saure Bleioxyd, welches in 30—35 Pfd. siedendem Wasser aufzulösen ist, dem Färbe-bade beigemischt und mit der Wolle nunmehr hineingegangen. Das Bad, welches höchstens 30° R. Wärme haben darf, lässt man erkalten und die Wolle etwa 20 Stun-den lang darin liegen, die Waare wird sodann herausgenommen, leicht gespült und im folgenden Bade fixirt und aviwirt:

100 Pfd. kaltes Wasser

1 „ Quecksilberchlorid (Sublimat) und

3 „ essigsaures Natron

In diesem Aviwirbad bleiben die Stücke etwa 5—7 Stunden, je nachdem man die Nüancen mehr oder weniger bläulich wünscht.

Nach dem Ausfärben einer Partie Wolle können andere durch jedesmaliges Auf-frischen mit $^3/_4$ des anfänglichen Quantums der Farbematerialien in gleicher Nüance gefärbt werden.

Ein anderes Verfahren, Wolle mit Murexyd zu färben, theilt Petersen in Armen-gaud's Chemie industriel 1859 mit: Zunächst wird die Wolle von dem in derselben enthaltenen Fett auf die gewöhnliche Weise gereinigt, hierauf lässt man sie etwa eine Stunde lang im Wasser kochen, welches mit Weinsteinsäure, Citronensäure oder Oxal-säure angesäuert worden ist; so vorbereitet, kann die Wolle sofort gefärbt werden. Zu diesem Zwecke weicht man dieselbe in eine kalte Auflösung von Murexyd in Was-ser ein, lässt dieselbe darin 1—2 Stunden verweilen, nach welcher Zeit sie eine schöne amaranthrothe Farbe angenommen hat. Behandelt man ferner die so gefärbte Wolle in einem kalten Bade von Quecksilbersublimat, so geht die Amaranthfarbe in lebhaftes Karmoisin über.

Nach Depoully verfährt man auf felgende Weise: die Wolle wird zunächst sorg-fältig gereinigt und hierauf eine bestimmte Zeit lang in einem konzentrirten Bad von Murexydauflösung behandelt; ist sie von derselben innig durchdrungen, nimmt man sie heraus und trocknet sie an der Luft. Alsdann behandelt man sie in einem 45° heis-sem Bade, bis das Roth, wie man es wünscht, zum Vorschein kommt; Zusammensetz-ung des Bades: 10 Liter Waser, 60 Gramme Sublimat und 75 Gramme essigsau-res Natron.

Nach ebendemselben verfährt man, um |Seide zu färben, auf die Weise, dass man eine Auflösung von Murexyd mit einer gewissen Menge von Sublimatauflösung vermischt, und in diese Mischung nun die Seide eintaucht, die sich sofort purpurroth färbt. Von der Konzentration der Auflösungen und von den relativen Mengen, die man von bei-den anwendet, hängt die Intensität der Farbe ab.

Nach Lauth färbt man baumwollene und leinene Stoffe nach folgender Methode: zuerst behandelt man die Stoffe in einem Bade von essigsaurem Bleioxyd und hierauf von verdünntem Salmiakgeist, wodurch auf die Faser Bleioxyd niedergeschlagen wird; man bringt nun die Farbe hervor, indem man die Stoffe in eine Auflösung von Subli-mat und salpetersaurem Quecksilberoxyd eintaucht, dem man etwas essigsaures Natron zugesetzt hat und hierauf in die Murexydauflösung einlegt, von deren Stärke oder Dauer die Höhe und Lebhaftigkeit der Farbe abhängt.

Man benutzt anch das Murexyd als Aufdruckfarbe; zu diesem Zweck verdickt man entsprechend salpetersaures Bleioxyd und fügt nun so viel Murexyd hinzu als nöthig erscheint, um den gewünschten Farbeton zu erhalten. Ist diese Mischung auf dem Stoff getrocknet, so legt man die Stoffe in ein Bad von 100 Liter Wasser, 1 Kilogramm (2 Pfd.) Sublimat und $1\frac{1}{2}$ Kil. salzsaurem Natron und nimmt sie aus demselben wieder heraus, sobald die Farben, die er wünscht, Schönheit zeigen.

Oscar Meister, berathender Chemiker in Chemnitz, schlägt vor, die Zeuge mit Auflösung von Zinn- oder Quecksilber- oder Bleisalzen zu imprägniren (mit Zinksalz für Gelb und Orange); oder man druckt eines dieser Salze als Beize auf und färbt im Murexydbade aus. (s. oben) Nach seiner Angabe kann die Druckfarbe zusammengesetzt werden aus 1 Gramm Murexydpurpur, 10 Gramm salpetersaures Bleioxyd und 1 Liter Gummiwasser. Nach v. Kurrer: 24 Pfd. salpetersaures Bleioxyd, 5 Pfd. gepulvertes trockenes Murexyd, 36 Pfd. fein gepulvertes Gummi und 72 Pfd. Wasser.

Einige Stunden nach dem Bedrucken dreht man die Stücke durch einen mit ammoniakalischer Luft geschwängerten und bis 60° R. erhitzten Kasten und hierauf durch ein Bad, welches auf 1000 Liter Wasser $2-2\frac{1}{2}$ Kilo Sublimat nach Kurrer auf 1500 Pfd. Wasser 2 Pfd. 22 Loth Sublimat enthält, in welchem Bade man sie 10 Minuten verweilen lässt. Sind sie herausgenommen und abgekühlt und im Wasser gespühlt, so geht man mit ihnen iu ein zweites Bad, welches nach folgenden Verhältnissen zusammengesetzt ist:

1000 Liter Wasser, 1 Kilogramm Quecksilbersublimat, 2 Kilogramm Essigsäure von 7° B. und $\frac{1}{2}$ Kilogramm essigsaures Natron. Nach Kurrer: 3000 Pfd. Wasser, 1 Pfd. essigsaures Natron uud 1 Pfd. Salmiak. Dauer des Bades 20 Minuten; hierauf werden die Stücken kalt gespühlt und getrocknet.

Darauf folgende schwache alkalische oder Seifenbäder treiben das Roth ins Violett. Muster in drei verschiedenen Roth werden durch die resp. Zusätze von Gummiwasser erzeugt: Dunkelroth, Hellroth und Rosa. Auf unimurexydrothe Stoffe können durch Aufdruck von Zinkoxydsalzen Orangefiguren, dunkelgrüne Figuren durch Aufdruck von Zinkoxydulsalzen erzeugt werden. Schöne violette Muster erhält man durch Aufdruck von Murexydfarbe auf hellindigoblauen Grund.

Farbstoffe aus dem Pflanzenreiche.

A. Farbstoffe in den Blättern.

1. Indigo. *Indigo. Indigo.*

Obwohl der Indigo in Gestalt eines blauen festen Farbstoffes im Handel vorkommt, so findet er sich doch in dieser Eigenschaft in der Natur nicht vor; vielmehr bildet er in den Pflanzen, aus welchen man ihn gewinnt, eine Flüssigkeit, die, wenn sie aus dem Pflanzenkörper austritt, gelblichweisse Farbe zeigt und mit der Zeit auf dem Boden des Gefässes ein blaues Pulver absetzt und ihre ursprüngliche Farbe ins Grünlichgelbe verändert; jedoch nur weil sie ihrerseits mit der Luft in Berührung kommt, und folglich die Luft auf sie einwirken kann. Denken wir uns umgekehrt diese Berührung mit der Luft, die eigenthümliche Einwirkung derselben auf die Indigoflüssigkeit weg, so würden wir von irgend einer Ablagerung eines blauen Pulvers nichts bemerken, sie müsste, ganz wie in der Pflanze, so auch beim Austritt aus derselben gelblichweiss bleiben und dürfte in keinerlei Weise mit der Zeit eine Veränderung dieser Farbe erleiden. Betrachten wir ferner den Indigo, nachdem der Färber ihn zum Blaufärben von Stoffen zubereitet hat, so vermissen wir auch hier an ihm seine blaue Farbe, seine feste Beschaffenheit; in einem grossen Fasse (genannt Küpe) ist er enthalten, gelb mit blauviolettem Schaum bedeckt, Alles aber blaufärbend, was eingetaucht wird, sobald man es an die Luft bringt. Es ist bekannt, dass die zu färbenden Zeuge, an sogenannten Sternen aufgespannt, von den Färbern in die Küpe eingetaucht und nachdem ſene von der Indigoflüssigkeit innig durchdrungen worden, wieder herausgezogen und mit der Luft in Berührung gebracht werden, um die Entwickelung der blauen Farbe und zugleich deren Befestigung auf den Faden zu erzielen. Es unterliegt keinem Zweifel, dass beide Zustände des Indigos in der Pflanze wie in der Küpe der Blaufärber, einander gleich sind: denn in beiden befindet sich der Indigo in reducirtem Zustand (siehe unter Indigotin) und in beiden aufgelöst und an Alkali gebunden. Der Färber bedient sich, um den Indigo künstlich in diesem Zustand zu versetzen, verschiedener Mittel, (Ausführl'cheres unter Indigotin) von denen wir hier Folgendes erwähnen: es wird der Indigo in eigens dazu construirten Indigo-Reibmaschinen mit Wasser bis zu dem Grade der Feinheit abgerieben, dass der blaue Brei weder zwischen den Zähnen noch auf den Fingerspitzen auch nur die Spur von körniger Beschaffenheit kund giebt; mit hinreichender Menge von Wasser verdünnt, giesst man zu ihm lauwarme Kalkmilch, worauf, nachdem beide Flüssigkeiten aufs Innigste zusammengerührt worden sind, noch eine dritte, ebenfalls lauwarme Flüssigkeit, Auflösung von Eisenvitriol, zugegossen wird, was zur Folge hat, dass alsbald das Gemisch seine blaue Farbe mit einer gelben vertauscht und der blaue Indigo vollständig verschwindet. Eisenvitriol, Wasser und Kalkmilch wirken aber auf folgende Weise auf den Indigo ein: die Schwefelsäure, welche in dem Eisenvitriol an Eisenoxydul gebunden ist, trennt sich von dem letzteren und geht dafür eine Verbindung mit einem Theil des Kalkes ein; es bildet sich daher zunächst in dem zusammengemischten Fluidum schwefelsaurer Kalk, welcher als weisser Schlamm auf dem Boden des Gefässes sich ablagert; das frei gewordene Eisenoxydul aber, aus einem Aequiv. Eisen nnd einem Aequiv. Sauerstoff bestehend, entzieht dem Wasser einen bestimmten Theil seines Sauerstoffs und verbindet sich mit demselben; während daher auf der einen Seite das Eisenoxydul zu Eisenoxyd (1 Aequivalent Eisen und $1\frac{1}{2}$ Aequivalent Sauerstoff) sich oxydirt, reducirt es auf der andern den Indigo, indem dieser den Wasserstoff des Wassers aufnimmt (s. unter Indigotin). Das Eisenoxyd verwandelt sich ferner unter Aufnahme von Wasser in Hydrat und sinkt in Gestalt von gelbem Eisenrostschlamm zu Boden, der reducirte Indigo hingegen vereinigt sich mit dem frei gebliebenen Kalk zu einer auflöslichen Verbindung, die von uns oben mehrfach als Indigoflüssigkeit bezeichnet worden ist. Ergiebt sich nun hieraus, dass die Reduction die Ursache ist der Auflöslichkeit des Indigo und die Auflösung durch Alkali die der gelblichweissen Farbe, so unterliegt es keinem Zweifel, dass beide, auch in den Indigopflanzen den gleichen, bereits eingangs erwähnten Zustand des Indigos veranlassen und bedingen. Ist aber der reducirte Indigo aufgelöst und gelblichweiss, so ist der oxydirte fest und blan, nur bedarf es zur Ueberführung des reducirten in den oxydirten, der Befreiung des ersteren vom Kalk; diese Rolle übernimmt nun die in der Luft enthaltene Kohlensäure, welche mit dem Kalk zu kohlensauren Kalk zusammentritt und den Indigo frei giebt, der seinerseits augenblicklich Sauerstoff aus der Luft aufnimmt, sich oxydirt, blau von Farbe und unauflöslich wird; diese Oxydation erfolgt ebenso auf den Zeugen, nachdem man sie aus der Indigoflüssigkeit herausgezogen, als auch auf der mit der Luft in Berührung kommenden Oberfläche der reducirten Indigoflüssigkeit selbst, und ist somit die Ursache der blauen Färbung der ersteren sowie der Bildung des violetfarbigen Schaumes auf der letzteren.

Das Mischungsverhältniss, nach welchem gewöhnlich in den Blaufärbereien Indigo, Kalk und Eisenvitriol in Anwendung gebracht wird, ist 3 Pfd. Indigo, 12 Pfd. Kalk und 9 Pfd. Eisenvitriol.

Gehen wir nun zur Darstellungsweise des Indigo selbst über.

Die Pflanzentheile, in welchen der Indigo enthalten ist, sind die Blätter; da aber nicht in jedem Entwickelungsstadio derselben ihr Gehalt an diesem vorzüglichen Farbstoffe gleich gross ist, so liegt es selbstredend im Interesse der Indigofabricanten, die Sammlung der Blätter zu derjenigen Zeit vorzunehmen, in welcher erfahrungsmässig ihr Indigogehalt am grössten sich zeigt; dies ist aber der Fall, wenn, wie auch bei Gelegenheit der Kultur der Indigopflanze bemerkt ist, die Blüthenknospen aufzugehen im Begriff sind; dann schneidet man die Stengel einen Zoll hoch über der Erde ab und weicht diese sammt den Blättern in der sogenannten Gährungsküpe dergestalt ein, dass das aufgegossene Wasser etwa bis zu 6 Zoll hoch an den Rand der Küpe heraufsteht, während die Kräuter mittelst aufgelegter und mit Steinen beschwerter Breter unter dem Wasserspiegel zurückgehalten werden. Bei den hohen Wärmegraden des dortigen Klimas tritt in der Küpe alsbald die Gährung ein, das Wasser wird trübe, beginnt sich gelblich zu färben, die Temperatur in demselben steigt allmälig um einige Grade und Luftblasen, grosse und kleine, kommen alsbald in zahlloser Menge an die Oberfläche des Liquidums zum Vorschein, die aber verschwindend in ihr eine Bewegung, ähnlich der des kochenden Wassers hervorbringen und die Bildung einer dicken violettblauen Schaumdecke verursachen. Sobald als aber die Gährung nachgelassen und das Liquidum sich hinreichend abgeklärt hat, wird es mittelst eines geöffneten Spundloches in ein anderes unmittelbar daneben stehendes Gefäss abgelassen, welches man die Schlagküpe nennt; das Fluidum ist von gelber Farbe, denn der reducirte Indigo, vorher in den Blättern, findet sich nun, allerdings unter Mithilfe der Gährung, in demselben; nicht aber als ob die Gährung daran einen besondern chemischen Antheil hätte, sondern das Wasser hat ihn mechanisch extrahirt. Es ist nun die Aufgabe der Arbeiter an der Schlagküpe den Indigo zu oxydiren und ihn in Gestalt eines blauen breiartigen Pulvers aus dem Wasser abzuscheiden. Die Arbeit ist einfach; in dem Gefäss nämlich ist ein System von Schaufeln an einer horizontal liegenden Welle so angebracht, dass, wenn die letztere der Arbeiter um ihre Axe dreht, jeder Theil des Liquidums wiederholt von unten nach oben geworfen und dergestalt mit der atmosphärischen Luft in Berührung gebracht wird. Es ist ersichtlich, dass die Arbeiter in der That nichts zu thun haben, als die Welle in Bewegung zu bringen; die Indigoflüssigkeit kommt mit der Kohlensäure und dem Sauerstoff der Luft in die nothwendige Berührung, von denen die erstere augenblicklich den Indigo aus seiner auflöslichen alkalischen Verbindung ausscheidet, ihn oxydirt und folglich in ein blaues unauflösliches Pulver verwandelt; daher die Erscheinung, dass die Indigoflüssigkeit in dem Verhältniss als die Schlagarbeit vorwärts schreitet, anfänglich grün dann immer tiefer blau sich färbt. Die Erfahrung entscheidet, wenn sie als beendigt anzusehen ist. Gewöhnlich dauert die Arbeit $1\frac{1}{2}$—2 Stunden; die Gährung ist als günstig verlaufen und die Schlagarbeit als geschickt ausgeführt anzusehen, wenn der Indigo in Gestalt eines sehr feinen Pulvers sich ablagert und auf dem Spiegel des Liquidums keine dicke, fettige Schaumkruste sich gebildet hat, die nicht weichen und sich zertheilen will. Man überlässt die durchgearbeitete Indigoflüssigkeit der Ruhe, während welcher dieselbe sich unter Ablagerung des Indigo vollkommen abklärt. Das abgeklärte Fluidum wird abgelassen und der Indigo ist gewonnen. Die nunmehr folgenden Operationen bezwecken eines Theils die Reinigung des Indigobreies vom Indigoleim und Extractiv-Stoffen, anderen Theils die Umformung desselben in die bekannten blauen ʼfesten Würfel.

Von beiden Stoffen wird der Indigo durch Auskochen in reinem Wasser in einem besonderen kupfernen Kochkessel befreit; während des Kochens nimmt die blaue Flüssigkeit eine ölartige Beschaffenheit an; nach Beendigung des Kochprozesses (etwa 4 Stunden) ist die Farbe des Indigo reiner und feuriger; in sogenannten Sammelkästen, deren Einrichtung im Wesentlichen darin besteht, dass sie zwei Boden haben, von denen der obere eine Art mit feinem Baumwollenstoff bedecktes Sieb, der untere hingegen eine dem Spundloch zugeneigte, nicht durchlöcherte Ebene bildet, bewirkt man die Trennung des Indigo vom Kochwasser; nämlich das Wasser läuft durch den oberen Boden auf den unteren hinab, um von da seinen Weg durch den geöffneten Spund nach Aussen zu nehmen, während der Indigo auf den oberen Boden zurückbleibt. Fliesst nun kein Wasser vom Indigo mehr ab, so wird er in besonderen Pressbeuteln bis zur Konsistenz eines steifen Teiges von den ihm mechanisch noch anhängendem Wasser befreit und hierauf in Form von vierseitigen Stangen gebracht, die man in Würfel zerschneidet, und nachdem man sie mit dem Faktoreistempel bedruckt hat, an der Luft unter fleissigem Umwenden und Abkehren eines eigenthümlichen weissen Anflugs, wahrscheinlich das Resultat der Einwirkung des atmosphärischen Sauerstoffs, trocknet. Man stellt den Indigo auch aus getrockneten Blättern dar, und verfährt dabei auf folgende Weise: die geernteten reifen Pflanzen werden im Sonnenschein getrocknet, hieranf, um die Blätter von den Stengeln zu trennen, gedroschen; man bewahrt die Blätter auf bis sie ihr Grün ins Grauliche verändert haben, weil in diesem Zustand sie erst fähig sind, durch einfache, kurzdauernde Einweichung ihren Indigo an das Wasser abzugeben. Unter fleissigem Pressen und Ansdrücken werden sie blos 2—4 Stunden eingeweicht, welche Zeit hinreicht, ihren Indigogehalt ihnen vollständig zu entziehen; man entfernt die Blätter, und behandelt die erhaltene gelbgrüne Flüssigkeit weiter wie bereits angezeigt worden. — Fassen wir nun die Pflanzen näher ins Auge, aus denen der Indigo gewonnen wird, so bemerken wir zunächst, dass sie der Gattung *Indigofera* angehören, die mit Ausnahme von Europa in Australien und den tropischen Gegenden von Asien, Afrika und Amerika angetroffen und kultivirt wird. Sie hat folgende äussere Eigenschaften: Blätter 3—5 paarig gefiedert, Blattheile ganzrandig, Nebenblätter stehen an der Basis der Blattstiele; Blüthen stehen in seitlichen Trauben beisammen; Frucht vielsamig, linealförmige oder vierkantige Hülse, Halbstrauch, Strauch, oder krautartig, — gehört ʼzu den Papilionazeen. Aus dieser Gattung werden kultivirt und zur Indigobereitung benutzt:

1) Der gemeine oder Färberindig (*Indigofera tinctoria Linn.*) Halbstrauch, Stengel 2 bis 3 Fuss hoch, Blätter fünfpaarig gefiedert mit einem Endblättchen, Blüthen mit weissen Schiffchen und rosenrothen Fähnchen. In Ostindien, auf St. Domingo, Madagaskar, Malabar u. a. O.

2) Der sichelförmige Anilindigo (*Indigofera Anil Linn.*) Strauchartig, Blätter 5 paarig gefiedert mit einem Endblättchen, Blüthe röthlich, Hülsen sichelförmig. Der Name Anil stammt aus dem Indischen (Nila) und bedeutet soviel als blau. In Ostindien, Centralamerika, auf den Antillen u. a. O.

3) Der silberglänzende Indigo (*Indigofera argentea Linn.*) Strauchartig, Aeste weissglänzend behaart; Blätter 1—2 paarig gefiedert, Blüthe weisslichgelb, Hülsen zusammengedrückt. In Afrika und auf den Antillen.

4) Der zweisamige Indigo (*Indigofera disperma Linn.*) Krautartig, Blätter 6 paarig

gefiedert, Blüthen röthlich, Hülsen zweisamig und walzenrund. In Ostindien in Cen-
tral- und Südamerika.

Ausser diesen Arten wird auch *Indigofera pseudotinctoria* in Ostindien, *Indigofera
glauca* in Eegypten und Arabien, *Indigofera coerulea, cineraria, erecta, hirsuta, glabra*
in Ostindien u. a. O. angebaut.

In den Indigoplantagen kultivirt man die Indigopflanzen auf folgende Weise: in etwa
7 Zoll tiefe Löcher eines leichten, gut bearbeiteten Bodens, die in Zwischenräumen von 12
Zoll auseinander stehen, legt man von Monat März bis Mai, in Bengalen bereits im Februar,
die Samenkörner und deckt sie mit Erde leicht zu. (12 Pfd. Samen auf 1 Acker Land.)
Unter günstigen Witterungsverhältnissen erfolgt das Wachsthum der Pflanzen sehr schnell;
schon nach Verlauf von 3 Tagen treibt der Keim den jungen Stengel über die Erde
hervor und es währt kaum 3 Monate, so ist die Pflanze zu ihrer völligen Reife entwickelt; man schneidet etwa einen Zoll hoch über der Erde ab, ohne den darunter
stehenden Trieb zu verletzen, denn nach wiederum zwei Monaten ist auch dieser zur
erntereifen Pflanze herangewachsen. Unter denselben Vorsichtsmassregeln wie das erste
Mal, wird auch dieser Stengel abgeschnitten, um, wenn die Boden- und Witterungsverhältnisse es gestatten, noch eine dritte Ernte zu erzielen. Der erste Schnitt ist der
beste und er nimmt in seiner Qualität ab nach dem Verhältniss seiner Wiederholung;
die Blätter sind wie schon oben bemerkt, am reichsten an Indigo, wenn die Blüthen
sich zu entfalten beginnen; dann ist die beste Zeit der Ernte. Länder, in welchen
Indigokultur betrieben wird, s. „Indigosorten."

Die Verwendung des Indigo in der Gewerbsindustrie ist eine ebenso wichtige als
vielfache. Bekannt ist zunächst seine Verwendung in der Indigo-Küpenfärberei für
Baumwolle und Leinenstoff, deren Prinzip darauf beruht, dass man in reducirten Indigo
s. oben), nachdem man mit vielem Wasser ihn verdünnt, an sogenannten Sternen glatt
und faltenlos aufgespannte Waare so oft abwechselnd eintaucht und wiederum herauszieht, bis sie den gewünschten blauen Farbenton zeigt, buntfarbige und weisse Muster
werden durch vorheriges Aufdrucken von Grün-, Gelb-, Orange- und Weisspapp, welche
in der Küpenflüüssigkeit nicht aufweichen und die bedruckten weissen Stellen folglich
vor dem Auffärben des Indigos sichern, erzeugt, indem man sie nach Beendigung des
Blaufärbens in besonderen Bädern ausfärbt. Auch zum Blaufärben von Seide und Wolle
wird Indigo verwendet, nur mit dem Unterschiede, dass in diesem Falle die Reduction
und Auflösung dieses Farbematerials nicht durch Eisenvitriol und Kalk, sondern bezüglich der Seide durch Zusatz von Krapp, Kleie, Soda, oder Pottaschenauflösung, und
bezüglich der Wolle durch Zusatz von Waid, Röthe (Krapp) Kleie und Kalk erzielt
wird; (s. weiter unten unter „Indigotin"). Ferner benutzt man den Indigo zur Darstellung des sogenannten Sächsischblau, zu welchem Zwecke derselbe in rauchender
Schwefelsäure aufgelöst und mit soviel Wasser verdünnt wird, dass man ohne Gefahr
ein Stück Fries so lange in dieser Auflösung kochen kann, bis es aus derselben den
reinen blauen Farbstoff aufgenommen und sich schön blau gefärbt hat; wird dieses
Stück Fries in mit etwas Soda versetztem Wasser wieder eingekocht, so geht der blaue
Farbstoff ins Wasser und man erhält nun eine blaue Flüssigkeit, welche hineingelegte
blaue wollene und seidene Stoffe rein und lieblich blau färbt. (Das Nähere s. unter
„Indigotin".) Ferner benutzt man den Indigo zur Darstellung der schwefelsauren und
essigsausen Indigoauflösung, indem man den in rauchender Schwefelsäure aufgelösten
Indigo zu ersterem Zweck einfach mit Wasser, für den zweiten Zweck aber mit Bleizuckerauflösung (essigsaures Bleioxyd) vermischt, welches letztere zur nothwendigen

Folge hat, dass die Schwefelsäure mit dem Bleioxyd zu schwefelsaurem Bleioxyd, die Essigsäure hingegen mit dem Indigo zu essigsaurem Indigo sich verbindet, von denen das erstere als schwerer weisser Niederschlag im Gefäss zu Boden fällt, während das letztere als Flüssigkeit von reiner blauer Farbe vorsichtig abfiltrirt wird. Ferner verwendet man den Indigo zur Darstellung des blauen Karmins (s. unter Indigotin), welcher aus der schwefelsauren Indigoauflösung durch Zusatz von kohlensaurem Kali präcipitirt und in Gestalt eines höchst feinkörnigen blauen Teiges zum Blau- und Grünfärben wollener Garne und Gewebe, zum Blauen der Stärke, zur Darstellung von Waschblau etc. verwendet wird etc. etc.

Wir kommen zu den Bestandtheilen des Indigo: betrachtet man ein Stück Indigo, so könnte man leicht zu der Ansicht gelangen, dass der Indigo nur aus einem Bestandtheil, nämlich aus blauem Farbstoff bestehe. Dies ist aber irrthümlich; der Indigo ist vielmehr ein Gemisch von diesem blauen Farbstoff (Indigotin) mit Indigbraun, mit Indigroth, Indigoleim, mineralischen Körpern als Kalk, Talk und Thonerde, Eisenoxyd, Kieselsäure und hygroscopischem Wasser. Auch der beste Indigo enthält nicht leicht viel über 55 Proc. Indigotin, an Indigroth, Indigbraun und Indigoleim 30—40 Proc. an mineralischen Körpern gegen 7 Proc. und an hygroscopischen Wasser 4—6 Proc. Die genannten Bestandtheile gewinnt man auf folgende Art: ein Stück fein gepulverter Indigo wird mit verdünnter Schwefelsäure übergossen; die Schwefelsäure lösst den Indigoleim auf und zieht ihn aus dem Indigo aus; die erhaltene Auflösung neutralisirt man hierauf mit kohlensaurem Kalk, wodurch es geschieht, dass die Schwefelsäure mit dem Kalk zusammentritt, die Kohlensäure aber entweicht; das Ganze dampft man zur Trockne ein, giesst alsdann Weingeist über den Rückstand, aus welchem dieser wohl den Indigoleim nicht aber den schwefelsauren Kalk auflöst; man filtrirt die Leimauflösung ab und dunstet sie bis zur Trockne ein: der trockne Rückstand ist der I n d i g o l e i m. Derselbe stellt eine harzige, durchscheinende, braungelbe Masse dar, die in Weingeist sich leicht löst und bei der trocknen Destillation Ammoniak ausgiebt. Nach der Entfernung des Indigoleims schreitet man zur Abscheidung des Indigobrauns; der bereits mit verdünnter Schwefelsäure behandelte Indigo unterliegt nun einer ferneren Behandlung mit Aetzkalilauge, welche das Indigbraun, das in Indigo an Kalkerde oder auch an eine Pflanzensäure in ansehnlicher Menge gebunden ist, aus seiner Verbindung ausscheidet und auflöst. Die Auflösung ist fast schwarzbraun gefärbt nnd wird filtrirt; das Filtrat neutralisirt man mit Essigsäure, wodurch essigsaures Kali und freies Indigobraun entsteht, dampft zur Trockene ein und behandelt den Rückstand mit Alkohol, welcher das essigsaure Kali auflöst, das Indigobraun aber unaufgelöst zurücklässt; man filtrirt von Neuem; die essigsaure Kalilösung fliesst durch das Filter ab, was aber auf dem Filter unaufgelöst zurückbleibt ist das I n d i g o b r a u n. Indigobraun ist eine dunkelbraune Masse ohne Geschmack, die mit Säuren schwer lösliche, mit Alkalien hingegen leichtlösliche Verbindungen giebt, bei der trocknen Destillation wie der Indigoleim Ammoniak erzeugt; die dunkle Farbe rührt von einem geringen Gehalt an Indigoblau her, ohne welche Beimischung das Indigobraun nicht ausgezogen werden kann. Es bleibt nun blos noch die Abscheidung des Indigroth übrig, was dann noch zurückbleibt ist das I n d i g b l a u. Um das Indigroth zu gewinnen, behandelt man das bereits mit Säuren und Alkalien extrahirte Indigopulver mit siedendem Weingeist; derselbe löst des Indigroth auf und färbt sich dunkelroth, ungelöst bleibt das Indigblau; durch Filtration trennt man die Indigrothauflösung von dem indigblauen Rückstand; die Auflösung wird verdunstet und das I n d i g r o t h bleibt zurück; dasselbe erscheint von firnissartiger schwarzbrauner Beschaffenheit und ist in siedendem Alkohol

vollständig, unvollständig hingegen in kaltem Alkohol auflöslich. Alkalien lösen es nicht
auf, hingegen concentrirte Schwefelsäure löst es mit dunkelgelber Farbe; in der Wärme
schmilzt es und verbrennt mit heller Flamme. Der bereits oben erwähnte durch Filtration der Indigrothauflösung erhaltene indigblaue Rückstand ist das Indigotin, welches aber noch nicht rein ist, sondern neben mineralischen Bestandtheilen noch Ueber-
reste von den ausgezogenen Stoffen enthält; man gewinnt es rein, indem man dasselbe
in entsprechenden Verhältnissen mit Kalkhydrat und kupferfreien nicht verwitterten
Eisenvitriol nebst Wasser bis 30^0 in einer Flasche, die luftdicht verschlossen ist, erwärmt; die reducirte Indigotinauflösung wird, sobald sie in der Flasche klar erscheint,
filtrirt, was gleichzeitig die Ausscheidung dieses blauen Farbstoffs zur Folge hat. Durch
Behandlung mit Salzsäure wird aus demselben der Kalk und das Eisenoxyd entfernt.
Das Indigotin entspricht der Formel $C_{16}H_{10}N_2 + 2O$ und ist als Oxydul eines noch
nicht isolirt dargestellten Radikals Indén $= C_{16}H_{10}N_2$ zu betrachten; es bildet in getrocknetem Zustand ein tiefviolettblaues Pulver, das die eigenthümliche Eigenschaft besitzt, an der mit einem festen Gegenstand geriebenen Stelle Kupferglanz von grosser
Klarheit und Fülle zu zeigen; es ist ohne besonderem Geschmack und Geruch
und verflüchtigt sich in erhöhter Temperatur in Gestalt wunderschöner violett-
blauer Dämpfe, die zu vierseitigen rektangulären Prismen sich verdichten. Im Wasser,
Aether und kaltem Weingeist ist es nicht löslich; auf gleiche Weise verhalten sich
ätzende Alkalien. Chromsäure und verdünnte Salpetersäure bilden aus ihm in der
Siedehitze Indenoxyd ($JnO_4 = C_{16}H_{10}N_2O_4$), und letztere Säure bei anhaltender Siedehitze Indensäure und Pricrinsalpetersäure. Das gereinigte Indigotin besteht in Procen-
ten aus 73,58 Kohlenstoff, 10,64 Stickstoff, 3,76 Wasserstoff und 12,02 Sauerstoff.
Rauchende Schwefelsäure löst das Indigotin unter Erhöhung seines Farbtons auf, (1 Th.
Indig + 6 Th. rauchende Schwefelsäure) die Auflösung aber enthält drei neu gebildete
Verbindungen, nämlich die Indigo-Schwefelsäure, Indigo-Unterschwefelsäure und die Purpurschwefelsäure. Hieraus aberfolgt, dass die weiter oben erwähnte schwefelsaure Indigoauflösung nichts, als eine Mischung dieser Säuren ist, und dass der ebenfalls schon oben erwähnte
blaue Karmin als indigblauschwefelsaures Kali betrachtet werden muss. Während den blauen
Säuren, zwischen welchen nach den Analysen von Dnmas kein Unterschied besteht, die
Formel $C_{16}H_8N_2OSO_3 + HOSO_3$ oder $C_{16}H_8N_2O_2SO_2 + HOSO_3$ entspricht, drückt
sich die Formel für die Purpursäure durch $C_{16}H_{10}N_2O_2SO_3$? und für den blauen Karmin durch $KOSO_3 + C_{16}H_8N_2OSO_3$ aus und man gewinnt aus der tief blauen Flüssigkeit die beiden blauen Säuren rein, wenn man dieselben mit dem 40 fachen Gewicht
Wasser verdünnt, und in sie ein Stück gewaschenen Flanell hineinlegt, mit welchem
sich die Säuren, indem sie ihn blaufärben, verbinden. Durch fernere Behandlung des
Flanells mit kohlensaurem Ammoniak, welches die beiden blauen Säuren neutralisirt,
entfärbt sich der Stoff und man erhält dafür eine blaue Flüssigkeit, in welcher die
Säuren an Ammoniak gebunden sind. Wird diese Flüssigkeit eingedampft, so bleibt
als fester Rückstand indigblau-schwefelsaures und indigblau-unterschwefelsaures Ammoniak zurück, die man durch Uebergiessen mit Alkohol von 0,833 von einander so trennt,
dass das indigblau-unterschwefelsaure Salz sich auflöst, das blaue schwefelsaure Salz
hingegen ungelöst zurückbleibt; durch Behandlung beider Salze mit Bleizucker, der
erthaltenen Niederschläge mit Schwefelwasserstoff und Abdampfen werden die beiden
Säuren isolirt erhalten. Die Purpursäure wird erhalten, wenn man die Auflösung
des Indigotins in Schwefelsäure nach einigen Stunden mit Wasser verdünnt und dann
filtrirt. Den blauen Karmin erhält man, wenn man 1 Th. Indigo in 10 Th. rauchen-

der Schwefelsäure auflöst, nach 24 Stunden die Auflösung mit ihrem 10 fachen Gewicht an Wasser verdünnt, hierauf filtrirt und mittelst kohlensaurem Kali die blauen Säuren neutralisirt; indigblauschwefelsaures Kali fällt nieder, bewirkt durch die gleichzeitige Bildung des schwefelsauren Kalis, während indigblauunterschwefelsäures Kali gelöst blieb. Der blaue Niederschlag (der Karmin) wird durch Filtration von dem Fluidum getrennt. Die blauen Säuren bilden eingetrocknet dunkelblaue, stark kupferglänzende Massen, sind nicht krystallisirbar, schmecken schwach salzig, werden an der Luft feucht und lösen im Wasser sich leicht auf. Die Purpurschwefelsäure ähnelt in ihrem äusseren Ansehen ganz den blauen Säuren, ist in Wasser allmälig löslich und wird durch Zusatz von Basen mit purpurner Farbe präparirt. Der Karmin bildet ein tief dunkelblaues kupferglänzendes Pulver, welches in kaltem Wasser schwer, leichter aber in kochendem sich auflöst. In den blauen Säuren, sowie in dem Karmin ist aber ein blaues Pigment enthalten (Cörulin), welches durch Alkalien und alkalische Erden gelbbraun, durch Sonnenlicht sehr langsam, durch Salpetersäure hingegen schnell zerstört wird; ebenso wirken Salze, bei vorherrschend basischer Beschaffenheit, entfärbend auf dasselbe ein. Unter den vielen aus dem Indigotin mittelst Salpetersäure und Chlor erhaltenen Zersetzungs- und Umsetzungsprodukten nennen wir bezüglich der ersteren, nämlich der Salpetersäure: Isatin $= C_{16}H_5NO_4$ kleine, gelbrothe, glänzende, rhombische Prismen, Chlorisatin $= C_{15}H_4ClNO_4$ und Bromisatin $= C_{16}H_4BrNO_4$ beide durch Behandlung des Isatins mit Chlor und Brom erhalten; Pikrin- oder Kohlenstickstoffsäure $= C_{12}H_3N_3O_{14}$; Nitrospiroylsäure. Bezüglich des Chlors: Chlorisatin $= C_{16}H_4ClNO_4$ orangegelbe glänzende vierseitige Prismen; Bichlorisatin $= C_{16}H_3Cl_2NO_4$ glänzende morgenrothe Krystallnadeln; Chlorspiralsäure, Trichloranilin u. a. Bezüglich des Broms: Bromisatin $= C_{16}H_4BrNO_4$; Bibromisatin $= C_{16}H_3Br_2NO_4$ Bibromisatinsäure etc.; die bemerkenswertheste Eigenschaft des Indigotins ist aber die, in Verbindung mit Körpern, welche das Bestreben haben, Sauerstoff aufzunehmen, in Indigoweiss (Isatenoxydul) überzugehen, sobald Alkalien oder alkalische Erden vorhanden sind. Auf gleiche Weise wirken ein, das Eisenoxydul, das Zinnoxydul im salzsauren Zinnoxydul (Zinnsalz), das Arsenik im gelben Schwefelarsenik (Aurumpigment, Operment); auch durch Berührung mit gährenden Körpern z. B. mit Kleie, Röthe, oder mit fauligem Urin und Röthe wird das Indigotin zu gleichen Umbildungen veranlasst. Isaten (Is) $= C_{16}H_{12}N_2$ und Isatenoxydul (IsO$_2$) $= C_{12}H_{16}N_2 + 2O$. Bei Betractung obiger Formeln ergiebt sich, dass die Wasserzersetzung das Material zur Ueberführung des Indigblau in Indigweiss liefert, denn Indigblau $= C_{16}H_{10}N_2 + 2O$ und Indigweiss $= C_{16}H_{12}N_2O_2$; die 2 H entsprechen genau der Sauerstoffmenge (2 O) die in den höher oxydirten mineralischen Körpern wiedergefunden, in Berührung mit gährenden Körpern absorbirt werden. Die Gährung selbst ist theils eine saure, theils eine faulige. Es bedarf wohl kaum noch der besonderen Erwähnung, dass die Praxis der Färberei ausser von dem Eisenvitriol auch von allen der nachgenannten Reductionsmitteln Gebrauch macht, wenn es gilt gewisse technische Zwecke zu erreichen; ausser der Eisenvitriolküpe giebt es daher auch noch eine Zinnküpe, eine Opermentküpe, eine Waidküpe und Urinküpe.

Ausser dieser Bildungsweise des Indigweiss wird auch noch eine andere, die einfache Reduction des Indigblau, wonach Indigweiss gleich ist dem Indigblau weniger Sauerstoff geltend gemacht. Einen Beitrag zur Lösung dieser Streitfrage hat J. Löwenthal in seiner Arbeit über Indigweiss geliefert, die wir ihrer Trefflichkeit wegen aus dem Journal für prakt. Chem. (1857) entnehmen und hier wörtlich wiedergeben: Zunächt, fährt de Experimentator fort, suchte ich zu ermitteln, ob alle diejenigen Körper, welche einer sicheren Oxydation fähig sind, die Eigenschaft besitzen, bei Gegenwart eines Alkali das Indigblau in Indigweiss überzuführen; nach Berzelius Angabe thuen dies schweflig- und phosphorigsaure Salze, Phosphor, Schwefelkalium und Schwefelkalzium, Schwefelantimon, Arsenik, ferner Zinnoxydul-, Eisenoxydul- und Manganoxydulsalze, Feilspähne von Zinn, Zink, Eisen, Kaliumamalgam u. a. Nach meinen Versuchen vermögen mehrere nicht eine Spur von Indigo zu reduciren; diese sind: schwefligsaure und phosphorigsaure Salze, Schwefelkalium, Schwefelkalzium und Manganoxydulsalze. Ich habe meine Versuche oft und unter verschiedenen Umständen wiederholt, ganz besonders noch mit dem Schwefelalkalium, mit dem ich aber nie reducirten Indig erhalten habe. Hierauf stellte ich auch Versuche in der Weise an, dass ich in ein warm erhaltenes Gemisch von kaustischem Kali von 12° B. und Indigo, Schwefelwasserstoffgas einleitete, aber auch hierdurch wurde Indigo nicht reducirt; gleiches Resultat erhielt ich mit arsenigsaurem Natron; wenn ich aber arsenigsaure Alkalien und Schwefelkalium zusammenkochte, so wirkten sie stark reducirend auf den Indigo ein, denn es bildete sich Schwefelarsenik und dieses hat ein stärkeres Bestreben, sich in 5fach-Schwefelarsenik zu zerlegen, als die arsenige Säure sich in Arseniksäure umzuwandeln. Da Mohr angiebt, dass, wenn das arsenigsaure Natron nur eine Spur schwefligsaures Natron enthalte, ersteres sich höher an der Luft oxydire, so habe ich auch die Wirkung eines Gemisches von beiden Salzen in kaustischem Kali auf Indigo versucht, habe aber auch hiermit Indigo nicht reduziren können.

Nachdem diese Thatsachen festgestellt waren, musste untersucht werden, ob diejenigen Körper, welche den Indigo reduciren, sich auch in Bezug auf andere Oxyde von denjenigen, welche ihn nicht reduciren, unterscheiden. Ferner, da nach der einfachen Reductionstheorie eine ebenso einfache Oxydation vorausgesetzt wird, nach der anderen hingegen die Oxydation durch die doppelte Affinität bewirkt wird, so müsste auch dieses bei der ferneren Untersuchung berücksichtigt werden. Als einfache Oxydationsmittel habe ich das Kupferoxyd, das chromsaure Kali und das Wismuthoxyd gewählt, für die Oxydation durch doppelte Affinität das Jod. Es stellte sich heraus, dass diejenigen Körper, welche das Indigblau in Indigweiss überführen, auch genau unter denselben Umständen die Chromsäure und das Wismuthoxyd in alkalischer Flüssigkeit reduciren (das Kupferoxyd reducirt sich leichter wie dies, folglich auch leichter wie Indigo); der Phosphor macht hiervon allein eine Ausnahme. Das reine schwefligsaure Kali wirkt auch bei anhaltendem Kochen auf das Kupferoxyd (in weinsäurehaltigen alkalischen Lösungen) nicht reducirend; ebensowenig auf die Chromsäure und das Wismuthoxyd; die phosphorsauren Alkalien wirken nicht auf die Chromsäure und das Wismuthoxyd ein; arsenigsaures Alkali wirkt, wie bekannt, auf das Kupferoxyd stark ein; wird dasselbe Salz sehr verdünnt, mit dem alkalischen chromsauren Kali gekocht, so wirkt es nicht ein; konzentrirt und gekocht wird Chromoxyd ausgefällt; wird aber nach längerem Kochen abfiltrirt, so findet man im Filtrat bei weitem den grössten Theil arseniger Säure und Chlorsäure unverändert neben einander; auf das Wismuthoxyd wirkt die arsenige Säure nicht ein. Die Schwefelalkalien wirken bei anhaltendem Kochen stark auf die alkalische Chromsäurelösung ein, aber auch hier findet man im Filtrat noch eine bedeutende Menge beider Körper unverändert neben einander. Das Manganoxydul reducirt das Kupferoxyd und die Chromsäure, aber nicht das Wismuthoxyd. Das Indigweiss wird durch das Kupferoxyd, die Chromsäure und das Wismuthoxyd bei Ueberschuss von einem Alkali bei gewöhnlicher Temperatur in Indigblau zurückgeführt. Sowohl die Körper, welche das Indigblau in Indigweiss überführen, als auch diejenigen, welche dieses nicht vermögen, werden durch Jod oxydirt. Es ist aber hierbei wohl zu beachten, dass letztere dasselbe Reductionsvermögen haben, wie erstere; mit andern Worten, sie zeigen bei dieser durch 2 Affinitäten bewirkten Oxydation dieselbe Neigung sich zu oxydiren, wie jene. Die Reduction des Indigo findet nicht statt durch Eisen- und Zinnoxydulsalze in Ammoniak, ebensowenig in zweifach kohlensaurem Natron. Ganz entsprechend verhalten sich die Chromlösung und das Wismuthoxyd d. h. sie werden in diesen beiden Flüssigkeiten von beiden genannten Oxydulsalzen nicht reducirt. Wird aber Indigo mittels kaustischem Kali und Zinnoxydul reducirt, dann nach erfolgter Reduction eine dem Kali entsprechende Menge Salmiak, um alles Kali in Chlorkalium umzuwandeln, nebst kaustischem Ammoniak hinzugefügt, so bleibt das Indigweiss mit allen seinen Eigenschaften in Lösung. Ich habe gezeigt, dass schwefligsaures und arsenigsaures Natron bei der Oxydatien durch doppelte Affinität dieselbe Neigung sich zu oxydiren zeigen, wie das Eisenoxydul, und doch führt letzteres schon bei gewöhnlicher Temperatur das Indigblau und Indigweiss über, was die beiden ersteren bei keiner Temperatur und unter keiner Bedingung vermögen. Ich schliesse hieraus, dass das Indigweiss nicht Indigblau $+$ Wasserstoff, sondern Indigblau $+$ Sauerstoff ist.

Hieran sind von dem Verfasser noch folgende Versuche geknüpft: Wird schwefelsaurer Indigo mit kohlensaurem Natron oder Kali im Ueberschuss versetzt, dann Schwefelwasserstoffgas hineingeleitet, so findet die Reduction sofort statt; hängt man jetzt einige Minuten baumwollenen Stoff in diese Flüssigkeit, so erscheint derselbe nach dem Herausnehmen gelb, wird aber an der Luft sehr bald blau, wie dies bei den Indigoküpen der Fall ist. Ich habe aber gezeigt, dass der unveränderte Indigo unter keiner Bedingung weder von dem Schwefelalkalien noch von dem Schwefelwasserstoff reducirt wird. Es unterliegt wohl keinem Zweifel, dass die Reduction des unveränderten Indigo auf dieselbe Weise wie die des schwefelsauren Indigos stattfindet, d. h. wenn die eine durch Hinzutreten des Wasserstoffs bewirkt wird, so wird dies auch der Fall sein bei der anderen, und ebenso, wenn die Reduction durch Abgabe von Sauerstoff erfolgt. Ist nun das Indigweiss, Indigblau $+$ Wasserstoff, so muss der schwefelsaure Indigo eine viel grössere Affinität zum Wasserstoff wie der nun veränderte Indigo haben, indem dieser, nicht wie jener, dem Schwefelwasserstoff den Wasserstoff entzieht; dies hat aber weniger Wahrscheinlichkeit für sich, da der schwefelsaure Indig im Allgemeinen leichter zu färben und geringere Verwandtschaft äussert, als der unveränderte Indigo. Ist aber das Indigweiss Indigblau $-$ Sauerstoff, so scheint es ganz den bekannten Erfahrungen zu entsprechen, dass in dem schwefelsauren Indigo der Sauerstoff nicht mehr so fest gebunden ist, als in dem unveränderten Indigo und folglich auch durch solche Körper seines Sauerstoffs beraubt werden kann, welche auf diesen ganz ohne Wirkung sind.

Das Indigweiss gewinnt man durch Behandlung der völlig klaren weingelben Flüssigkeit, wie sie in der Küpe enthalten ist, mit wenig concentrirter Schwefelsäure in einer völlig gefüllten Flasche. Das niedergefallene Indigweiss wird schnell mit luftfreiem Wasser ausgespült, hierauf ausgepresst und im Vacuo über Schwefelsäure getrocknet. Im Augenblick der Ausscheidung ist das Indigweiss vollkommen weiss oder mindestens graulichweiss, ist geruch- und geschmacklos, im Wasser unlöslich, in Alkalien hingegen mit gelblichweisser Farbe auflöslich, aus der sich das Indigoweiss, nachdem es durch Sauerstoffaufnehmen aus der Luft sich oxydirt, als Indigoblau niederschlägt. Eingangs unserer Abhandlung haben wir dieselbe weingelbe Auflösung, wie sie in dem Pflanzenkörper und in der Küpe vorhanden ist, im Gegensatz zum oxydirten Indigo, reducirten Indigo genannt.

Unter den Indigosorten tritt uns eine ausserordentliche Mannigfaltigkeit in Bezug auf ihre innere Güte und ihr äusseres Ansehen entgegen; die Ursache hiervon liegt' zunächst darin, dass man den Indigo nicht aus einer Gattung der Familie *Indigofera*, sondern aus deren 5—6 darstellt; es ist nämlich ersichtlich, dass schon an und für sich nicht jede Gattung einen Indigo von ganz gleicher Beschaffenheit in sich ausbilden wird, dass die Verschiedenartigkeit des Klimas, des Bodens, ungünstige Witterungsverhältnisse auf die Ausbildung des Farbstoffs schon einer und derselben Gattung geschweige denn in verschiedenen Gattungen einen sehr alterirenden Einfluss ausüben muss. Ferner liegt die Ursache in der Darstellungsweise des Indigo, die wohl nicht in allen Faktoreien mit einer gleichen Sachkenntniss namentlich mit Benutzung gewisser eigenthümlicher Vortheile und gleicher Sorgfalt ausgeübt wird, ebenso in der absichtlichen, grösseren oder geringeren Beimischung des Indigobreis mit Stärke, blauem Schiefermehl u. a. Stoffen; ebenso auch in der Beschaffenheit der Temperatur und der Luft während der Darstellung des Indigos. Im Handel wird der Indigo im Allgemeinen nach seinem Vaterlande bezeichnet, als Bengal, Java, Guatemala, Carakas etc. d. h. Indige aus Bengalen, aus Java, aus Guatemala, und Carakas; die Qualitätsverschiedenheiten, wie sie bei jeder dieser Sorten vorkommen, drückt man durch Feinblau, Feinviolett, Feinblau- und Purpur, Feinblau- und Violett, Feingefeuert etc. aus. Im Allgemeinen kann man sagen, dass eine Indigosorte um so werthvoller ist, je feuriger und voller die Farbe, je glänzender der Kupferstrich und je feiner und reiner auf dem frischen Bruch die Masse erscheint.

Die vorzüglichsten in dem Handel vorkommenden Indigosorten sind folgende:

1) B e n g a l; derselbe stammt aus Bengalen in brittisch-Ostindien und kommt in nicht weniger als 16·Sortimenten im Handel vor; alle sind selbstverständlich in Bezug auf Qualität mehr oder weniger von einander verschieden und führen nach Farbe, Kupferstrich und Reinheit Namen, wie Feinblau, Feinpurpur, Feinviolett, Blau und Purpur, Purpur und Violett, Gut-, Mittel- und Ordinärviolett, Feinviolett und Kupfer u. s. w. Guter Bengal hat die Gestalt ziemlich regelmässiger Würfel von 3—4 Zoll ins Gevierte, ist von compakter Masse, von lebhaft glänzender Kupferfarbe, wo man ihn mit dem Fingernagel gestrichen, von tief purpurblauer Farbe, von reinem nicht sandigen Bruch, hängt an der Zunge an und färbt die Stoffe reichlich und schön. Verpackung ist in Kisten von mehreren Centnern; Versendung über Kalkutta. Der Hauptstapelplatz für Europa ist London, wo alljährlich in 2 Auctionen ausserordentliche Mengen von Bengal zur Versteigerung kommen; es wird dies nicht überraschen, wenn man erwägt, dass in jedem Jahr aus Bengalen durchschnittlich 40—50,000 Kisten Indigo exportirt werden, jede im Mittel von 300 Pfd.

2) J a v a; Vaterland Java, eine der grossen Sundainseln im indischen Ocean. Es ist auch diese Sorte sehr verschiedenartig sortirt, sodass man nicht weniger als 21 Sortimente von Javaindigo kennt, die theils in dem Inseldistrikt Jacatra, theils in Cheribon nnd Jaana theils in Japona erzeugt werden; die besten Sorten kommen aus Jacatra, die geringeren aus Japona und die mittleren aus Cheribon und Jaana; man stellt daher der leichteren Uebersicht wegen die sämmtlichen Sorten unter die 3 Hauptrubriken zusammen: 1) J a v a - J a c a t r a, 2) J a v a - C h e r i b o n und J a v a - J a a n a und 3) J a v a - J a p o n a, und drückt ihre Qualität durch die unter „Bengal" aufgeführten Beschaffenheitswörter wie Feinblau etc. noch besonders aus. Der gute Java hat die

Gestalt von regelmässigen, nicht selten aber auch von abgeplatteten Würfeln, ist von weniger dichter Beschaffenheit als der Bengal und daher leichter, von feuriger und zarter blauer Farbe, von lebhaftem Kupferglanze auf dem Strich und von vollkommen reinem Bruch. In der Färberei zeigt er sich gleich ausgiebig und schönfärbend wie der Bengal und wird daher namentlich für manche Zwecke von den Färbern den Bengal mindestens nicht nachgesetzt. Die Indigoausfuhr aus Java ist ebenfalls sehr beträchtlich; Verpackung in Kisten von durchschnittlich 1—2 Centner. Hauptstapelplatz: Amsterdam, wo der Java wie der Bengal in London alljährlich in Auctionen versteigert wird.

3) Caracas; Vaterland: die Republik Venezuela in Südamerika. Diese Sorte führt auch bisweilen den Namen La Guayra, nach dem gleichnamigen Hafenplatz, von wo aus der grösste Theil dieser Indigosorte verschickt wird. Versendung in Seronen (ledernen Säcken) von 100 Pfd. netto. Der Werth des jährlich in der Provinz Caracas erzeugten und von da exportirten Indigo mag den Werth von einer Million Piaster gleichkommen. Hauptstapelplatz: London. Sorten sind: Flores, Sobre und Cortes; nicht selten werden sie mit Guatemala-Indigo vermischt und als *Indigo de Guatemala assortie* oder *Indigo de Caracas assortie* verkauft. Die Bezeichnung der Sorten Flores etc. ist dieselbe wie bei Guatemala (s. unter Guatemala) und hat darin ihren Grund, dass zwischen ihm und Caracas bezüglich der Gestalt, des Kupferstriches und der Qualität ein wesentlicher Unterschied nicht stattfindet. Indess beobachtet man doch an dem Caracas bisweilen gewisse Eigenschaften, die man an dem Guatemala vermisst, namentlich kleine Höhlungen in seiner Masse, die denen des Brotteiges nicht unähnlich sind und eine merklich ins Graue überspielende blaue Farbe.

4) Guatemala; Vaterland: Guatemala, einer der vereinigten Staaten von Mittelamerika. Sorten wie unter Caracas; die vorzüglichste ist Flores, von schöner und feurig dunkelblauer Farbe, glänzendem Kupferstrich, reinem Bruch und lockerer Massenbeschaffenheit; Gestalt: regelmässiger Würfel, häufig in Bruchstücke zerfallen. Die zweite Sorte ist Sobre, etwa von gleicher Qualität wie Gut-Violett und Kupfer (Bengal); die geringste Sorte ist Cortes, zwar von dunkelblauer Farbe, aber ohne Feuer, mit einem auffallenden Stich ins Graue; davon existiren 2 Sortimente, nämlich Courant und Superior, von denen der erstere der werthlosere ist und gerieben kaum eine Spur von Kupferstrich zeigt. Verpackung des Guatemala in Seronen von 150—200 Pfd. netto. Die Ausfuhr dürfte pr. Jahr zwischen 3- und 4000 Seronen und der Gesammtwerth der Indigoproduktion in Guatemala zwischen $1^{1}/_{2}$ bis 2 Millionen Piaster betragen. Ausfuhrort: Guatemala und Hauptstapelplatz für Europa: London.

5) Kurpah; Vaterland dieser Indigosorte sind die südlichen Gegenden der vereinigten Staaten; im europäischen Handel kommt sie seltner vor, meist in Gestalt kleinerer formloser Stücke, verpackt in Kisten. Bezüglich der Qualität steht der beste Kurpah etwa den Mittelsorten des Bengal gleich, mit dem er auch, abgesehen von der Gestalt, äusserlich die meiste Aehnlichkeit hat.

6) Madras; diese Sorte stammt aus Ostindien und zwar hauptsächlich aus der Provinz Karnatik der Präsidentschaft Madras; auch sie gehört zu den im europäischen Indigohandel seltner vorkommenden und steht in ihren besten Nummern auch nur dem mittleren Bengal höchstens gleich. Gewöhnlich ist Madras dreifach sortirt und zwar dergestalt, dass die erste Qualität dem Feinviolett, die zweite dem Gutviolett und Kupfer und die dritte noch nicht einmal dem Ordinär und Kupfer ebenbürtig geschätzt wird. Auch der gute Madras ist selten in regelmässige Würfel geformt, sondern bil-

det meist unregelmässige Stücke von weicher Beschaffenheit aber von lebhafter, wenn auch nicht intensiv dunkelblauer Farbe; der Kupferstrich zeigt Mittelglanz. Der geringe Madras ist von harter Beschaffenheit, von matter blaugrauer Farbe und auf den geriebenen Stellen fast ohne Kupferglanz. Verpackung in Kisten, Versendung über Madras.

7) Coromandel; Vaterland ebenfalls Ostindien. Auch diese Sorte gehört im Allgemeinen zu den seltner vorkommenden. Sortirt ist sie in bessere und geringere Qualitäten, von denen die ersteren etwa dem Gutviolett Bengal gleichkommen, während die letzteren noch nicht einmal den Werth des ordinären Madras erreichen; ihre Masse ist hart, der Bruch ist unrein, sandig, die Farbe blaugrau und matt und der Kupferglanz des Striches äusserst gering.

8) Oude; auch aus Ostindien und zwar aus der Provinz Oude (Auhd); ist den weniger werthvollen Indigosorten beizuzählen und meist in Mittel, Ordinär und sehr Ordinär sortirt; die Masse zeigt auffallende Härte und Festigkeit, sowie glanzlose und schieferblaue Farbe, im Ganzen viel Aehnlichkeit mit den geringeren Sorten Madras, mit denen auch ihr innerer Werth vollkommen übereinstimmt. Oude kommt im europäischen Indigohandel selten vor. Verpackung in Kisten.

9) Manilla. Diese Indigosorte stammt von Manilla, der grössten der philippinischen Inseln. Obwohl bezüglich ihrer Qualität unter Madras stehend, wird sie im Handel doch häufiger als die zuletzt genannten Sorten angetroffen; die Farbe ist schön blau, die Masse rein und fein, Kupferglanz des Striches aber gering. Der Manilla ist in länglich viereckige Stücke geformt, an denen man nicht selten die Eindrücke des Strohlagers noch beobachtet, auf welchem sie getrocknet worden. Er ist sehr verschieden sortirt; die besseren Qualitäten stehen an Güte den mittleren Madrassorten etwa gleich. Versendung in Kisten über Manilla. Bezug über London.

Ausser den genannten Indigosorten finden noch folgende in den Färbereien und anderen technischen Etablissements ebenfalls Anwendung, wenn auch nur eine beschränkte: der brasilianische Indigo, eine ganz geringe Sorte, der Louisianaindigo ebenfalls eine geringe, in grossen länglichen Säcken verpackte Sorte, der Karolinaindigo, eine der schlechtesten Sorten, die im Handel vorkommen, von fast schwarzblauer Farbe, harter und sandiger Beschaffenheit, in Fässern zu 300—400 Pfd. verpackt; ferner der Indigo von Isle de France, von St. Domingo und der ägyptische: die drei letzteren Indigosorten von entschieden besserer Qualität als die ersteren, namentlich rühmt man an der ägyptischen die grosse Leichtigkeit und Feinheit seiner Masse, seine lebhafte Farbe, der feurige Kupferglanz und seine Ausgiebigkeit in den Färbereien. Besonders ist in Aegypten der Deltaboden der Indigocultur sehr günstig und es hat daher dieser Culturzweig in diesen Gegenden einen namhafteu Aufschwung genommen. Den Werth des über Alexandrien ausgeführten Indigo schlägt man jährlich im Durchschnitt auf 2—3 Millionen Franken an.

Wenden wir uns nunmehr zur Prüfung des Indigo auf seine Güte. Dem praktischen Färber liegt beim Einkauf von Indigo vor allen Dingen daran, sich über die Ausgiebigkeit desselben in der Färberei ebenso wie über die Schönheit der Farbe, die er auf den Stoffen erzeugt, sichere Auskunft zu verschaffen; er erreicht Beides nur durch Probefärben, indem er z. B. $\frac{1}{2}$ Pfd. von dem zu untersuchenden Indigo auf die bereits oben besprochene Weise mit Eisenvitriol, Wasser und Kalk in einer kleinen Küpe zusammenbringt, und darin nun mehrere Proben färbt; nach dem Färben in mit Schwefelsäure angesäuertem Wasser gewaschen, hierauf gespühlt und getrocknet zeigen ihm diese Proben an, ob der Indigo schön und reichlich färbt. Die Chlorprobe: man rührt zunächst 1 Lth. fein abgeriebenen Indigo mit 10 Lth. Vitriolöl zusammen, verdünnt nach 26 Stunden mit 600 Lth. Wasser, und überlässt nach guten Umrühren das Fluidum der Ruhe; es klärt sich vollkommen ab. Ganz auf dieselbe Weise verfährt man mit einem Lothe Indigotin, welches aus einer chemischen Fabrik zu beziehen ist; in eine graduirte Röhre giesst man erst von der Indigotinauflösung eine gewisse Menge und tröpfelt zu ihr von chemisch reinem Chlorwasser so viel hinzu, bis die blaue Farbe vollständig verschwunden und in's Rostbraune überzugehen im Begriff ist, alsdann verfährt man auf gleiche Weise mit dem Indigo, indem man an der Röhre genau die Menge der Raumtheile des verbrauchten Chlorwassers abliest, die einestheils zur Entfarbung des Indigotins, anderntheils zur Entfarbung des Indigos nöthig waren; dividirt man mit der ersteren in die zuletzt erhaltene Zahl, und bekommt auf diese Weise einen Quotient, welcher anzeigt, der wievielste Theil von dem entfärbten Indigotin in dem entfärbten Indigo enthalten ist, es leuchtet ein, dass der Indigo um so reichlicher an Indigotin sein muss, je mehr Chlorwasser erforderlich ist um ihn zu entfärben. Indess darf aber hierbei nicht unerwähnt bleiben, dass das Chlor auch auf den Indigoleim, auf das Indigobraun und Indigoroth einwirkt, und folglich ein Theil des verbrauchten Chlorwsssers auf Rechnung dieser drei Indigobestandtheile zu bringen ist. Kann man daher das Resultat dieser Prüfungsmethode auch nur als ein approximatives bezeichnen, so dürfte es doch für technische Zwecke, weil es leicht ausführbar ist, immerhin zu empfehlen sein. Allerdings giebt das von Berzelius empfohlene und von ihm selbst aufgefundene Verfahren genauere Resultate; es ist die sogenannte Vitriolprobe die folgender Weise ausgeführt wird: Man zerreibt $^3/_4$ Quentchen des zu prüfenden Indigo zu feinem Pulver, löscht mit 20 Lth. Wasser $^1/_3$ Lth. Kalk und löst in einer gleichen Menge Wasser $^1/_3$ kupferfreien Eisenvitriol auf; hierauf wird zu dem Indigo zunächst der Kalk gerührt, das Gemisch 1 Stunde lang bis zu 50° erwärmt und endlich auch die Eisenvitriolauflösung zugegossen; nachdem Alles gut durch einander gerührt worden, verschliesst man das Gefäss, (z. B. eine Flasche), der Indigo wird reducirt und löst sich mit blassgelber Farbe auf; hat die Auflösung vollständig sich geklärt, so lässt man 10 Lth. von dieser Auflösung durch einen Heber in mit Salzsäure angesäuertes Wasser laufen, am besten in ein Glas, was zu Folge hat, dass der mit dem reducirten Farbstoff verbunde Kalk an die Salzsäure tritt, und mit ihr auflöslichen salzsauren Kalk bildet, während der frei gewordene Farbstoff sich augenblicklich oxydirt und allmählich als blaues Pulver, Indigotin, zu Boden senkt. Man trennt durch Filtration das letztere von dem Wasser; auf dem vorher abgewogenen Filter bleibt das Indigotin zurück; man trocknet es sammt dem Filter bei + 100° C. und bestimmt durch Wägung nachdem man vorher das Gewicht des Filtrums abgezogen hat, die Menge des erhaltenen d. h. in dem $^3/_4$ Quentchen Indigo enthalten gewesenen Indigotins; hieraus berechnet sich dann mit Leichtigkeit der procentische Gehalt an diesem blauen Farbstoff in dem käuflichen Indigo. Robert Lindenlaub schlägt ein anderes Verfahren vor, Indigo zu prüfen. In Bezug hierauf heisst es im Journal für praktische Chemie (No. 18) wie folgt: 1) Bereitung der Lösung von schwefligsaurem Natron. Man löse 100 Gr. krystallisirtes kohlensaures Natron in 500 Gr. Wasser und leite so lange schweflige Säure, die man aus 100 Gr. Kupfer und 400 Gr. engl. Schwefelsäure bereitet, ein, bis keine schweflige Säure mehr absorbirt wird. Die Lösung hebe man in einem gut verschlossenem Gefässe auf. 2) Bereitung der titrirten Lösung des chlorsauren Kalis. Man zerreibe reines käufliches chlorsaures Kali, trockne es im Wasserbade, wäge 4 Gr. ab und löse sie in soviel Wasser auf, dass die Lösung 400 Kubikcentimeter beträgt. Man hebt die-

selbe ebenfalls wohl verschlossen auf. 3) **Auflösung des Indigo.** Man übergiesst
1 Grm. des fein zerriebenen Indigo mit 10 Gr. rauchender Schwefelsäure in einer Por-
zellan-Reibschale, stellt dieselbe einige Stunden hindurch unter öfterem Umrühren aufs
Wasserbad, lässt erkalten, giesst viel Wasser auf einmal zu und bringt die Lösung
auf 200 Kubikcentimeter. 4) **Prüfungsverfahren.** Man misst von der Indigoauflösung mittels der graduirten Pipette 100° d. h. 50 Kubikcentimeter ab, bringt sie in
eine Porzellanschale, verdünnt mit 200 Kubikcentimeter Wasser und erhitzt auf etwa
$+ 50°$, versetzt nun mit 50 Kubikcentimeter schwefligsaurer Natronlösung und tröpfelt
endlich unter Umrühren mittels der Bürette chlorsaure Kalilösung zu bis zur vollständigen Entfärbung. Um den Verlauf derselben gut beurtheilen zu können, prüft man
von Zeit zu Zeit mit Papierstreifen, deren Färbung man am besten wahrnimmt, wenn
man sie gegen das Licht hält. Dass die letzteren Tropfen sehr vorsichtig zugesetzt
werden müssen, bedarf kaum der Erwähnung; ihre Einwirkung lässt sich ganz besonders gut wahrnehmen, wenn man sie am Rand der Schale hinablaufen lässt. Ist der
erste Versuch beendigt, so stellt man der Controle halber einen zweiten an mit weiteren 50 Kubikcentimetern der Indigoauflösung. 5) **Erhaltene Resultate.**

Guter Java:	I. Versuch	**38°**		Guter Bengal:	I. Versuch	**36°**	.
	II. „	**37,5°**			II. „	**36,5°**	
	III. „	**37,5°**			III. „	**36°**	

Nach der Bolley'schen Methode wird zu dem zu untersuchenden Indigo (verdünnte
schwefelsaure Indiglösung) Salzsäure statt schwefligsaures Natron gesetzt und dann
mit der titrirten Auflösung von chlorsaurem Kali operirt (polytechn. Journ. B. 119 S. 114);
Lindenlaub glaubt, dass sein oben beschriebenes Verfahren noch genauere Resultate
gibt. Verfährt man nach beiden Methoden, so wird man um 1 Gr. Indigo einer und
derselben Sorte zu entfärben, nicht gleiche Mengen von chlorsaurem Kali brauchen,
weil nach dem Bolley'schen Verfahren ausser dem Chlor des chlorsaurem Kalis auch
das Chlor der Salzsäure mit in Rechnung kommt, während nach dem Verfahren von
Lindenlaub nur das Chlor des Kalisalzes wirkt, denn $KO\,ClO_5 + SO_3 + 5\,SO_2NaO$
$= KO\,SO_3 + 5\,NaO\,SO_3 + CL$.

Dr. Mohr (polyt. Journ. 32 B.) wendet Chamäleonauflösung zur Zerstörung des
Indigofarbstoffs an. Auch bei dieser Probe muss der Indigo in indigschwefelsaurer
Auflösung sein. Nach seinen Mittheilungen wirkt Chamäleonauflösung intensiver als
Chlor. Dana (Jahrb. f. prakt. Chem. B. 27) empfiehlt den zu prüfenden Indigo mit Aetz-
natron zu kochen, dann vorsichtig Zinnchlorür zuzusetzen, bis das Indigblau vollständig reducirt und aufgelöst ist. Die Auflösung wird nun durch zweifach chromsaures
Kali gefällt und der Niederschlag mit verdünnter Salzsäure gut ausgewaschen, getrocknet und gewogen. Nach Fritzsche soll man den fein abgeriebenen Indigo mit Aetzkali,
Krümelzucker und Weingeist auflösen und reduciren, nach Chevreul den Indigofarbstoff
auf Baumwolle fixiren und nach Reinsch den zu untersuchenden Indigo in concentrirter Schwefelsäure auflösen und den relativen Werth an Farbstoff durch die Wassermenge bestimmen, welche man zusetzen muss, um die Farbe der Auflösung auf eine
gewisse Nüance zurückzubringen. Dr. Penny, Prof. d. Chem. in Glasgow, schlägt vor,
das Indigblau bei Gegenwart von Salzsäure durch 2 fach cbromsaures Kali zu entfärben (*Winburgh new philosophical Journal* 1853). Als eine sichere und einfache Probe
empfiehlt Reinsch den zu prüfenden Indigo in Schwefelsäure aufzulösen und eine gewisse Menge davon, die z. B. ein Gr. Indigo enthält, mittels Wasser bis auf einen gewissen Grad von Helligkeit zu bringen; eine gleiche Menge von Indigolösung (aus einer

anerkannt guten Indigosorte bereitet) behandelt auf gleiche Weise in einem anderen Cylinder, so dass nun beide Auflösungen gleichen Farbeton zeigen; wovon z. B. zur Erlangung des beiderseitigen Farbetons für die erstere nur 15 Masstheile, für die zweite hingegen 20 Massth. Wasser nöthig, so enthält der käufliche Indigo $\frac{1}{4}$ Farbstoff weniger als der Normalindig. Die erhaltenen Resultate waren folgende:

Bengalindig als Normalindig = 20 %

		I. Versuch		II. Versuch
Primasorte	Bengal 20 %		20½ %	
Zweite Qualität	„ 18 „		19 „	
Drittte Qualität	„ 7 „		8 „	
Primasorte Java	19 „		19½ „	
Primasorte „	19 „		18½ „	
Mittelsorte „	18 „		18 „	

Auf seinen Wassergehalt prüft man den Indigo, indem man eine abgewogene pulverisirte Menge bei $+ 100^{\circ}$ Wärme trocknet; bei diesem Temperaturgrad entweicht das mechanisch dem Indigo anhängende Wasser (hygroskopisches Wasser) vollständig; um wie viel nach vollständiger Austrocknung das Indigoquantum leichter geworden ist, dies muss natürlich auf Rechnung der Wassermenge gesetzt werden, welche die Hitze ausgetrieben hat. Den procentischen Gehalt des Indigo an mineralischen Bestandtheilen findet man durch Verbrennen einer ebenfalls vorher vollkommen getrockneten Indigoprobe. Das Gewicht der Asche entspricht der Menge der mineralischen Bestandtheile. Die wesentlichsten Aschenbestandtheile sind: Schwefelsaures Kali, schwefelsaurer und phosphorsaurer Kalk, Kieselsäure, eine geringe Menge von Eisen, Mangan etc. Die specielle qualitative und quantitative Analyse dieser Aschenbestandtheile ist aus analytischen Lehrbüchern zu ersehen und zwar um so mehr, da die Aufnahme derselben an dieser Stelle ein zu bedeutenden Raum in Anspruch nehmen würde.

Verfälschungen. Absichtlicher Zusatz von erdigen und mineralischen Stoffen ist zu vermuthen, wenn nach der Verbrennung die Menge der Aschenbestandtheile das erfahrungsmässige mittlere Gewicht von 4 % übersteigt; zur Gewissheit wird diese Vermuthung durch die chemische Analyse erhoben; namentlich ist es bläulichgraues Schiefermehl, dessen man sich als Zusatz zum Indigo bedient, und das von Natur in der Indigopflanze nicht enthalten ist. Auch mit blauer Stärke wird der Indigo verfälscht; man findet sie leicht, indem man eine Probe davon in heissem Wasser fein vertheilt; das Wasser zeigt eine auffallende schleimige Beschaffenheit. und nach vollständiger Ablagerung des Indigopulvers (oder nach der Filtration) die bekannte violettblaue Färbung, sobald man einige Tropfen Jodtinktur dazu tröpfelt; auch färbt sich mit Stärke verfälschter Indigo durch rauchende Schwefelsäure schwarz, iudem sie jene sofort verkohlt. Geringeren Sorten sucht man dadurch ein schönes Ansehen zu geben und sie verkäuflich zu machen, dass man sie mit Berliner Blau änsserlich färbt; indess ist auch dieser Verfälschung leicht auf die Spur zu kommen, indem man nur den verdächtigen Indigo mit Aetzkali zu befeuchten nöthig hat; ändert er seine Farbe nicht, so ist sie ächt, wird sie aber an den befeuchteten Stellen lichter, so ist die Farbe eine durch Berliner Blau künstlich hervorgerufene.

Geschichtliche Notiz.

Vor dem Bekanntwerden des Indigo und dessen Einführung in die Färberei bediente man sich ausschliesslich des Waid zur Darstellung blauer Farben auf Gewebe; so weit daher das Tragen blauer Gewänder in Deutschlands Geschichte zurückgeht, so uralt ist auch die Benutzung dieses Farbstoffes in dem Gewerbe der Färber, so uralt ist auch dessen Cultur in der Landwirthschaft. Ausser mehrern andern Gegenden Deutschlands z. B. Schlesien, Böhmen und die Pfalz, waren es namentlich die Umgebungen von Arnstadt, Tennstädt, Erfurt, Gotha, Langensalza in Thüringen, wo der Anbau von Waid umfangreich betrieben und von den Landwirthen und Kaufleuten daselbst sehr bedeutende Geschäfte damit gemacht wurden; so brachten jene Städte, denen auf geraume Zeit das Privilegium ertheilt worden war, allein Waid in Deutschland zu kultiviren, (weshalb sie auch die fünf Waidstädte genannt wurden), noch im Jahre 1616 für nicht weniger als 300,000 Thlr. Waid in den Handel, eine für die damaligen Zeitverhältnisse ungeheure Summe. War aber der Waidconsum in Deutschland ein so äusserst beträchtlicher und lag es in der Natur der Sache, dass man alle Sorgfalt und allen Fleiss auf die Pflege dieses einträglichen und für das Gemeinwesen wichtigen Gewerbzweiges verwendete, so kann der entschiedene Widerstand, der von Seiten der Landwirthe, Kaufleute und Obrigkeiten der Einführung des Indigos entgegengesetzt wurde um so weniger auffallen, wenn man erwägt, dass die Unkenntniss des neuen Farbstoffs in der Färberei, namentlich die unpraktische und zu häufige Benutzung des Vitriolöls nicht unerhebliche Nachtheile bezüglich der Haltbarkeit der gefärbten Zeuge nach sich zog; daher wurde im Jahr 1577 durch eine von Frankfurt a. M. ausgegebene Reichspolizeiverordnung der Indigo verboten, in welcher es unter anderem heisst: „Gleichfalls ist uns glaublich fürbracht, dass durch die neulich erfundene, schädliche und betrügliche, fressende oder Corrusivfarbe (so man die Teufelsfarbe nennt), Jedermann viel Schaden zugefügt wird, indem, dass man zu solcher Farbe anstatt des Waides Vitriol und andere fressende wohlfeilere Materien braucht, dadurch gleichwohl das Tuch im Schein so schön, als mit der Waidfarbe gefarbt und wohlfeiler hingegeben werden kann, aber es wird solch gefärbtes Tuch, da man es schon nicht anträgt, sondern in der Truhe oder auf dem Lager liegen lässt, in wenig Jahren verzehret und durchfressen, denselben wollen wir solche neue verderbliche Tuchfarbe gänzlich verboten, auch allen und jeden Obrigkeiten hiermit auferlegt haben in ihren Städten und Gebieten ernstlich Aufsehen zu thun, damit solche fressende oder Teufelsfarbe von den Tuchfarbern gänzlich vermieten bleibe." Ein gleiches Verbot wurde im Jahre 1599 im Reichsabschiede d. d. Regensburg auch gegen die Seidenfarber erlassen. Gleichwohl wurde trotz dieser Verbote der Gebrauch des Indigos in Deutschland immer allgemeiner und besonders war es die holländisch-ostindische Compagnie, welche die Indigzufuhr nach Europa und somit auch nach Deutschland erfolgreich betrieb, so dass unter den 16. Februar 1632 ein gewisser Laurentius Niske aus Leipzig an den schwedischen König Gustav Adolf, dessen Scepter damals über einen grossen Theil von Deutschland herrschte, ein Bittgesuch einreicht, des Inhaltes, die Einführung des Indigos zu verbieten, indem er gleichzeitig nachwies, dass im Jahre 1631 über 580,345 Pfd. Indig, im Werth von 5 Tonnen Goldes, aus Ostindien nach Holland und von da auch nach Deutschland grosse Mengen davon importirt worden wären. Die Reise, die anfanglich der Indigo vor Auffindung des Seewegs um das Kap der guten Hoffnung nach Europa zurücklegen musste, war langwierig und beschwerlich, wenn man bedenkt, dass er sie entweder zu Wasser über den persichen Meerbusen oder zu Lande theils über Babylon theils durch Arabien und über das rothe Meer nach Aegypten machte, um dann von Kleinasien oder von Aegypten aus nach Europa zu gelangen. Im Jahr 1654 erlies Ferdinand III. von Regensburg aus auf wiederholte und eindringliche Vorstellung der Obrigkeiten, Landwirthe und Handelsleute ein Mandat, in welchem nicht nur die Reichspolizeiverordnung vom Jahr 1517 wieder in Erinnerung ge-

bracht und von Neuem eingeschärft wurde, sondern in dem es auch weiter hiess: „Ob
nun wohl sich in allewege gebühret hätte, dass man dieser heilsamen gemeinnützigen
Ordnung allerdings nachgekommen und die Einführung obberührter betrüglicher Tuch-
farben gänzlichen verhütet und abgewandt hätte: so müssen wir jedoch vernehmen,
dass solches an vielen Orten in Vergessen gestellt und berührtem Gebote in mannig-
faltige Wege zuwider gehandelt worden, inmassen wir denn die gewisse Nachricht erlangt, wiewohlen das Land zu Thüringen vor anderen Provinzen durch den Waidhan-
del reichlich begabt, auch vermittelst dessen die Tücher einzig und allein als auf ein
Fundament anderer Farben beständig zu färben, dass jedoch dann zugegen etliche
Jahre hero, das Indigo aus Holland stark in diese Länder gebracht, solches auch in
Färbung der Tücher daselbsten, wie auch in England, Frankreich und andern Orten
gebrauchet und dadurch beides, der Waid (indem er näher zu erlangen) mit grossem
Abbruch des Landes Thüringen, gänzlich gestockt und die Käufer der Tücher merklich hierunter betrogen worden, inmassen denn nach Anweisung der Experienz die Tü-
cher nur zum Schein mit denselben Farben und immer mehr mit solchem Bestand und
Fundament, wie mit dem Waid anzufärben, wodurch denn die Nutzbarkeit, welche son-
sten das Land Thüringen und ganz Deutschland durch dessen Commerzien genossen,
hinweggeht und der Vortheil aufs Ausland transportirt wird" etc. Allein auch dieses
erneuerte Verbot wirkte nur auf kurze Zeit; einen nachhaltigen Schutz der inländischen
Waidcultur vermochte es ebensowenig zu bewirken als jene bekannte und bewunderte
Strenge der Nürnberger, die jeden Färber jährlich schwören liessen. keinen Indigo zu
brauchen, im Uebertretungsfalle aber ihn mit Todesstrafe bedrohten. In so hohem
Grade hatte aber bereits der Indigo die Färber für sich gewonnen, dass selbst die
Furcht vor dieser Strafe sie von dem Gebrauche desselben nicht zurückschreckte und
dass man bereits im Jahre 1669 sich genöthigt sah, das Verbot dahin zu mildern, dass
zwar das Färben mit Indigo erlaubt sei, aber nur unter Zusatz von Waid. Gab es
auch in Frankreich Verordnungen, welche die Einführung und den Gebrauch des Indigo zu Gunsten des Waid, der namentlich in Languedoc damals angebaut wurde, verboten, so war in England von Indigo damals nur insofern die Rede (Gesetzsammlung vom Jahr
1581 unter der Regierung der Königin Elisabeth) als man Wollstoffe nicht eher mit
Galläpfeln, Krapp und anderen Farbstoffen schwarz färben solle, bevor sie nicht mit
Waid oder auch mit Indigo angebläuet wären; ein Verbot also gegen die Einführung
des Indigo existirte in England nicht. Die völlige Freigebung des Indigo datirt erst vom
Jahr 1737. Länder und Gegenden, wo gegenwärtig Indig und Waid gebaut wird (siehe
„Indigo" unter Sorten und „Waid" unter „Waidcultur").

Statistik.

Schätzung der Indigconsumtion in Europa und Nordamerika von 1854—1858.

	1854	1855	1856	1857	1858
In England, von London abgeliefert .	9,460 K.	9,300 K.	8,200 K.	7,700 K.	7,200 K.
„ „ „ Liverpool „ .	0,800 „	350 „	400 „	700 „	530 „
In Frankreich, Total für eignen Verbrauch	9,000 ,	10,000 „	1,000 „	9,000 „	6,900 „
In Amerika, von London abgeliefert .	1,950 „	2,000 „	1,500 „		2,200 „
„ „ „ Liverpool „ .					
„ „ „ Kalcutta „ .	1,640 „	1,500 „	2,500 „	4,500 „	800 „
„ „ „ Manilla „ .	1,800 „	1,500 „	900 „		500 „
„ London „ .	15,700 „	19,000 „	16,000 „	16,400 „	14,300 „
In andern „ Liverpool „ .	250 „	100 „	100 „	100 „	200 „
europäischen „ Holland „ .	4,900 „	3,750 „	3,500 „	4,200 „	4,100 „
Ländern „ Kalcutta „ .	359 „	100 „	600 „	1,300 „	1,200 „
„ Frankreich „ .	200 „	900 „	5,000 „	2,100 „	1,800 „
Summa:	46,550 K.	48,500 K.	48,700 K.	46,000 K.	39,730 K.

Uebersicht der Vorräthe von Indigo auf den Hanptmärkten von Europa beim Schluss der letzten 5 Jahre.

	1854	1855	1856	1857	1858
Rotterdam	590 K.	470 K.	500 K.	585 K.	580 K.
Amsterdam	1,030 „	240 „	300 „	935 „	1,260 „
Antwerpen	100 „	100 „	120 „	70 „	— „
Hamburg	400 „	300 „	500 „	400 „	600 „
St. Petersburg	1,600 „	2,030 „	3,921 „	2,564 „	3,200 „
Triest	270 „	700 „	105 „	55 „	35 „
Genua	112 „	138 „	209 „	279 „	200 „
Frankreich	5,954 „	3,807 „	2,080 „	3,905 „	4,487 „
Bremen	20 „	46 „	64 „	30 „	— „
	10,076 K.	7,41 K.	7,799 K.	8,813 K.	10,362 K.
Grossbritannien	23,868 „	15,925 „	20,476 „	19,959 „	19,344 „
Summa:	33,944 K.	23,356 K.	28,275 K.	28,772 K.	29,706 K.

Am 31. December 1858 betrugen die sämmtlichen Vorräthe auf den europäischen Hauptmärkten 29,700 Kisten und was in den vier Quartal-Auctionen des vorigen Jahres in London versteigert worden ist, betrug das Total von ungefähr 24,000 Kisten.

Uebersicht der Zufuhren, Ablieferungen und der gebliebenen Vorräthe in London.

Jahr	Zufuhren			Ablieferungen			Vorräthe am 31. Dec. 1858		
	Bengal	Madras etc.	Total	Für inländ. Consumt.	Für Export	Total	Bengal	Madras etc.	Total
1854	17,904	9,223	27,227	9,462	17,601	27,063	15,770	7,718	23,488
1855	17,250	5,206	22,496	9,066	20,927	30,233	11,702	4,049	15,751
1856	20,191	10,187	30,378	9,237	17,522	25,530	14,597	5,759	20,356
1857	13,771	10,398	24,169	7,665	17,081	24,746	11,887	7,892	19,779
1858	16,039	6,718	22,718	7,175	16,261	23,429	12,311	6,733	19,099

Von London wurden in den letzten 5 Jahren an Indigo ausgeführt

	1854	1855	1856	1857	1858
Nach Hamburg und Harburg	5462 K.	5703 K.	4041 K.	4660 K.	3140 K.
„ St. Petersburg	1390 „	3107 „	4891 „	3410 „	3600 „
„ Rotterdam	2311 „	3405 „	1834 „	2755 „	2216 „
„ Antwerpen und Ostende	2841 „	2614 „	1760 „	2005 „	1656 „
„ Calais und Bologne	109 „	338 „	492 „	564 „	459 „
„ Smyrna und Konstantinopel	481 „	1098 „	653 „	434 „	553 „
„ Genua und Livorno	597 „	462 „	280 „	255 „	545 „
„ Triest	221 „	107 „	87 „	27 „	65 „
„ Diverse Häfen des Mittelm.	485 „	841 „	610 „	405 „	485 „
„ Preussische Ostseehäfen	118 „	170 „	72 „	96 „	106 „
„ Schweden und Dänemark	735 „	722 „	703 „	541 „	412 „
„ Riga	„	„	80 „	166 „	143 „
„ Amsterdam und Bremen	943 „	806 „	585 „	558 „	733 „
„ Canada und New-York	1908 „	1954 „	1477 „	1650 „	2148 „

Uebersicht der Zufuhren und Vorräthe von Indigo in Amsterdam von 1856—58.

Jahr	Einfuhr			Vorrath den 24. December		
	Bengal	Java	Carrac. u. Guatem.	Bengal	Java	Carrac. u. Gnatem.
1856	498 K.	3900 K.	495 K	75 K.	559 K.	100 K.
1857	350 „	6787 „	210 „	40 „	1763 „	66 „
1858	155 „	5627 „	117 „	25 „	2250 „	40 „

Ueber Rotterdam wurde an Javaindig eingeführt und verblieb daselbst als Vorrath den 31. December.

	Einfuhr		Vorrath		
1853	4067	Kisten	1149	Kisten	
1854	3884	„	1241	„	
1855	3403	„	572	„	Kiste à 50 bis
1856	2767	„	868	„	90 Kilogr.
1857	2920	„	977	„	
1858	3101	„	1133	„	

Conto finto über Indigo von Amsterdam

13	Kisten Java-Indigo # 1050/62			
	Brutto $984\frac{1}{4}$ Kilogr. Th. $232\frac{1}{2}$ Kilogr.			
	Netto $751\frac{3}{4}$ Kilogr. à 460 cs. $1\frac{1}{2}$ Kilogr.	Fl.	6916	10
	ab $1^0/_0$	„	69	16
		Fl.	6846	94
	„ $2^0/_0$	„	136	94
		Fl.	6710	—
	„ $1^0/_0$	„	67	10
		Fl.	6642	90
	Comptant $1\frac{1}{2}^0/_0$	„	99	64
		Fl.	6543	26
	von Fl. 6642 „ 90 „ bei $1^0/_0$	„	66	43
		Fl	6609	69
	Courtage $\frac{1}{2}^0/_0$ und Siegel	„	34	83
		Fl.	6644	52
Versandspesen		„	53	30
Wechselspesen, Porto		„	8	10
Assecurranz à $1\frac{1}{4}^0/_0$ v. Fl. 7600 „ — „ und Police 20 Cts.		„	9	70
		Fl.	6715	62
Provision $1\frac{1}{2}^0/_0$		„	100	83
		Fl.	6816	45

Conto finto über Ostindischen Indigo von London nach Hamburg.

7 Kisten: 22 Ctr. 3 Qr. 26 ℔) Tara 5 —. —.
    5 „ — „ 14 „) Ggw. 2 ℔ u. K. — —. 14.

17 Ctr. 3 Qr. 12 ℔ oder

2000 ℔ à 7 ß £ 700 —. — d

Courtage $\frac{1}{2}^0/_0$ „ 3 20. — „

Zollangabe, Officianten, Garantie, Certifikat
und Zoll auf Proben £ 1. 2. 7 d.

Probeziehen, Magazinunkosten, Probekiste
und dieselbe an Port zu bringen „ —. 7. 6 „

Emballiren, Marken, Cavelinggeld, Versiegeln
 und Beschnüren   £ 2. 2. 3 d.
Abnehmen, Fuhrlohn und Werftgeld   „ —. 17. 6 „
Leichterfracht und Wachtgeld   „ 1. —. — „
Kleine Unkosten und Porto   „ 1. 5. 3 „

                £ 6 15. — d
                £ 710 5. — „
     Provision 2%   „ 14 4. 1 „
 Wechsel-Courtage und Stempel ¼%   „ 1 16. 4 „
                £ 726 5. 5 d

          à 13 ℳ 12 ß   B. ℳ 9986. 4 ß
    Assekuranz ½% (99½ = ½)   „ 50. 3 „
Fracht, 6 s 6 d d. K. u. 15%, £ 2. 12. 4 d à 13 ℳ 10 ß   „ 35. 11 „
Stader-Zoll 6 ß Spec. d. 100 ℔ à 150%, C. ℳ 11. 4 ß   „ 35. 3 „
Everführer- und Arbeitslohn   „ 14. — „
Lagermiethe und kleine Unkosten   „ 6. — „
         C. ℳ 31. 4 ß   „ 25. — „
                B. ℳ 10097. 2 ß

Eingangszoll, ½% Ctr. à 120% in Bo., $\frac{5}{12}$% ⎫
Versicherung gegen Feuerschaden   ⅛ „ ⎬ $2\frac{3}{8}$%
Verkaufs-Courtage $\frac{5}{6}$ „ ⎭ (97⅝ = 2⅜)   „ 245. 10 „
Decort   1 „
  1 Ctr. Netto = ca. 103⅞ ℔ in Hamburg:
     1855 ℔ à 5 ℳ 9¼ ß   B. ℳ 10347. 7 ß

2. Waid. Pastel. Pastel vat.

Ausser der Gattung *Indigofera* enthält auch noch die Gattung *Isatis* eine Species, *Isatis tinctoria*, in welcher ebenfalls ein blauer Farbstoff vorhanden ist, der in sofern mit dem Indigotin übereinstimmt, als er ebenfalls in reducirtem Zustand mit lichtgelber Farbe in alkalischen Flüssigkeiten auflöslich ist, und sich durch Oxydation blau färbt, und ist er einmal oxydirt sich weder im Wasser noch in Alkalien und Seifenbädern auflöst und sogar fest auf den Zeugen haftet, d. h. sie dauernd blau färbt, wenn man nämlich die Oxydation auf ihnen selbst bewirkt hat. Ehe man den Indigo allgemein kannte (s. unter Indigo) war der Verbrauch an Waid in den Färbereien ausserordentlich gross, sodass noch im Jahr 1616 die Städte Langensalza, Erfurt, Gotha, Tennstädt und Arnstadt, die das Privilegium besassen Waid zu bauen und die desshalb auch die fünf Waidstädte genannt wurden, für 700,000 Thaler Waid in Handel brachten. Gegenwärtig ist dessen Anwendung eine sehr beschränkte, indem man ihn nur als Zusatz bei Anstellung der warmen Küpe benutzt; die Ingredienzen dazu sind wenig Indigo, viel Waid, Kleie, Röthe, Kalk und Wasser, die man unter Anwendung gelinder Wärme auf einander einwirken lässt; das Resultat der Einwirkung ist die Gährung und diese ist es ihrerseits, welche die Reduction des Waid wie des Indigos (s. unter Indigo „Indigotin") bewirkt. Eine derartige Küpe pflegt man Waidküpe zu nennen, die übrigens nur noch in den Blaufärbereien wollener Stoffe und Garne angetroffen wird.

Die technische Zubereitung des Waid ist folgende: die geernteten Waidpflanzen werden zunächst durch die Waidsteine in Brei zerrieben, den man sofort in Haufen zusammenlegt, um in ihm die Gährung hervorzurufen; ihr Eintritt giebt sich theils durch beträchtliche Wärmeentwickelung theils durch Ausströmung von Gasen z. B. von Ammoniak (in Folge der Gegenwart stickstoffhaltiger Substanzen) kund. Je nach der Grösse der gebildeten Waidhaufen unterbricht man die Gährung nach 10, 12 bis 14 Tagen, und es ist das erfahrungsmässige bestimmte Einhalten gewisser Zeitfristen um so nothwendiger, weil durch die Gährung allerdings die später genannten fremdartigen Bestandtheile des Waids zerstört werden sollen, allein auch der blaue Farbstoff, wenn die Gährung zu lange anhält, der Gefahr ausgesetzt ist, gleichzeitig mit zerstört zu werden. Erwägt man nun, dass in den Waidpflanzen der Gehalt an blauem Farbstoff nicht gleich gross ist, und dass andrerseits möglichst vollständig durch die Gährung fremdartige Stoffe, welche das Färbevermögen des Waid beeinträchtigen, wie oben bemerkt, entfernt werden sollen, so ist es klar welch' entscheidenden Einfluss auf die Güte des Waid die technische Leitung der Gährung haben muss. Der gegohrene Waid wird durch Wärme trocken und überzieht sich äusserlich mit einer weisslichen Kruste; man schreitet zum Auseinanderschlagen der Haufen, bringt diese auf Mühlen, feuchtet das erhaltene Waidpulver mit wenig Wasser an, formt daraus kleine Ballen und trocknet diese an der Luft. Es wurde bereits erwähnt, dass die Gährung die Entfernung fremdartiger, schädlich einwirkender Stoffe zum Zweck habe; solche Stoffe sind z. B. ein eigenthümlicher gelber Farbstoff, Chlorophyll, vegetabilisches Wachs, Gummi, Zucker u. a. m.; es geschieht daher, dass, um diese vollständig zu zerstören, der einmal der Gährung unterworfene Waid bisweilen noch einer zweiten, wohl gar einer dritten Gährung anheimgegeben wird. Trotzdem giebt der Färber aus Misstrauen gegen das Resultat der Gährung den ungegohrenen Waidblättern heut zu Tage den Vorzug. Ausser den bereits genannten im Waid enthaltenen Bestandtheilen sind noch zu nennen: eine beträchtliche Menge von Salzen z. B. phosphorsaurer und schwefelsaurer Kalk, phosphorsaure Magnesia, Eisenoxydul und Manganoxydul, schwefelsaures und salpetersaures Kali, Chlorkalium, citronensaurer Kalk u. s. w. Die Gewinnung des blauen Farbstoffes aus dem Waid bewerkstelligt man auf die Weise, dass man Waidblätter mit warmen Wasser einweicht, und durch Pressen und Drücken aus den Blättern allmählig den Farbstoff entfernt; die weingelbe Flüssigkeit wird wie beim Indigo, in eine Schlagküpe abgelassen und unter Beihülfe von Kalkwasser durch Schlagen aus ihr der Farbstoff als blaues Pulver ausgeschieden. Aus dem Centner Waid gewinnt man durchschnittlich nur 6 Lth. Farbstoff. Daher unterbleibt der Mangelhaftigkeit wegen die Darstellung des blauen Farbstoffes aus dem Waid und man zieht es vor, den Waid als solchen in der Färberei zu verwenden.

Der Färber-Waid oder der deutsche Indigo *Isatis tinctoria* gehört, wie bereits bemerkt, zur Gattung *Isatis (Tourn.)* und zeigt folgende äussere Merkmale: der Stengel wird bis 4 Fuss hoch, nach oben zu in eine grosse gelbe rispenartige Traube verästelt und unten mit zahlreichen Blättern besetzt, die länglich geformt, fein gesägt und mit ziemlich steifen Härchen bewachsen sind; die oberen Blätter, die allmählig kleiner werden, sind länglich lanzett geformt, mit pfeilförmiger Basis den Stengel umfassend und kahl. Die Früchte sind kleine Schoten von dunkler Farbe und keilförmiger Gestalt. Wild ist die Pflanze sehr gemein auf steinigen Hügeln, Aeckern und Mauern. Die Blüthezeit fällt in die Monate Mai und Juni; Dauer zweijährig, überall heimisch in der mittleren gemässigten Zone.

Was die Cultur des Waid anlangt, so säet man den Samen im Monat März und schreitet im Juni zur ersten Blattlese, welche, waren die Witterungsverhältnisse gün-

stig, die beste Ernte liefert; in den darauf folgenden Monaten nimmt man die Blatt-
ernte noch mehre Male vor und zwar in Deutschland 2 Mal, in Frankreich gegen drei
Mal und in Italien sogar noch öfter; selbstverständlich können die späteren Ernten
nur farbstoffärmere Blätter liefern und es mag nur dann eine Ausnahme von dieser
Regel eintreten, wenn vielleicht eine spätere sonnige und warme Witterung einer früheren anhaltend regnerigen und kühlen gefolgt ist; denn Wärme und Sonnenschein ist
der Entwicklung des blauen Farbstoffs in den Blättern ungemein günstig, ungünstig
hingegen die gegentheilige Witterung. Die Gegenden, in welcher noch heut zu Tage
Waidcultur betrieben wird, sind in Deutschland die Rheinlande von der Schweiz bis
Neuwied, mehre Uferstaaten am Main, Thüringen, an der Donau von Regensburg bis
hinein nach Oesterreich u. s. w., in Frankreich ebenfalls an vielen Orten z. B. Languedoc und in der Normandie, namentlich in Alby, wo er seit den ältesten Zeiten bereits
dargestellt worden ist, daher man auch in Frankreich den Waid, mag er gebaut worden sein, wo auch nur immer, (*Castel d'Alby* [Pastel] nennt. In Deutschland unterscheidet man gewöhnlich zwischen Waid und Pastel [s. unten]). Auch in Italien, besonders in Oberitalien sowie in England trifft man häufig Gegenden an, wo Waidcultur
noch vorhanden ist

Guter Waid ist von gelbbläulich grüner Farbe und giebt befeuchtet auf Papier
einen hellgrünen Strich, er ist leicht von Gewicht und frei von holzigen Theilen; graue
Farbe zeigt Mangel an blauen Farbstoff an; er ist nicht selten absichtlich mit schlechten Blättern, vielen holzigen Theilen und Sand vermischt. Mehrjähriger Waid ist dem
einjährigen Waid allezeit vorzuziehen, denn es giebt erfahrungsmässig z. B. vierjähriger
guter Waid für die Zwecke der Färberei doppelt so viel Farbstoff aus als einjähriger,
eine Erscheinung, die zweifelsohne ihre Ursache in dem allmäligen und günstigen Verlauf der Gährung im Waid auf dem Lager hat. Man prüft den Waid auf seine
Färbungsfähigkeit einfach durch Probefärben, indem man mit dem zu prüfenden Waid
eine kleine Waidküpe sich zurechtmacht, oder durch Untersuchung des Waid auf seinen procentischen Gehalt an blauem Farbstoff. Indess ist es gerechtfertigt, schon im
Voraus den Waid für einen guten zu halten, wenn er die bereits erwähnte Reinheit
seiner Masse, die lebhafte gelbbläulichgrüne Farbe auf seiner Oberfläche wie auf dem
Strich zeigt. Wie ebenfalls schon oben angedeutet, kommt der Waid im Handel theils
gegohren in Form von kleinen Ballen theils in Gestalt von Blättern vor. Der käufliche
Waid ist theils deutscher, theils englischer, theils französischer Abkunft; letzterer verdient zumeist den Vorzug. Unter Pastel versteht man die bessere Qualität von Waid.
— Mit dem gesunkenen Consum an diesem Farbstoff haben auch die Versendungen
bedeutend abgenommen, was um so weniger Wunder nehmen kann, wenn man bedenkt,
dass Indigo, abgesehen davon, dass er schöner als Waid färbt, dabei aber auch so
fest, in gleichem Gewicht dreimal mehr Farbstoff als der Waid enthält. Zum Gebrauch
von Pastel nöthigen bei Führung der sogenannten Waidküpe theils technische theils
ökonomische Rücksichten. Verpackung in Fässern und Säcken.

3. Sumach. *Sumac. Sumach.*

Die Anwendung des Sumachs in der Färberei baumwollener, wollener und seidener
Stoffe ist eine allgemeine; so benutzt man Sumach allein und in Verbindung mit Krapp,
Roth- und Blauholz, Orseille etc. unter Anwendung einfacher sowie gemischter Mor-
dants, um auf Stoffe die verschiedenartigsten Modefarben zu fixiren. Wichtig erscheint

vor Allem die Anwendung des Sumachs bei dem Ausfärben mit Mordant bedruckter Baumwollenstoffe, welche in vielen Fällen bekanntlich, bevor sie in das Farbebad gelangen, erst das Kuhkothbad passiren müssen, um von der Stärke, mittels deren der Mordant auf die Waare aufgedruckt ist, gereinigt zu werden; der Mordant selbst muss auf der Waare bleiben, ja er soll wesentlich durch das Kuhkothbad auf derselben befestigt werden; hierzu nun trägt der Sumach erheblich bei, indem er während des Bades mit den Mordants in Verbindungen eingeht, die, indem sie entstehen, sich gleichzeitig auch mit dem Faden der Gewebe auf das Innigste vereinigen; ausserdem darf nicht übersehen werden, dass er die nicht mit Mordants bedruckten Stellen der Waare im Kuhkothbade sowie auch im Farbebade, wenn er bei dem letzteren mit angewendet wird, vor dem Auffärben schützt, indem er in dem ersten Bad verhindert, was an Mordant sich etwa abgelöst hat, die unbedruckten Stellen zu beschmuzen und im zweiten Bade in Folge seines Gehaltes an Gerbstoff die Kalksalze des Wassers abhält, mit dem angewendeten Farbematerial zu unlöslichen Verbindungen einzugehen und sich auf jene Stellen farbig abzulagern. Auch in der Türkischroth-Färberei findet er häufig Verwendung. Gewisse Arten von Sumach werden auch mit grossem Vortheil zum Gerben verwendet, da ihr Gehalt an Gerbstoff in gleichem Gewichte ansehnlich grösser ist, als in der Eichenrinde oder in anderen zum Gerben benutzten Baumrinden; namentlich bedient man sich gern des Sumachs zum Gerben feinerer Lederarten.

Unter Sumach versteht man die zu feinem Pulver zerriebenen Blätter mehrerer, weiter unten beschriebener strauchartig kultivirter Pflanzen; man schneidet, wenn die Blätter vollkommen ausgebildet sind, die Stengel nebst den jungen Trieben ab, trocknet sie auf der Tenne an der Sonne unter fleissigem Wenden und schlägt sie nun mit Stäben so lange, bis die Blätter von den Stengeln sich abgelöst haben. Die Blätter werden gesammelt, gestampft und zwischen die Mühlsteine gebracht, welche die zerstossenen Blatttheile zu feinen Pulver zerreiben; man siebt alsdann das Pulver, um holzige Theile davon zu trennen und verpackt es in Fässer oder in Säcke.

Die Pflanzen, von welchen der Sumach stammt, gehören sämmtlich der Familie der Terebinthaceen an und zwar der Gattung *Rhus* (*Lin.*). Aeussere Merkmale der Gattung sind: Sträucher, seltner Bäume, Blätter verschieden, selten einfach, Blüthen end- oder achselständig, straussförmig; Frucht kleinbeerig, häufig zottig; 5 Blumenblätter mit 5 Staubgefässen.

Die technisch benutzten Species sind: *Rhus coriaria*, kenntlich an den 5—7 paarig gefiederten zottigen Blättern mit fast elliptischen, stumpf und grob gesägten, sitzenden Blatttheilchen und nach vorn geflügelten Blattstielen; ferner an den gelben Blüthen mit ihren ovallänglichen, stumpfen Blumenblättern, an den end- und seitenständigen Blüthenrispen und an den lebhaft roth gefärbten, linsengrossen, grauhaarigen, dicht zusammengedrängten Früchten mit schwärzlichen nierenfärmigen Saamen; alle Pflanzentheile sind von zusammenziehendem Geschmack, am meisten die Blätter. Wild wachsend in südeuropäischen Ländern, in Spanien, Portugal, auf Sicilien; auch in Kleinasien als Baum, strauchartig in den Kulturrevieren. In unseren Gegenden kommt er wegen des bisweilen harten und dauernden Winters nicht fort. Von ihm stammen die besten Sumachqualitäten. Die andere zur Darstellung von Sumach benützte Species ist der Perückenbaum *Rhus Cotinus*; kenntlich an den verkehrt eirunden, ganzrandigen kahlen, gefiederten Blättern, an den röthlichgelben Blüthenboden mit länglich stumpfen grünlichen Blumenblättern; ferner an den Steinfrüchten von grüner Farbe und verkehrt herzförmiger Gestalt, an den in Rispen beisammenstehenden Blüthen, deren Stiele nach dem Verblühen wagrecht abstehen und mit purpurnen Haaren so dicht besetzt sind, dass die Rispe perückenartig erscheint. Das Kernholz des Perückensumachs kommt im Handel unter dem Namen Fisetholz vor. In südeuropäischen Ländern wächst er allenthalben auf sonnigen Anhöhen, bei uns strauchartig kultivirt in den Anlagen. Vom Perückenbaum stammt der ungarische, venetianische, triester, der siebenbürgische und illyrische Sumach. Ausser den beiden genannten Species ist noch zu erwähnen der myrthenblättrige Gerberbaum *Coriaria myrtifolia*, ein in Südfrankreich wildwachsender Baum; von ihm stammt der unächte oder provenzalische Sumach; man erkennt die genannte Spezies an ihren kurzgestielten, eilanzettförmigen, 3 nervigen kahlen Blättern, an ihren fast aufrecht stehenden Trauben mit tief fünftheiligem Kelch; Antheren sind kurz gestielt, Narben purpurroth, Früchte schief eiförmig, 3′′′lang, schwarzbraun, von fleischigen Schuppen umgeben. Strauchartig, in Hecken und Gebüschen Südeuropas.

Nach Chevreul enthält der Sumach zunächst einen Farbstoff, der mit Alaunauflösung zusammengebracht einen gelben Niederschlag und auf mit Thonerdemordant imprägnirten Stoffen gelbe Farben erzeugt. Man stellt ihn aus dem Sumach nach Art des Querzitrins aus dem Querzitron dar, indem man eine gewisse Menge davon im kochendem Wasser 10—15 Minuten behandelt, hierauf das Dekokt abfiltrirt und erkalten lässt; während der Erkaltung scheidet sich der Farbstoff in Gestalt kleiner krystallinischer Körnchen aus Der zweite Bestandtheil ist der Gerbstoff, diejenige Substanz, welche dem Sumach den zusammenziehenden Geschmack giebt und ihn zum Gerben geeignet macht. Schon oben ist es bemerkt worden, dass er beim Färben nicht nur zur Befestigung der Mordants auf den Zeugen, sondern auch zur Erhaltung eines schönen Weisses auf den unbedruckten Stellen wesentlich beiträgt; mit dem Eisenoxyd tritt er zu unlöslichen grauen Verbindungen zusammen, daher mit Eisenmordant imprägnirte Stoffe im Sumachbade grau gefärbt werden. Ferner ist im Sumach Ellagsäure, Gallussäure, Holzsubstanz, mineral- und pflanzensaure Salze u. a. enthalten. Eine Sumachabkochung röthet Lakmuspapier merklich roth, ist von zusammenziehendem, schwach bitterem Geschmack, wird von Leimauflösung getrübt, durch gasförmiges Chlor rosa gefärbt, lässt durch Zusatz von Säuren den Gerbstoff fahren und erzeugt mit

Zinnchlorürauflösung	einen isabellgelben, mit
Bleizuckerauflösung	„ lichtweissen, mit
Alaunauflösung .	„ gelblichgrauen, mit
Grünspanauflösung	„ chokoladebraunen und mit
Schwefelsaurer Eisenoxydauflösung	„ blauen Niederschlag.

Guter Sumach ist von feinpulvriger Beschaffenheit, nicht selten aber auch von so grob gestossener, dass die Blattstückchen noch deutlich zu unterscheiden sind (Sicilianischer) stets frei von holzigen Theilen, absichtlichen Verfälschungen (s. unten), von angenehmem aromatischem Geruch, von frischer olivgrüner Farbe; trocken.

Der sicilianische Sumach; theils fein gemahlen, theils grob gestossen; von olivgrüner Farbe, starkem angenehm aromatischem Geruch und bitterlich zusammenziehendem Geschmack, rein von holzigen Theilen. Verpackung in Säcken bis zu 1¹/₂ Centner. Beste Qualität ist Militello; zweite Alcamo. Weil man auf Sicilien nicht nur der Kultur, sondern auch der technischen Zubereitung des Sumachs grosse Sorgfalt zuwendet, so kommt es, dass der sicilianische Sumach, überdies noch begünstigt durch fruchtbare Boden- und klimatische Verhältnisse, unter allen Sorten der beste ist. In grosser Menge wird er im Gebiet von Montreal, im Val di Noto, bei Alkamo, bei

Termini, Girgenti, Sciacca u. a. O. gebaut. Sortirt in prima und secunda Qualität. Von *Rhus coriaria*.

Der spanische Sumach; nächst dem sicilianischen der beste, zumeist von fein mehliger Beschaffenheit, seltener grob gemahlen; Farbe, Geruch und Geschmack gleich dem sicilianischen, mit holzigen Theilen nicht untermischt, leistet wegen seines reichen Gehaltes an Gerbstoff in der Färberei wie in der Gerberei vorzügliche Dienste. Sortirt in Sumach von Priego, Molina, Valladolid und Malaga. Sein Konsum beschränkt sich grösstentheils auf Spanien selbst, wesshalb er in nur geringer Menge ins Ausland geht. Versendung in Fässern und in Säcken bis zu 8 Centner Gewicht. Von *Rhus coriaria*.

Der portugisische und französische Sumach; schliessen sich bezüglich der Qualität den beiden erst genannten Sumacharten an. In Portugal wie in Frankreich wird an vielen Orten Sumachkultur mit vieler Emsigkeit und Vorliebe betrieben, in Frankreich namentlich in den Umgegenden von Avignon, Montpellier, im Elsass u. s. w. Der französische Sumach ist sortirt in *sumac Fauvis* (der beste), *sumac Dowjon* und *Redon* (Mittelwaare) und in *sumac Padis* (geringste Sorte). Die Verpackung kommt der des sicilianischen und spanischen Sumachs ganz gleich, indess kommen ebenso wenig wie von dem letzteren auch von dem portugisischen und französischen erhebliche Quantitäten ins Ausland; denn der Konsum von beiden ist im Innland hinreichend gross und gesichert. In Frankreich kommt im Handel noch sogenannter provençalischer (falscher) Sumach vor; derselbe stammt von dem myrthenblättrigen Gerberbaum (*Coriaria myrtifolia*), der namentlich im südlichen Frankreich kultivirt wird; man verwendet diesen Sumach in Frankreich vorzugsweise zur Gerberei, weniger zum Färben; sortirt ist er in gute und Mittelwaare; zur ersteren gehört *Nerde* oder *Donzere* und zur letzteren *Redon, Padis* und *Roux*.

Der Triester Sumach von *Rhus codinus;* in allen Ländern der unteren Donau und deren Nebenflüsse wild wachsend; kultivirt in Oberitalien, Krain, Istrien, Ungarn und Dalmatien. Versendung über Triest in Säcken bis 3 Centner Schwere, kommt ebenfalls grob und fein gemahlen vor und ist in beiden Arten von gelbgrüner Farbe. Die beste Qualität ist der Sarkozsche Sumach, so genannt von dem betreffenden Fabrikanten, der auf Kultur und Bereitung des Sumachs grossen Fleiss verwendet. Säcke stets gestempelt.

Istrianischer und Veroneser Sumach sind geringere Sorten.

Der tyroler Sumach theils von *Rhus coriaria* theils von *Rhus cotinus.* Sumachkultur vorzugsweise heimisch im Etschthale. Vom tyroler Sumach, die in ansehnlicher Menge ausgeführt wird, kommen grob undf ein gemahlene Sorten vor; fein gemahlen erscheint er von grasgrüner Farbe und grob gemahlen von graugrüner. Geruch angenehm aromatisch; dem triester S. an Güte gleich.

Der baiersche Sumach; von der deutschen Tamariske (*Tamarix germanica*) stammend, einem 3—6 Fuss hohen Strauch mit graugrünen linienförmig gestalteten Blättern; vorzüglich im baierschen Unter-Donaukreis; fein gemahlenes graugrünes Pulver; am inneren Werth dem ächten Sumach erheblich nachstehend. Verpackuug in Säcken.

Beurtheilung und Prüfung des Sumachs. Wie bereits erwähnt, muss ein guter Sumach ausgezeichnet sein durch lebhafte olivgrüne Farbe, durch Frische, durch starken aromatisch angenehmen Geruch und durch Reinheit. Auf seinen Gehalt an Gerbstoff kann man den Sumach auf doppelte Weise prüfen, entweder indem man ein gewisses Quantum davon im Wasser abkocht und in dieser Abkochung ein Stück mit Eisenoxydmordant imprägnirtes Stück Baumwollezeug färbt, oder indem man eine abgewogene Menge Sumach in einer bestimmten Menge Wasser abkocht, das Dekokt filtrirt und hierauf in 10 gleich grosse Theile theilt; indem man ferner auf einen solchen zehnten Theil mit einer gesättigten Zinnauflösung so lange reagirt, als noch ein Niederschlag entsteht (der Niederschlag ist um so voluminöser, je reicher der Sumach an Gerbstoff ist) und indem man zuletzt eine dem Sumach ganz gleich grosse Menge von Gerbstoff in Wasser ebenfalls auflöst, die Auflösung auch in 10 Theile theilt, auf einen solchen zehnten Theil gleichfalls mit Zinnauflösung bis zur Ausfüllung des Gerbstoffes reagirt und nun die beiden erhaltenen Niederschläge auf je einem Filter sammelt, bei $+100^\circ$ trocknet, wiegt und nach Abzug der Gewichte beider Filter, die Gewichtsmengen beider Niederschläge bestimmt. Bei dem ersten Probeverfahren ergiebt sich aus der Intensität der erhaltenen Farbe, ob der Sumach reich oder arm an Gerbstoff ist, denn je dunkler die Farbe ausfällt, um so grösser muss der Gehalt an Gerbstoff in dem Sumach sein und umgekehrt; bei dem zweiten Probeverfahren entscheidet das Gewicht der Niederschläge und zwar so, dass derjenige Niederschlag, der an Gerbstoff reichere ist, welcher von beiden mehr wiegt, und der an Gerbstoff ärmere, dessen Gewicht das kleinere ist; der letztere wird selbstverständlich vom Sumach stammen, ist dieser nur um $^3/_4$ leichter als der erstere (also von der Gerbstoffauflösung), so enthält die abgewogene Sumachmenge nur $^1/_8$ von dem Gewicht des verwendeten Gerbstoff; — gesetzt die beiden abgewogenen Mengen von Sumach und Gerbstoff betrugen je 20 Loth, so würde nach unserer Annahme der Niederschlag der ganzen Sumachquantität dem Gewicht von 5 Loth gleichkommen und folglich der zu untersuchende Sumach 20% Gerbstoff enthalten. Abweichungen der Prozentzahl nach oben oder unten liefern den Nachweis für die bessere oder geringere Qualität des Sumachs. Absichtliche Verfälschungen des käuflichen Sumachs mit Sand, Kreide oder Gyps sind vorgekommen; die erstere ist leicht nachweisbar, wenn eine zwischen die Zähne genommene Sumachsorte stark knirscht und in Prozenten genau bestimmbar, wenn man eine genau abgewogene Menge vollständig einäschert und die Asche quantitativ auf ihren Gehalt an Kieselsäure untersucht. Der specielle Nachweiss auf die genannten mineralischen Bestandtheile findet auf folgende Weise statt: Man äschert eine gewisse Menge Sumach vollständig ein und wägt eine bestimmte Quantität davon ab, die man in Salzsäure löst; man fällt den Kalk aus heisser Lösung durch oxalsaures Ammoniak, setzt noch etwas Ammoniak zu, bis die Flüssigkeit darnach riecht, und lässt einige Stunden an einem warmen Orte stehen, bis der Niederschlag sich vollständig abgesetzt hat, dann giesst man zuerst die klare Flüssigkeit durch ein Filter und bringt zuletzt auch den Niederschlag darauf. Man wäscht aus, trocknet, glüht und wägt den Niederschlag als kohlensauren Kalk, aus dessen Gewicht die Menge des Kalkes berechnet wird:

Aeq. des kohlens. Kalk $= 50$: Aeq. des Kalkes $= 28$ wie die gefundene Menge $CaOCO_2 : x$

d. h. $50 : 28 = a : x$

Ist a die gefundene Menge kohlensaurer Kalk, so berechnet man aus der gefundenen Zahl dann die procentische Zusammensetzung d. h. die Menge des Kalkes.

In der filtrirten Flüssigkeit ist jetzt die Schwefelsäure zu bestimmen. Man säuert etwas mit Salzsäure an, und fällt mit Chlorbaryum die Schwefelsäure als schwefelsauren Baryt. Man lässt den Niederschlag an einem warmen Orte absetzen, filtrirt erst die klare Flüssigkeit, dann den Niederschlag ab. Nach dem Auswaschen wird derselbe getrocknet, geglüht und gewogen.

$$116{,}59 : 40 = \text{gefundene Menge BaOSO}_3 : x$$

Die Kohlensäure wird in einer andern Portion bestimmt, und zwar am besten aus dem Gewichtsverluste; hierzu bedient man sich des beistehenden Apparates. In das Kölbchen a, das leicht genug sein muss, um auf einer feinen Wage gewogen zu werden, wird die abgewogene Substanz gebracht. Die lange Röhre b wird bis in die Kugel mit concentrirter Salpetersäure gefüllt, darauf mit einem kleinen Korke oben fest verschlossen, so dass unten aus der engern Oeffnung nichts herausfliesst. Nachdem der Apparat so vorgerichtet, wird er genau gewogen; alsdann lüftet man den Kork auf dem Röhrchen b und bewirkt dadurch, dass Salpetersäure in das Kölbchen tritt; die Kohlensäure wird ausgetrieben und entweicht durch das mit Chlorcalciumstückchen angefüllte Röhrchen c getrocknet. Hat die Gasentwickelung nach erneutem Säurezutritt aufgehört, saugt man mit einem Kautschukröhrchen die noch im Apparate befindliche Kohlensäure durch das Rohr c aus. Der Apparat wird nun wieder gewogen, der Gewichtsverlust giebt die Menge Kohlensäure an, die in der Substanz enthalten war.

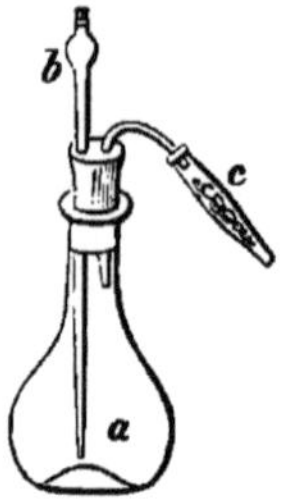

Ist die Substanz mit Sand vermengt und man will wissen wieviel darin ist, so verfährt man auf folgende Weise: Man kocht mit Salzsäure längere Zeit, filtrirt alsdann das Ungelöste ab, wäscht aus, trocknet bei 100^0 und wägt.

Conto finto über 116 Säcke Sumach von Triest gewogen 18790 Wiener Pfund.

à Fl. $5^{1}/_{4}$ öster. W. per Ctr.	Fl.	986.	48.	
ab $2^0/_0$ Disconto	„	19.	73.	
	Fl.	966.	75.	
Cours auf Wien à $80^0/_0$	Thlr.	515.	18.	
Assekuranz in Hamburg für B. ℳ 1360.				
imag. Gewinn $10^0/_0$ „ 140.				
B. ℳ 1500.				

nur für Seegefahr und frei von Beschädigung, ausser
im Strandungsfalle

à $1^{1}/_{4}^0/_0$ B. ℳ 18. 12				
Stempel der Police C. ℳ —. 8.				
Courtage $^{1}/_{8}^0/_0$ „ 1. 14.				
à 120 C. ℳ 2. 6. „ 2. —.				
Provision $^{1}/_{4}^0/_0$ „ 3. 12.				
Cours auf Hamburg à $151^0/_0$ B. ℳ 24. 8.		„	12. 9. 9.	
Fracht per Segelschiff bis Hamburg von B. 18790 W. ℔				
$^{100}/_{114}$ = B. 21420 ℔ Holl. à				
B. ℳ 65. —. pr. 4000 ℔ holl. B. ℳ 348. 2.				
Primage $10^0/_0$ „ 34. 14.				
Regal 2 ℳ per Last „ 10. 12.				
Staderzoll „ 4. 12.				
Spedition und Spesen à $2^{1}/_2$ ß per 100 ℔ „ 32. —.				
à $151^0/_0$ B, ℳ 430. 8.		„	216. 20. 5.	
Hiezu für Zinsen $3^0/_0$				
„ Decato $3^0/_0$		$6^0/_0$	„ 44. 19. 3.	
			Thlr. 789. 7. 7.	

Banquier-Provision $\frac{1}{3}\%$ von 744 Thlr. 18. 4. „ 2. 14. 5.

do. -Sensarie $1^0/_{00}$ „ —. 22. 3.

Porti „ —. 15. 5.

18790 Wiener Pfd. à 112% = 21045 Zoll℔ kosten Thlr. 793. —. —

mithin 100 Zollpfund frei ab Hamburg

Thlr. 3„ 23„ 04 Pf.

4. Safflor. *Carthame.* *Safflower.*

Darunter versteht man die Blumenkronenblätter der gleichnamigen Pflanze; sie enthalten einen gelben und rothen Farbstoff, wenn sie nicht weiter vorbereitet, sondern nach der Erndte nur getrocknet werden, sie enthalten aber bloss einen Farbstoff und zwar den rothen, wenn man sie vor dem Trocknen in einem Wasserbade behandelt, wodurch der gelbe Farbstoff aus den Blättern entfernt wird und nur der rothe zurückbleibt. Der rothe Farbstoff ist der taugliche, der gelbe der werthlose. Die technische Zubereitung des Safflors, das Waschen desselben, hat die Entfernung des gelben Farbstoffes aus den Blumenblättern und deren Zusammenformung in kleine Kugeln zum Zweck. Im Allgemeinen geht man hierbei auf folgende Weise zu Werke: Wenn die Blüthe ihre höchste Entwicklung erreicht hat, so zieht man mit Zurücklassung der Staubgefässe, der Kelch- und Spreublätter, die Blumenkronenblätter einzeln sorgfältig heraus; es sind in diesem Stadium der Entwickelung diese Blätter am farbstoffreichsten. Da die übrigen Theile der Blüthe so wenig als möglich verletzt werden, so gelangt der Saame in derselben zur Reife, den man entweder zur Aussaat oder zur Gewinnung von Oel verwendet, während die grünen Blätter der Stengel als Viehfutter. die Stengel selbst aber theils nach Art unseres Strohes, theils als Feuermaterial ihre Verwerthung finden. Die Blumenkronenblätter unterwirft man zunächst einer sorgfältigen Säuberung von Kelch und Spreublättern, die zufällig bei der Einsammlung der Blumen blätter unter diese gekommen sein mögen, trocknet sie auf Matten im Schatten und schüttet sie nun zwischen Mühlsteine auf, welche diese in feine Fasern zerreissen; diese Fasern werden in mit Wasser angefüllte Gefässe geschüttet und darin mit den Händen tüchtig ausgeknetet, wodurch es geschieht, dass der gelbe Farbstoff, weil er im Wasser löslich ist, aus den Blättern in das Wasser übergeht und dasselbe gelb färbt, während der rothe im Wasser unlösliche in koncentrirtem Zustand in jenen zurückbleibt; da der Safflor um so besser ist, je sorgfältiger man eines Theils alle fremdartigen Blätter ausgeschieden und je sorgfältiger man andereu Theils den gelben Farbstoff aus den Blumenblättern entfernt hat, so werden von den Arbeitern beide Operationen, die Auslese wie die Wäsche mit möglichstem Fleisse ausgeführt und in der That hat das Kneten und Pressen der Blumenblätter im Wasser nicht eher ein Ende, bevor nicht endlich das Wasser ganz farblos von den gewaschenen Fasern abläuft. Dieselben werden nun in kleine Kugeln auch in kleine Brote geformt und im Schatten getrocknet. Ausser diesen technich so zubereiteten Blättern kommen auch die nur getrockneten im Handel vor, theils zerfasert, theils ganz, in Ballen oder Fässer verpackt. Verpackung der letzteren in Fässern oder Kisten von 200 bis zu 800 Pfd. Verpackung der gewaschenen und in Kugeln oder Brote geformten desgleichen.

Die Safflorcultur wird betrieben in Ostindien, Persien, Aegypten, Kleinasien, in der Levante, in Italien, Ungarn, Spanien, Deutschland (Thüringen) und Südamerika u. a. O. Die Pflanze, von welcher das gleichnamige eben erwähnte Farbenmaterial stammt, ist unter dem Namen gemeiner Safflor bekannt (*Carthamus tinctorius L.*), aus der Familie der Synantheren, der Gattung *Carthamus* angehörig; Kennzeichen der Gattung: Kelch dachziegelförmig, Blüthen röhrig, Zwitter, Früchtchen vierrissig, Blüthenboden borstig, spreublättrig. Kennzeichen der Spezies *Carthamus tinctorius*: Stengel 2—3 Fuss hoch, die unteren Blätter auf dem Stengel aufsitzend, 3—4 Zoll lang oben zugespitzt; die mittleren und oberen Blätter den Stengel halb umfassend nach oben zu immer kleiner, oval- oder eirund, oben kurz zugespitzt, am Rand entfernt gezahnt, am Ende dornig zugespitzt; Blüthen safrangelb, langröhrig, am Ende 5spaltig, Spreublätter weiss, fein eingeschnitten, scheibenköpfig am Ende des Stengels und der Aeste beisammenstehend, der Kelch der Köpfchen eirund, bauchig. Früchte verkehrt eirund, milchweiss, glänzend. Einjährige Pflanze. Im Ganzen hat die Pflanze das Ansehen einer Distel; wild wachsend in Ostindien, Vorderasien, Aegypten in südeuropäischen Ländern; in Deutschland nicht.

Safflor gehört zu denjenigen Farbstoffen, deren Farben im Bezug auf Schönheit auf das ungünstigste mit ihrer Festigkeit kontrastiren; die Töne, welche man mit Safflor auf Baumwollestoffe und Garne zu erzeugen vermag, sind Rosa in verschiedenen Nüancen, die ebenso vorzüglich schön als ganz und gar hinfällig sind. Safflorfarbe verträgt nicht das schwächste Seifenbad, selbst wenn es kalt ist; die Farbe wird mager und licht; ebenso dürfen mit Safflor gefärbte Stoffe nicht einmal in der Sonne getrocknet werden, denn die Farbe verliert an Feuer und Fülle, wenn das Trocknen nicht an einem schattigen Orte geschieht. Desshalb wird Safflor weder häufig noch in Menge in der Färbekunst verwendet; man sucht ihn durch Kochenille oder Lack-Dye zu ersetzen. Um mittels Safflor zu färben, wäscht man zunächst denselben so lange mit Wasser aus, bis dasselbe ganz farblos abfliesst; ein Rückstand von gelbem Farbstoff wird die Rosafarbe verderben; man presst aus dem gewaschenen Safflor das Wasser aus, bringt ersteren in ein mit schwachem Pottaschewasser angefülltes Gefäss, in welchem man denselben einige Stunden belässt. Das Pottaschwasser zieht während dieser Zeit den rothen Farbstoff aus den Blättern aus, ohne dass es sich aber selbst roth färbt, denn der rothe Farbstoff ist mit dem Kali der Pottasche in eine farblose im Wasser lösliche Verbindung eingegangen. Nach Entfernung der Blätter aus der Flotte giesst man in dieselbe eine erfahrungsmässig hinreichende Menge von Weinsteinsäure, welche bewirkt, dass der Farbstoff vom Kali sich trennt und als unlösliches rosafarbenes Pulver das Wasser rosa färbt; ein Stück Waare, wenn es in dieser Flotte unter abwechselndem Umziehen und Liegenlassen einige Zeit verweilt, färbt sich rosa, indem der in der Flotte suspendirte Farbstoff auf dieses mechanisch sich ablagert; es ist demnach das mit Safflor erzeugte Rosa keine chemische Verbindung des Farbstoffs mit irgend einem Mordant und durch diesen mit dem Stoffe selbst, sondern das Resultat des äusserlichen Aufliegens des Farbstoffes auf der Faser des Gewebes. Aus Safflor wird auch das sogenannte Tassenroth (vegetabilisches Roth, spanisches Roth, portugisisches Roth, Tellerroth) dargestellt, indem man Safflorextract (s. unten) in Schichten auf Porzellanschälchen so aufstreicht, dass eine neue nicht aufgetragen wird, wenn nicht die vorhergehende erst vollkommen getrocknet ist. Die Oberfläche opalisirt mit vorherrschend grüner goldglänzender Farbe, die aber merklich ins Bräunliche übergeht, wenn das Roth von geringer Qualität ist; auf Papierblätter aufgestrichen, nennt man es Roth in Blättern. Dieses Tassenroth wird vorzüglich benutzt zum Färben künstlich nachgemachter Blumen, zum Färben von Konfituren, Likören, von feinen Papieren, von Schminke etc.

Der Safflor enthält zunächst, wie schon oben angegeben, einen rothen Farbstoff, welcher von Düfour und Marchais, die ihn im Jahr 1804 in den Safflorblättern auffanden, **Karthamin** genannt worden ist; man gewinnt ihn nach Chevreul, indem man Safflor mit kaltem Wasser in einem leinenen Sack so lange auswäscht bis das Wasser nicht mehr gefärbt wird; hierauf lässt man den so behandelten und von seinem gelben Farbstoff gereinigten Safflor mit einem gleichen Gewicht an Wasser, in welchem 0,15 reines kohlensaures Natron aufgelöst worden sind, gegen 2 Stunden maceriren; man filtrirt und taucht in die klare Flüssigkeit, in welcher das rothe Pigment mit Natron verbunden aufgelöst ist, einen Streifen Kattun ein, und neutralisirt nun mittels destillirtem Essig oder verdünnter Schwefelsäure das Alkali; das Karthamin lagert sich auf dem Kattunstreifen ab. Um den noch anhängenden gelben Farbstoff, welcher etwa im Safflor zurückgeblieben sein möchte, zu entfernen, wird das Stückchen roth gefärbter Kattun in Wasser gut gespühlt; auf demselben liegt der rothe Farbstoff nunmehr rein; man zieht alsdann diesen Farbstoff von dem Stückchen Kattun wieder ab, indem man dasselbe in Wasser einweicht, welches eine gleiche Menge doppelt kohlensaures Natron wie oben aufgelöst enthält; es tritt das rothe Pigment von Neuem mit dem Alkali zu einer auflöslichen farblosen Verbindung zusammen und lässt farblos das Stückchen Kattun zurück; nach Entfernung desselben aus der Auflösung, schlägt man mit einer Säure das Karthamin nieder, filtrirt den erhaltenen Niederschlag, wäscht ihn sorgfältig aus und trocknet ihn. So dargestellt bildet das Karthamin ein feines ungemein zart rosa gefärbtes Pulver, welches noch feucht in dünnen Krusten auf Porzellan oder Glasteller gestrichen im reflectirten Licht goldgelb mit grünlichem Schimmer, im durchgehenden hingegen purpurroth erscheint. Im Wasser und Säuren ist es unlöslich, ebenso im Aether, dafür aber löslich mit schöner Rosafarbe in kaltem Alkohol und mit orangerother Farbe in heissem; in neutralen kohlensauren Alkalien ist es ebenfalls löslich, aus welchen Auflösungen Säuren das Karthamin in Gestalt rosafarbiger Flocken ausscheidet. Aetzende Alkalien zersetzen dasselbe unter Zutritt der atmosphärischen Luft. Die chemische Zusammensetzung desselben entspricht der Formel $C_{14}H_8O_7$. In 1000 Theilen fand Dufour im Safflor:

42 Theile Wasser, dem Safflor durch Trocknen bei $+ 20^0$ entzogen,

34 „ Pflanzenbruchstücke,

35 „ Pflanzeneiweiss,

244 „ gelbgefärbte Substanz, von saurer Beschaffenheit, gemengt mit schwefelsaurem Kali oder Kalk

42 „ Extractivstoff

9 „ wachsartige in kaltem Alkohol auflösliche Substanz,

24 „ gelben Farbstoff im Wasser löslich, ebenso in verdünnten Säuren. Safflorgelb genannt, $= C_{24}H_{15}O_{15}$ (in einer Bleioxydverbindung); aus seiner wässrigen Auflösung scheidet es sich durch Umsetzung in Gestalt einer braunen Masse $= C_{24}N_{12}O_{13}$ aus.

5 „ Karthamin.

Diese Körper werden aus dem Safflor durch dessen Behandlung mit Wasser oder kaltem Weingeiste oder Sodaauflösung erhalten; der Rückstand, welcher in den angewendeten Lösungsmitteln nicht auflöslich war, enthielt

496 Theile Holzsubstanz,

5 „ Thonerde,

2 „ Eisenoxyd,

1 „ Sand,

25 „ Verlust.

Salvetat untersuchte 8 verschiedene Safflorsorten und erhielt in 1000 Theilen folgende Resultate:

Sorten.

	I.	II.	III.	IV.	V.	VI.	VII.	VIII
Wasser bei + 16° vertrieben . . .	60	115	45	48	60	80	114	60
Eiweiss	38	40	80	17	40	40	15	30
Gelbe in kaltem Wasser auflösliche Substanz nebst schwefelsauren Salzen . .	270	300	300	261	260	200	240	260
Extractivstoff . . .	50	44	60	41	36	40	65	54
Wachsartige Substanz	10	8	12	15	7	6	6	8
Gelber in alkalischem Wasser löslicher Farbstoff	30	40	60	21	42	61	44	50
Karthamin . . .	5	4	4	6	3	4	3	4
Holzfaser .	504	417	384	560	494	467	504	500
Kieselsäure	20	15	35	10	40	84	12	16
Thonerde und Eisenoxyd .	6	8	16	5	10	16	4	5
Manganoxyd . . .	1	1	3	—	5	1	—	1
	994	992	999	986	997	999	1007	987

Guter, technisch zubereiteter Safflor ist von dunkelfeuerrother Farbe, starkem Geruch, rein von Kelch- oder Spreublättern, von Pflanzenbruchstücken, von Sand; weich im Angriff, mild, etwas feucht; feinfasrig, in Klumpen geballt. Eine Farbe, die auffallend ins Gelbe übergeht, grobfasrige Masse, die mit fremden Bläftern und Pflanzenrestern durchmengt erscheint, lässt auf geringe Qualität und dunkelbraunrothe Farbe, Trockenheit und Sprödigkeit der Masse, so dass sie sich nicht ballen lässt, auf vorgeschrittenes Alter schliessen. Die nur getrockneten Blätter zeigen gelbrothe Farbe, einen eigenthümlichen aromatischen Geruch und milden Angriff. Aufbewahrung in gut verschlossenen Gefässen, an schattigen, kühlen nicht zu trocknen Orten. Auf seine Gute prüft man den Safflor, indem man eine Probe davon mit Wasser, welches durch einige Tropfen Weinsteinsäure angesäuert worden ist, auswächt; der Zweck der Ansäuerung ist, dem Safflor auch nicht die geringste Menge von rothen Farbstoff zu entziehen, und andererseits vom gelben Farbstoff auch nicht eine Spur darin zurückzulassen. Mit so zubereitetem Safflor färbt man nach der oben angegebenen Methode eine Probe und schliesst aus der Beschaffenheit der erhaltenen Farbe auf die Beschaffenheit des Safflors.

Sorten. Die verschiedenen Safflorsorten, welche im Handel vorkommen, sind durchweg nach den Ländern benannt, aus welchen sie stammen, jede nach der verschiedenen Qualität als prima und secunda Waare aufgeführt, auch als Waare erster und zweiter Blüthe, da man, wo die Pflanze zweimal blüht wie im Orient, auch die Blumenblätter zweiter Blüthe sammelt, die aber erfahrungsmässig einen farbstoffärmeren Safflor liefern. Es giebt persischen, ostindischen. ägyptischen, spanischen, ungarischen, italienischen, deutschen und russischen Safflor, die hinsichtlich ihrer Güte alle von einander mehr oder weniger verschieden sind. Auf die Güte des Safflors aber übt Einfluss die Bodenbeschaffenheit, das Klima, die Witterung und die Sorgfalt, mit welcher die Blatterndte und die technische Zubereitung desselben ausgeführt wird.

Persischer Safflor; der beste, von dunkelrother Farbe, klein- und feinfasriger Masse, von weichem, elastischem und feuchtem Angriff. Bezogen über Alexandrien und Smyrna.

Aegyptischer Safflor (levantischer, türkischer, alexandrinischer Safflor); an Güte dem persischen gleichstehend; Verpackung der guten Qualitäten in Kaffissen bis zu 350 Kilo, die mit blauen Linnen ausgeschlagen und mit Schilf überzogen sind, der geringeren Qualitäten in Ballen. Die Eigenschaften der ersteren kommen mit denen des guten persischen Safflors ganz überein; die letzteren zeigen aber weder dasselbe Feuer der Farbe, noch dieselbe Reinheit und Elastizität der Masse. Aus den Blättern erster Blüthe werden nur gute, aus denen zweiter Blüthe nur mittlere Qualitäten fabrizirt; zu diesen gehört der neue ägyptische, zu jenen der alte; Der beste äpyptische Safflor wird in der Umgegend von Kairo dargestellt; daselbst werden die sorgfältig gepflückten und sortirten Blumenblätter zunächst gereinigt und zwischen Mühlsteinen zerfasert, hierauf die fasrigen Massen im Wasser unter fortwährender Erneuerung desselben mit den Händen wiederholt ausgeknetet, bis der gelbe Farbstoff vollständig entfernt ist; man formt sie in Gestalt kleiner Ballen, die anfangs in freier Luft z. B. auf den Dächern der Häuser unter Matten, später, wenn es nöthig erscheint, auch in Trockenstuben getrocknet werden; so einfach auch diese Manipulationen sind, so liegt doch in ihnen das ganze Geheimniss einer guten Fabrikation; je feinfasriger die Masse, um so weniger schwierig ist das Auswaschen des gelben Farbstoffs; je gründlicher ausgewaschen wird, um so vollständiger erfolgt die Entfernung des gelben Farbstoffs und je vorsichtiger getrocknet wird, um so mehr schützt man den Safflor vor Zerstörung des Karthamins. Bezogen über Alexandrien und Smyrna.

Spanischer Safflor; ebenfalls eine recht gute Sorte, die aber grösstentheils im Innlande konsumirt wird, so dass nur wenig im Handel vorkommt; was etwa nicht verbraucht wird, geht nach Frankreich oder England, das wenigste nach Deutschland über Hamburg oder Triest. Vorzüglich sind es Valencia, Granada und Andalusien, wo die Safflorkultur heimisch ist. Verpackung in Säcken. Vor der Kontinentalsperre durch Napoleon war der Anbau von Safflor in Spanien nicht bekannt. Der spanische Safflor hat Feuer, überhaupt alle Eigenschaften einer guten Waare, ist aber häufig mit Spreublättern untermischt.

Südamerikanischer Safflor; er kommt vorzüglich aus der kolumbischen Republik Venezuela (Provinz Carakas) und aus Mexiko und wird an Güte dem ägyptischen fast gleich geschätzt. Verpackung in Ballen; Versendung über Carakas, London und Hamburg.

Ostindischer Safflor; eine minder werthvolle Sorte, die dem persischen Safflor fast um die Hälfte und dem ägyptischen um $1/4$ nachsteht. Versendung über Kalkutta in Ballen bis zu 150 Kilo.

Ungarischer Safflor; der beste ist der von Debreczin, namentlich der sogenannte veredelte, d. h. der gewaschene; es steht diese Sorte dem ägyptischen Safflor an Güte gleich. Verpackung in Ballen. Obgleich gegenwärtig auch in anderen Komitaten Safflor angebaut wird, übertrifft doch keiner den Debrecziner.

Italienischer Safflor (röm. oder romagner); kommt in seinem Farbewerth ungefähr den ostindischen gleich; ist unrein. Versendung in Ballen. Kommt wenig vor.

Deutscher Safflor; geringer an Werth als der italienische; ist grobfasrig, trocken, farbstoffarm, unrein und von erdigem Ansehen. Verpackung in Ballen. Ausser aus Thüringen kommt deutscher Safflor auch aus der Pfalz. Der Umstand, dass die Safflorkultur und Fabrikation sich nicht durchgehends in den Händen intelligenter Fabrikanten befindet, sondern zumeist Nebenbeschäftigung der Ackerbau treibenden Bevölkerung ist, dass ferner Klima und Bodenbeschaffenheit den Bedürfnissen der Safflorpflege nicht ausreichend entsprechend sein mag, verursacht es, dass dieser Industriezweig von so geringem Erfolge ist.

Russischer Safflor; angebaut in den südlichen Gouvernements des europäschen Russlands. Der Ertrag ist gering, sodass davon Nichts ausgeführt wird und etwas Näheres über die Qualität des Fabrikats nicht bekannt worden ist.

Safflorextract.

Dieses, wenn es auf Teller gestrichen ist, auch unter dem Namen spanisches, portugisisches, vegetabilisches Roth bekannte Präparat, ist der nach dem bereits unter Karthamin näher bezeichneten Verfahren gewonnene Farbstoff des Safflors, in Gestalt einer syrupartigen rothen Flüssigkeit, welche Konsistenz durch angemessene Verdampfung von Wasser erreicht wird. Versendung in Flaschen, die in Kisten gestellt sind. Dasselbe findet in den Färbereien der Bequemlichkeit halber, häufiger Anwendung als der präparirte Safflor; eine Wenigkeit davon in reines, mit etwas Säure schwach angesäuertes Wasser gegossen, ist die ganze Vorarbeit, welche nöthig ist, um Waare safflorrosa zu färben. Die Güte des Extractes erkennt sich leicht aus der Beschaffenheit der mit demselben erhaltenen Farbe. Fabriken in Berlin, Leipzig, Barmen und anderen Städten der Industriedistrikte der Rheinprovinz.

Conto finto über Safflor.

		£		
No. 1. Orig. No. 25. 2. 2. 19.				
„ 2. „ „ 26. 2. 2. 13.				
„ 3. „ „ 13. 2. 2. 23.				
„ 4. „ „ 20. 2. 2. 6.				
10. 2. 5. {Ta. 11 ℔} pr. Ballen				
—. 1. 20. {ggw. 1 „}				
10. —. 13. @ £ 85/£		83	9	1
Loosgeld	„	—	1	—
	£	83	10	1
Spesen.				
Mauthangabe, Zeichnen, Werftgeld u. verschiffen, ausclariren, Leichtergeld u. Connaisements £ —. 15. 4.	„			
Courtage $\frac{1}{2}$% auf £ 83. 9. 1. „ —. 8. 4.	„	1	3	8
Assecuranz auf £ 100. —. @ 5/% u. Stempel	„	—	5	3
	£	84	19	—
Commission 2%	„	1	14	—
	£	86	13	—
London am		1859		

B. Farbstoffe in der ganzen Pflanze.

5. Lakmus. *Tournesol. Lacmus,* oder *Litmus.*

Wie früher die Bereitung des Persio ein Geheimniss der Engländer war, ebenso war früher die Bereitung des Lakmus ein Geheimniss der Holländer; jetzt, nachdem es schon längst keins mehr ist, weiss man, dass es auf folgende Weise gewonnen wird: die Flechten (anfangs *Lichen roccella L.,* später *Lichen tartareus L.,* in Frankreich) werden zunächst gut getrocknet, hierauf von Staub gereinigt und zwischen den Mühlsteinen gepulvert; das Pulver rührt man mit einem gleichen Gewichte von in Urin aufgelöster Pottasche und gelöschtem Kalk oder mit verdünntem Salmiakgeist zu einem Teig an, den man der Gährung unterwirft, indem man von Zeit zu Zeit etwa so viel Urin aufgiesst, als durch die Verdunstung verloren geht, damit der Teig nicht trocken werde; nach Verlauf von einem Monat hat derselbe eine purpurrothe Farbe angenommen, ein Beweis, dass die Entwickelung des Orceins stattgefunden hat (s. unter Orseille). Man übergiesst nun noch einmal mit alkalischem Urin den Teig, welcher, da ersterer nunmehr im Ueberschuss zugesetzt worden ist, das Orcein in einen anderen Farbstoff überführt und somit den Teig blau färbt; man überlässt denselben nun noch einige Tage der Gährung, knetet ihn hierauf mit feingepulvertem kohlensaurem Kalk (Kreide) oder mit Gyps, um der Masse mehr Körper zu geben, zu einem homogenen und festen Teig zusammen und formt daraus kleine länglich viereckige Täfelchen, die man an der Luft trocknet.

Die auf diese Weise erhaltene Waare ist nach Beschaffenheit der angewendeten Flechte oder je nachdem die Darstellungsmanipulationen mit mehr oder weniger Geschick geleitet worden sind, bald mehr bald weniger intensiv blau; sie ist zerreiblich, trocken, hygroscopisch, ohne Geschmack und Geruch, im Wasser und verdünntem Weingeist unter Ablagerung eines Bodensatzes (Kalksalzes) löslich. Durch Säuren wird die Auflösung roth, durch Ueberschuss von Alkali die rothe wieder blau gefärbt. Sortirt ist das käufliche Lakmus in gute, mittlere und ordinäre Qualitäten.

Nach Kane sollen im Lakmus ausser dem blauen Farbstoff, über dessen Natur man noch immer nicht völlig im Klaren ist, noch folgende Körper enthalten sein:

$$
\begin{aligned}
\text{Azolitmin} &= C_{18}H_{20}N_2O_{10}\,(?) \\
\text{Erythrolitmin} &= C_{26}H_{22}O_{12} \\
\text{Erythrolminsäure} &= C_{26}H_{22}O_8 \\
\text{Erytrolein und} &= C_{26}H_{24}O_4 \\
\text{Spaniolitmin} &= C_{26}H_{11}O_{23}
\end{aligned}
$$

Vor Einführung des Indigo in Europa, vor Erfindung des Berliner Blau, des Kobaltultramarin, der Smalte, war die Anwendung des Lakmus eine ungleich allgemeinere als jetzt, es wurde zum Blaufärben der verschiedenartigsten Gegenstände benutzt, namentlich in ausserordentlicher Menge zur Darstellung der blauen Stärke, woraus man Waschblautäfelchen formte; diese Art der Verwendung des Lakmus ist auch jetzt noch, obwohl in ungleich geringerem Umfange, gebräuchlich, da man für diesen Zweck Indigokarmin, Smalte, Berlinerblau vorzieht; ebenso wird Lakmus in geringer Menge noch hie und da in der Stubenmalerei sowie in den Werkstätten der Stuckaturarbeiter zur Darstellung von blauem Marmor, zum Blaufärben von Likören und Conditoreiwaaren etc. verwendet. Der wichtigste Verbrauch des Lakmus ist aber zur Bereitung von Lakmustinctur und Lakmuspapier für chemische Laboratorien, von denen man die erstere durch Behandlung des Lakmus mit Weingeist, das letztere aber auf die Weise erhält, dass man Postpapier mit einem wässrigen, durch wenig Säure vollkommen neutralisirten und mit etwas Weingeist versetzten Auszuge von Lakmus so lange überstreicht, bis es hinreichend blau gefärbt erscheint. Der Gebrauch des Lakmuspapier und der Lakmustinktur bezieht sich auf die Erkennung eines Gehaltes an freier Säure oder Alkali in irgend einer zu untersuchenden Flüssigkeit; die Empfindlichkeit des Lakmus gegen Säuren und Alkalien ist ungemein gross, die Gegenwart einer auch noch so geringen Menge von dem einen oder andern, kündigt sich augenblicklich durch die charakteristische Einwirkung auf die Farbe des Lakmuspapier, Röthung oder Bläuung, an.

Das im Handel vorkommende Lakmus stammt entweder aus England oder aus Frankreich oder aus Holland; das häufigste ist das holländische, das seltenste das englische. Das Lakmus ist überaus mannigfach sortirt, so dass von Fabriken mitunter gegen 20 verschiedene Qualitäten offerirt werden, ohne dass desshalb Farbwaarenhändler und Droguisten sich veranlasst finden, mehr als höchstens 8—10 dergleichen aufs Lager zu nehmen und in ihren Preiscouranten aufzuführen, freilich mit um so erheblicheren Preisverschiedenheiten. Gutes Lakmus muss von frischer, intensivblauer Farbe sein, die sich gleichmässig durch die ganze innere Masse durchzieht, von regelmässig geformten länglich viereckigen Täfelchen, darf aufgelöst in Wasser nur wenig Rückstand lassen und muss in geringer Menge angewendet verhältnissmässig viel Wasser noch stark blau färben. Je mehr die Waare diesen Eigenschaften entspricht, um so besser ist sie. Auf die Güte des Lakmus ist aber von entscheidendem Einfluss, wie schon oben angegeben, ausser der Beschaffenheit der Flechten und der Geschicklichkeit und Erfahrung in der Darstellungsweise, namentlich auch die grössere und geringere Menge absichtlich zugesetzter Verfälschungsmittel z. B. von zuviel Gyps oder Kalk, Schiefermehl u. a. Die mittleren Lakmussorten stehen im Bezug auf äussere Farbe und regelmässige Gestalt dem guten Lakmus kaum nach; indess zeigt sich doch bei genauerer Untersuchung, dass die innere Farbe häufig sedr erheblich lichter ist, und dass man folglich die dunklere äussere Farbe durch Aufsieben von feinen pulverisirten Berliner Blau oder Kobaltultramarin auf die noch feuchten Täfelchen erzeugt hat; dergleichen Mittelsorten stehen den guten Qualitäten an Ausgiebigkeit merklich nach. Die geringere Waare, aber auch die wohlfeilste, ist von matter, graublauer Farbe, die nach Innen zu nicht selten sogar ins Weissliche übergeht; die Tafeln sind meistens nicht regelmässig, ziemlich weich, sodass man sie leicht zerdrücken kann, und färben, im Wasser zerlassen, dasselbe wenig und nicht schön; zu Asche verbrannt, zeigt sich ein verhältnissmässig bedeutender mineralischer Rückstand, der sich zumeist als Kreide, Gyps, Schiefermehl u. a. erweist. Beim Einkauf von gutem Lakmus hat man ausser den bereits angegebenen Eigenschaften besonders auch auf seine Trockenheit zu sehen, und zwar um so mehr, da Lakmus leicht aus der Luft Wasser anzieht, feucht wird, und dadurch nicht unbeträchtlich an Gewicht zunimmt. Verpackung in Fässern.

6. Orseille. *Orseille. Archil* oder *Archilla.*

In den Pflanzenkörpern einer nicht geringen Anzahl von Flechten ist ein Farbstoff enthalten, der namentlich im Bereich der Wollfärberei und Wolldruckerei häufige und wichtige Anwendung gefunden hat (s. unten). Dieser Farbstoff aber kommt nicht als solcher, sondern noch an die Flechte gebunden im Handel vor, welche einer eigenthümlichen technischen Zubereitung unterworfen und in Gestalt eines dunkelvioletrothen Teiges, (teigartige Orseille, *Orseille de mer*) oder auch eines dunkelviolettblauen Pulvers (Erdorselle, Persio, *Cad-Beare, Orseille de terre*) versendet wird. Um die teigartige Orseille zu bereiten, verfährt man auf diese Weise, dass man *Roccella tinctoria* oder *Lichen parellus* oder *corallinus* von allen mechanischen Unreinigkeiten befreit, sie hierauf zwischen Mühlsteinen zerreiben lässt, und mit fauligem Urin, oder mit Wasser, dem man Salmiakgeist zusetzt, zu einem dickflüssigen Brei anrührt; bei Anwendung von Urin mischt man der Masse gleichzeitig etwas gelöschten Kalk bei. Alsbald tritt Gährung ein, welche zur Folge hat, dass die Masse mit einer mehr oder weniger dunkelvioletrothen Farbe sich überzieht und einen eigenthümlichen, dem Veilchen nicht unähnlichen Geruch annimmt. Binnen 14 Tagen ist diese Wandlung durch die ganze Masse vollständig von Statten gegangen, wenn nicht etwa die zufälige Menge eine relativ kürzere wohl auch längere Zeit erforderlich machen sollte. Ist die Farbe da und der Geruch bemerkbar, so ist es Zeit, die Gährung zu unterbrechen, da man im Unterlassungsfalle zu erwarten hat, dass die Farbe aus dem Roth ins Bläuliche übergeht. Mittels Zusatz von etwas Alaunauflösung, welche mit dem Orseilleteig tüchtig verarbeitet wird, wird der fortschreitenden Gährung Einhalt gethan, die Orseille, sobald dies geschehen, in geeignete töpferne Geschirre gebracht und dieser an kühlen schattigen Orten feucht aufbewahrt. So dargestellte Orseille bildet einen dunkelviolettrothen Teig von ziemlich steifer Beschaffenheit, veilchenartigem Geruch, mit vielen kleinen Pflanzenresten untermischt und zahlreichen weissen kleinen Punkten besetzt, die ausgeschiedene Theilchen von Ammoniaksalzen sind. Weil trotz der Aufbewahrung an kühlen Orten gleichwohl der Teig allmählig trockner wird, ist es nothwendig, ihn auf dem Lager dann und wann mit wenig ammoniakalischem Wasser zu befeuchten. Nach Verlauf von einigen Jahren verliert die Orseille immer mehr von ihrer Farbe, ihrem Feuer und verdirbt endlich ganz. Gute Orseille soll nicht ammoniakalisch riechen, da dieser Geruch auf Anfrischung bereits älterer Orseille entweder mittels Urin oder ammoniakalischem Wasser schliessen lässt; frische und junge Orseille ist aber allezeit der älteren angefeuchteten vorzuziehen.

Ein anderes neues Verfahren, Orseille darzustellen, ist ein französisches von Thillaye zu Paris erfunden, dessen wesentliche Momente nach *Armengaud's Génie industriel B. 7.* folgende sind: man konstruirt einen genau schliesseuden Apparat, worin man mittels eines Rechens die Masse (s. unten) umrühren und in welcher man während der Operation mehr oder weuiger erwärmen und das gewöhnlich verloren gehende Ammoniakgas sammeln kann. In diesen Apparat bringt man durch eine Thür 150 Kilogr. Flechten, welche vorher unter Mühlsteinen zerrieben wurden, und lässt dieselben mit 150 Kilogr. Wasser kochen, damit die Flechten aufqnellen. Man gibt durch einen Trichter 10 Kilo. Ammoniakflüssigkeit von 22^0 B. hinein und setzt dann den Rechen beiläufig 7 Stunden lang in Bewegung. Am dritten und vierten Tage rührt man ebenfalls von 4 zu 4 Stunden um, indem man die Masse zwei Stunden lang in Ruhe lässt. Zu dieser Zeit beginnt die Masse sich roth zu färben, man setzt ihr neuerdings 10 Kil. Ammoniak hinzu. Man lässt den Rührapparat dreimal täglich gehen, jedesmal 2 Stunden lang. Man muss alsdann mittels eines Gebläses oder einer Druckpumpe Luft eintreiben. Man erwärmt die Masse mässig, indem man Dampf in den doppelten Boden des Apparates leitet. Während des Heizens muss man den Rührer in Gang setzen; in dieser Weise fährt man 3 Tage fort, nämlich am 5., 6. und 7. Tage; am 8. Tage fügt man die letzten 10 Kilogr. Ammoniak hinzu, und verfährt in angegebener Weise am 8., 9. und 10. Tage. In diesen letzten Tagen muss man aber die Temperatur des Gemenges auf ungefähr 24^0 R. steigern und ihm in 2 Tagen $3^0/_0$ gebrannten Kalk in Pulverform zusetzen, wenn die Orseille für die Färber bestimmt ist; statt dessen $^1/_2$ bis $1^0/_0$ kalzinirte Sonda, wenn sie zum Zeugdruck dienen soll. Das Bewegen des Rechens und das Heizen werden vom 11. bis zum 15. Tag fortgesetzt. Wurde die Operation gut geleitet, so ist dann die Orseille fertig. Man bringt sie nun in gewöhnliche Tröge, um sie zum Verkauf aufzubewahren. (Polyt. Journ. B. 137.)

Persio wurde anfangs aus der weinsteinartigen Schüsselflechte *Parmelia tartarea* dargestellt. Die Behandlungsweise ist, soweit sie die Entwickelung des Farbstoffs mittels ammoniakalischer Flüssigkeit und die Gährung anlangt, ganz dieselbe, wie sie oben näher beschrieben worden ist; da aber Persio nicht als Teig, sondern als trocknes Puver in den Handel gebracht wird, so erleidet die Darstellungsweise des Persio nur insofern eine Abweichung von der der Orseille, als nach unterbrochener Gährung der Teig getrocknet und nach dem Trocknen zwischen Mühlsteinen zu feinem Pulver gemahlen wird. So dargestellter Persio hat ponceaurothe ins violette spielende Farbe, schwach urinösen Geruch und trocknen mehligen Angriff. Anfänglich wurde Orseille vorzugsweise im südlichen Frankreich und Persio ausschliesslich in Schottland fabrizirt; allein jetzt, nachdem man auch an anderen den genannten Flechten verwandten Arten die Eigenschaft unter gebotenen Umständen Orseille zu erzeugen, erkannt hat, wird Orseille nebst Persio in den Farbewaarenfabriken auch andererLänder bereitet und zu diesem Zwecke jede dazu taugliche Flechtenart des Innlandes sowie des Auslandes, letztere aus Schottland, England, Schweden, aus den Niederlanden, aus dem Süden Europas etc. in grosser Menge bezogen. Eine Flechte aber ist tauglich, wenn sie eine Flechtensäure enthält, die Orcin mit sich führt, dessen weitere Umsetznng in den Farbstoff dann unter dem Einfluss der Darstellungsmanipulationen von selbst erfolgt, s. unter Orcin und Orcein. Solche Flechten sind *Lichen calcareus, L. cocciferus, L. digitatus, L. pustulatus, Parmelia tartarea* u. a. m. Die Species *Roccella tinctoria* (färbende Orseille und Lakmusflechte) gehört der Gattung *Roccella* (Orseille) an aus der Familie der Usneaceen. Aeussere Kennzeichen der Gattung: walzenrund oder zusammengedrückt, theils aufrecht, theils etwas hängend, inwendig wergartig, auswendig häutig, leder- oder knorpelartig, ästig zerschlitzt; Keimlager dick, schildförmig, die Keimplatte flachgewölbt, knorpelig vom Flechtenkörper bedeckt, später platzend, immer aus einer dichten pulverigen Masse bestehend. Kennzeichen der Species: stielrund, fast fadenförmig, wenig ästig, aufrecht, im Alter hängend, grünlichbraun, Keimlager zerstreut, Keimplatte schwarz, in der Jugend bereift, im Alter fast nackt; rasenartig an Felsenklippen wachsend auf den kanarischen und azorischen Inseln, auf Madeira, und Portosanto, Korsika, Sardinien, auf der Insel Bourbon und am Kap u. a. O. Die Species *Parmelia tartarea* (weinsteinartige Schüsselflechte) gehört zur Gattung *Parmelia* aus der Familie der Parmeliaceen. Kennzeichen der Gattung *Parmelia*: auf dem horizontal ausgebreiteten oder aufsteigenden Thallus liegen schüsselförmige, kreisrunde Keimlager mit gleichmässigem Rande; Keimplatte fast wachsartig, anfangs zusammengelegt, geschlossen. Kennzeichen der Species: dick krustenartig, weisslichgrau oder grünlich mit runzlichen Keimplatten. In Schweden, Holland, Grossbritanen.

Der in der Orseille und im Persio enthaltene Farbstoff führt den Namen Orcein; er ist von Natur nicht in den Flechten enthalten, sondern ist vielmehr das Product der gleichzeitigen Einwirkung des Alkalis und der Gährung auf das in den unzubereiteten Flechten neben den Flechtensäuren vorkommende Orcin; man erhält es nach Robiquet durch Digestion der getrockneten Flechten mit kochendem Alkohol, indem man die Flüssigkeit nach der Digestion filtrirt, diese zur Extractdicke abdampft, das Extract mit Wasser behandelt, und hierauf die verdünnte Lösung allmählig eindampft; während des Eindampfens setzen sich Krystalle ab, welche durch Umkrystallisiren, Behandeln der Lösung mit essigsaurem Bleioxyd und Scheidung mittels Schwefelwasserstoffgas rein dargestellt werden. So dargestelltes Orcin bildet farbliche, 4seitige Prismen, von widerlich süssem Geschmack und ohne Geruch; löslich in Wasser und Alkohol, wird durch Salpetersäure roth gefärbt und $= C_{16}H_{16}O_4$. Mit ätzendem Ammoniak behandelt, nimmt es aus der Luft Sauerstoff auf und geht in Wasser und Orcein über. $C_{16}H_{16}O_4 + 2H_3N + 5O = C_{16}H_{20}N_2O_7 + 2HO$ (der bei der Gährung stattfindende Vorgang). Das Orcein $= C_{16}H_{20}N_2O_7$ ist ein schönes rothes Pulver, das im Wasser wenig, reichlicher in Alkohol auflöslich ist, aus welcher Auflösung es durch Zusatz vom Wasser gefällt wird; in Aether ist es schwer löslich. In Ammoniak und verdünnter Kalilauge löst es sich mit schön karmoisinrother Farbe auf; in diesen Auflösungen erzeugen Metallsalze rothe Niederschläge; Schwefelwasserstoffgas entfärbt die Lösung, während Alkalien die rothe Farbe wieder herstellen. Ueberschüssige Alkalien treiben die rothe Farbe ins Violett; Säuren, welche den Ueberschuss an Alkali entfernen, führen sie ins Roth wieder zurück.

Orseilleaufguss hat dunkelkarmoisinrothe Farbe; in demselben erzeugt

Alaun	einen rothbraunen	Niederschlag
Zinnsalz	einen röthlichen	„
Kupfervitriol	einen kirschrothen	„ und
Eisenvitriol	einen dunkelrothbraunen	„
Säuren	färben den Aufguss heller	
Alkalien	„ „ „	violett.

Ausser Orcin enthalten die oben genannten Flechten nach Heeren und Robiquet, Kana, Schunk, Rohleder, Heldt noch folgende Körper:

Lecanorin (Lecanorsäure) $= C_{18}H_{14}O_7 + HO$ oder $C_{18}N_{16}O_8$; aus den Flechten, welche zur Gattung *Variolaria* und *Lecanora* gehören, ausgezogen durch ein Gemisch von Weingeist und Aetzammoniak und daraus wieder niedergeschlagen durch Essigsäure, in Alkohol wieder gelöst und umkrystallisirt. — Weisse seidenglänzende Nadeln, ohne Geruch und Geschmack, im Wasser unlöslich, leicht löslich in warmem Weingeist und Aether; nicht flüchtig, wird aber in erhöhter Temperatur in Kohlensäure und Orcin umgewandelt. $C_{18}H_{18}O_8 = 2\,CO_2 + C_{16}H_{15}O_4$. Lecanorsaures Ammoniak färbt sich allmählig an der Luft tief purpurroth.

Erythrin (Erythrinsäure) $= C_{34}H_{36}O_{14} + HO$; die Flechte wird mit Aetzammoniak macerirt, die Flüssigkeit hierauf mit Wasser verdünnt, die Lacanorsäure mittels Chlorkalzium ausgefällt, jene abfiltrirt, das ammoniakalische Filtrat durch Salzsäure neutralisirt, wodurch das Erythrin sich ausscheidet. So gewonnen stellt das Erythrin ein weisses, krystallinisches, geruch- und geschmackloses Pulver dar, welches bei wenig Graden über 100 zu einer durchsichtigen farblosen Flüssigkeit schmilzt und in noch höheren Temperaturen zersetzt wird. In 170 Theilen kochenden Wasser, in 2,3 Th. siedenden und in 22,5 kalten Alkohol ist es löslich, in Aether und Terpenthinöl fast unlöslich. Schwefelsäure löst es auf ohne es zu verkohlen, Salpetersäure zersetzt es, Salzsäure löst es nicht auf, leicht dagegen kochende Essigsäure.

Erythrylin $= C_{22}H_{30}O_5 + HO$ von Kane dargestellt, unterscheidet sich im Wesentlichen von dem Erythrin nur dadurch, dass es in Aether löslich ist.

Erythrinbitter $= C_{22}H_{26}O_{14}$ von bräunlichgelber Farbe und bitterlich süssem Geschmack, in Wasser und Weingeist, nicht aber in Aether löslich; durch Aufnahme von Ammoniak, Wasser und Sauerstoff geht es in Azoerythrin über, denn $C_{22}H_{26}O_{14} + 2\,H_3N + 3\,H_2O + 5\,O = C_{22}H_{38}N_2O_{22}$.

Roccellin (Roccellsäure) $= C_{16}H_{32}O_4$ aus Roccella tinctoria von Heeren dargestellt durch Maceration derselben mittels koncentrirter Ammoniakflüssigkeit, durch Verdünnung der Auflösung, Ausfällung des Roccellins durch Chlorkalzium, durch Zerlegung des Niederschlages mittels Salzsäure, Auflösen des Roccellins in Aether und durch allmählige Verdunstung des Lösungsmittels. Farblose seidenglänzende Nadeln ohne Geruch und Geschmack, unlöslich in Wasser, löslich in Alkohol und Aether.

Erythrolein $= C_{26}H_4O_4$ mehr der Erythroleinsäure verwandt, aus dem Lakmus gewonnen, bei gewöhnlicher Temperatur halbflüssig, wird vollkommen flüssig bei 38^0, im Wasser unlöslich, löslich in Alkohol und Aether mit rother und in Ammoniak mit purpurrother Farbe.

Erythroleinsäure $= C_{26}H_{44}O_8$ aus der Orseille dargestellt; bei mittlerer

Temperatnr nur halbflüssig, in Terpenthinöl unlöslich, im Wasser schwer löslich, dagegen leicht löslich in Alkohol und Aether. In der Auflösung erzeugen Metalloxyde karmoisinrothe Niederschläge.

Erythrolitmin = $C_{26}H_{46}O_{13}$ gewonnen aus dem Lakmus; glanzlose, weiche, in Alkohol leicht lösliche, im Wasser und Aether aber wenig lösliche Körner von hellrother Farbe, die durch Ammoniak blau gefärbt werden.

Azolithmin = $C_{18}H_{20}N_2O_{10}$ (?) dunkelrothbraunes im Wasser wenig, in Alkohol und Aether unlöslich, in alkalischen Flüssigkeiten hingegen mit blauer Farbe leicht lösliches Pulver.

Die Anwendung der Orseille und des Persio in der Färbekunst beschränkt sich vornehmlich auf das Schönen der Farben; d. h. Stoffe, die bereits in anderen Farbstoffen fest vorgefärbt worden sind, passirt man durch ein Orseille- oder Persiobad, um der ersteren Farbe dadurch mehr Feuer und Anmuth zu geben; dann wird auch Orseille und Persio in Verbindung mit anderen Farbestoffen gebraucht, um angenehme Farbetöne in Lilla, Grau, Violett etc. auf Wolle und Seidenstoffe zu erzeugen; allein kommen beide nur selten zur Verwendung, weil die Farben, die man mit ihnen darstellt, zu leicht vergänglich sind, was um so mehr zu bedauern bleibt, da die Farben durch Glanz, Reinheit und Fülle sich auszeichnen.

Einen sehr geschickten Gebrauch hat neuerdings Hélaine von der käuflichen Orseille gemacht, indem er durch ein besonderes Verfahren aus derselben drei ebenso ächt als schöne Farben, die vorzüglich in der Seidenfärberei anwendbar sind, bereitet. Nach den Mittheilungen des Polytechn. J. (153. B.) besteht das Verfahren in folgendem: Man rührt käufliche Orseille in einer Kufe mit ihrem zwanzigfachen Gewicht kochenden Wassers an. Hierzu giesst man ein dem Gewicht der Orseille gleiches Gewicht von zinnsaurem Ammoniak und rührt nun so lange um, bis die Temperatur auf 60 oder 50° C. herabgesunken ist. Man filtrirt und presst den Rückstand aus; derselbe wird hierauf mit seinem zehnfachen Gewicht Wasser von 40—80° C. behandelt und das so erhaltene Fluidum dem ersten beigemischt. Um das zinnsaure Ammoniak zu bereiten, giesst man in eine Auflösung von Zinnchlorid einen Ueberschuss von ververdünntem Ammoniak, lässt den auf einem Filtrum gesammelten Niederschlag abtropfen und löst ihn in konzentrirtem Ammoniak auf. Die auf angegebene Weise mit zinnsaurem Ammoniak ausgezogene Orseillepasta gibt, mit angesäuertem Wasser in der Siedehitze behandelt, auf Seide eine Amaranthfarbe. Um diese Pasta zu konserviren, versetzt man sie mit ein wenig Säure und trocknet sie aus, wodurch man einen Persio erhält; die Flüssigkeiten hingegen versetzt man, während sie noch heiss sind, oder nachdem man sie wieder erhitzt hat, mit der Hälfte des anfänglich angewandten Gewichts von zinnsaurem Ammoniak und giesst eine Auflösung von holzsaurem Baryt oder Barytwasser hinein; der sich bildende Niederschlag kann direkt zum Drucken oder Färben der Seide und Wolle benutzt werden, auf welche er Rosenroth liefert. Die von diesem Niederschlag getrennte Flüssigkeit wird mit so viel Salzsäure versetzt, dass sie in Orange übergeht und sich Substanzen von hellem Ansehen daraus absondern. Die klar gewordene Flüssigkeit wird durch Ammoniak wieder ins Violett übergeführt und dann mit essigsaurem Baryt versetzt; die neue Flüssigkeit hat eine schöne orangerothe Farbe und färbt als saures Bad die Seide und die Wolle orange; der Einwirkung der Luft und des Ammoniaks ausgesetzt geht sie ebenfalls ins Orange über und gibt als saures Bad auf Wolle und Seide eine Aprikosenfarbe; der oben erwähnte Persio mit angesäuertem Wasser (nämlich mit Salzsäure für die Seide und mit Weinstein für die Wolle) behandelt, gibt die ächte Orseillefarbe, welche dem Schönen mit Salzsäure von 1—4⁰ B. widersteht. Indem man mit Essigsäure, Weinsteinsäure, Citronensäure etc. schönt und Indigkarmin, Kochenille oder Safflor zusetzt, erhält man mannigfache schöne Farbentöne.

Im Allgemeinen muss gute Orseille von feuriger, dunkelviolettrother Farbe sein, nicht trocken, sondern von steifteigartiger Konsistenz, darf nicht nach Ammoniak riechen, sondern muss im Geruch an Veilchen erinnern, muss von Schmuz und fremden Pflanzenresten frei sein und auf Stoffe volle und lebhafte Farben erzeugen. Wie schon bemerkt, verliert die Orseille, wenn sie älter wird, ihre lebhafte Farbe, sie wird erdig und dunkel, und die Waare geht, hat sie einmal das Alter von 2 Jahren überschritten, ihrem gänzlichen Verderben allmählig entgegen. Zieht man noch in Betracht, dass aus geringeren Flechtenarten erzeugte Orseille, dass ferner auch absichtlich beigemischte Stoffe das einer guten Orseille eigenthümliche Feuer der Farbe nicht besitzen, so ist es gerechtfertigt, beim Einkauf von Orseille vorzugsweise auf die Beschaffenheit ihrer Farbe Rücksicht zu nehmen und die für gute Orseille zu halten, deren Farbe der Anforderung an gute Waare entspricht. Da Orseille, wie ebenfalls bereits bemerkt, mit dem Alter eintrocknet, so erscheint das Anfeuchten derselben mit ammoniakalischem Wasser allerdings als Nothwendigkeit; so wenig aber eine solche Anfeuchtung alt und desshalb minder werthvoll gewordene Orseille in junge und werthvolle zu verwandeln vermag, eben so richtig ist es, wenn beim Einkauf von Orseille ammoniakalischer Geruch als Umstand erkannt wird, der anzeigt, dass sie nicht mehr jung ist. Als absichtlich beigemischte fremdartige Stoffe sind namentlich fein geriebene Farbehölzer, sowie rother Sand, die mit dem Orseilleteig aufs innigste verknetet werden, zu nennen. Auf die Beschaffenheit ihres Farbstoffes und auf die Verfälschung mittels Farbhölzer prüft man die Orseille durch Probefärben, indem man die erhaltenen Farben mit denen durch anerkannt guten Orseillesorten erzeugten vergleicht. Den relativen Farbstoffgehalt verschiedener Orseillesorten findet man durch das Colorimeter, nachdem man vorher alle durch Zusatz von ein wenig Alkali auf gleichen Farbeton gebracht hat (s. unter Blauholz.) Nächstdem ebenfalls durch Probefärben. Ihren Gehalt an Sand findet man durch Zerreiben einer Probe zwischen den Fingerspitzen, durch Dekantiren und Wiegen des sandigen Rückstandes und endlich durch die chemische Analyse (s. unter Sumach). — Guter Persio ist trocken, von mehliger Beschaffenheit, nicht sandig im Angriff, nicht urinös riechend, von ponceaurother ins Violett spielender Farbe. Er ist mehr noch als die Orseille der Verfälschung unterworfen, indem man entweder gute Qualitäten mit geringeren vermischt, oder indem man fein geraspeltes Blauholz, oder beim Färben nicht schädlich einwirkende mineralische Stoffe als Beimischungen benutzt. Von dem Farbewerth des Persio überzeugt man sich durch Benutzung einer Probe in der Färberei mittels der man vorgefärbte Stoffe abdunkelt und schönt, von der Menge der mineralischen Bestandtheile durch Verbrennung einer abgewogenen Menge zu Asche und Wiegen des erhaltenen Rückstandes, der auf absichtliche Verfälschung schliessen lässt, sobald er über 15—20%/₀ beträgt. Je geringer die Aschenrückstände sind, um so ferner die Vermuthung absichtlicher Verfälschung durch mineralische Stoffe.

Sorten. Die vorzüglichste Orseille ist die k a n a r i s c h e; sie wird namentlich in den felsigen Meerufern Teneriffas gesammelt und kommt theils roh (*Orseille naturelle*), theils präparirt, als Teig in Fässchen von ungefähr 20 Pfund Schwere in den Handel; da sie über Holland bezogen wird, führt sie auch den Namen H o l l ä n d i s c h e

Orseille. Aus *Roccella tinctoria*. In Frankreich wird sie *Orseille de mer, O. des îles, O. d'herbe* genannt. Auch in England am höchsten geschätzt. Die darauf folgenden Sorten sind die von M a d e i r a und P o r t o s a n t o, zweier nördlich von den kanarischen Inseln gelegenen, den Spaniern zugehörigen Inseln, die von den A z o r e n, aus der B e r b e r e i und die von S a r d i n i e n und K o r s i k a, sämmtlich aus *Roccella tinct.* bereitet, teigartig versendet in Fässchen. Im südlichen Frankreich wird eine teigartige Kräuterorseille (*Ors. en pâte*) aus *Lichen parellus* und *L. corallinus* fabrizirt, die aber den erst genannten Sorten und namentlich der kanarischen Ors. bedeutend an Güte nachsteht; in Frankreich nennt man sie *Parelle,* oder *Orseille de terre, O. d'Auvergne, O. de Lyon.*

Unter dem im Handel vorkommenden Persio ist der e n g l i s c h e der beste; die anderen Sorten sind der h o l l ä n d i s c h e, f r a n s ö s i s c h e und d e u t s c h e, sortirt in vorzügliche, gute und Mittelwaare. Versendung in Fässern.

<h3 align="center">Orseilleextract.</h3>

Es ist dies der wässrige Auszug der Orseille, erhalten durch Behandlung derselben mit Wasser und Eindampfen der Farbstofflösung bis zur Konsistenz von 20⁰ B., enthält demgemäss den Farbstoff der Orseille im konzentrirten Zustand; es kommt im Handel theils von rother, theils von blauer Farbe vor und wird darnach theils rothes, theils blaues Extract genannt. Vorausgesetzt, dass beide rein, frei von absichtlicher Verfälschung sind, leisten sie Anerkennungswerthes in der Färbekunst; nach Bedarf kann man das blaue Fxtract durch Zusatz von etwas Säure in rothes Extract, das rothe wiederum durch Zusatz von Alkalien in blaues überführen. Im Bezug auf die rothe und blaue Orseille (Extract) ist Leeshing abweichender Meinung, er hält im Gegentheil beide Arten für zwei verschiedene, und zwar derart, dass man nicht die eine in die andere durch Zusatz von Alkalien resp. Säuren überführen könne; eine Veränderung in der äusseren Farbe bedinge auch eine Veränderung in der inneren Masse. Seine Behauptung stützt er auf Resultate, die er in der Färberei erhalten hat. Dagegen empfiehlt er einen kleinen Zusatz von rothen eisenblausaurem Kali zur blauen Orseille, um diese vollständig in die rothe Orseille überzuführen und damit jener ganz die Eigenschaften der letzteren zu geben; er meint, dass es nicht unwahrscheinlich sei, dass die Fabrikanten bei Darstellung von Orseille sich auch dieses Mittels als Zusatz zur blauen bedienen. Orseilleextract wird theils aus Frankreich, theils auch aus Deutschland in Handel gebracht; das deutsche Extract z. B. aus Stuttgart, Berlin, Leipzig etc. von preiswürdiger Güte. Verfälschungen des Orseilleextractes kommen vor; sie werden so geschickt ausgeführt, dass, weit entfernt solchem Extracte ein verdächtiges Ansehen zu geben, sie vielmehr dazu beitragen, die Schönheit seines äusseren Ansehens, die Gleichartigkeit seiner Masse nur zu erhöhen. Derartigen Verfälschungen auf die Spur zu kommen, gibt es kein besseres Mittel, als aus dem verdächtigen Extract eine Aufdruckprobe auf Wollestoff zu bereiten, dieselbe aufzudrucken, zu dämpfen und hierauf zu waschen und zu trocknen; die Schönheit der erhaltenen Farbe entscheidet über den Werth des Extractes; es sind Fälle vorgekommen, dass man aus anscheinend gutem Extract statt eines vollen und lebhaften Braun ein mageres Graubraun erhalten hat; solches Extract war natürlich erheblich verfälscht und wurde dem Fabrikanten unter solchen Umständen zur Disposition gestellt.

Man prüft (p. J. B. 137) das Orseilleextract auf einen Zusatz von Blauholzextract indem man etwas Alaun oder Zinnsalz demselben zusetzt und die entstandene Nüance mit derjenigen vergleicht, welche eine reine Orseille bei gleicher Behandlungsweise liefert, oder indem man 50 Tropfen Orseilleextract mit 3 Unzen Wasser verdünnt, diese Mischung hierauf in eine Flasche gibt und nun mittels Essigsäure schwach ansäuert; setzt man nun 50 Tropfen von einer frisch bereiteten Zinnchlorürauflösung (1 Th. Zinnsalz $+$ 2 Th. Wasser) dem Ganzen zu und erwärmt dasselbe auf einem Sandbade, so wird sich die Flüssigkeit, nachdem sie den Siedepunct erreicht hat, sogleich fast ganz entfärben, indem sie dann bloss noch eine blassgelbe Nüance zeigt und einen Niederschlag von derselben Farbe absetzt. Ein Tropfen Blauholzextract in 3 Unzen Wasser verdünnt und in gleicher Weise behandelt, liefert eine deutliche violette Nüance, welche selbst nach mehrstündigem Kochen unverändert bleibt. Obgleich nun dieses Blauholz-Violett sich etwas modificirt, wenn das Extract mit viel Orseille vermischt ist, so ist es dennoch leicht erkennbar, wenn der Orseille nur 3—4% Blauholzextract von $3^1/_2^0$ B. zugesetzt worden sind, indem dieses der gekochten Flüssigkeit eine bleigraulige Färbung ertheilt. Auch auf einen Gehalt von Lima- oder Sapanholz ist auf diese Methode die käufliche Orseille zu prüfen, indem, wenn eins der genannten Extracte vorhanden ist, die gedachte Flüssigkeit eine rothe Nüance zeigt. Versendung in Fässern.

Orseillelack (Parmelack) wird durch Extrahiren der Orseille, durch Filtration derselben und Präcipitation des Pigmentes mittels Zinnsolution erhalten; teigartig, lilla, bloss zur Anfertigung von Druckfarben zu brauchen. Versendung in Fässern von beliebiger Grösse.

Die unter ihren Speciesnamen oben aufgeführten und aus Afrika, von den kanarischen Inseln etc. stammenden Flechtenarten werden im Verkehr unter dem Namen ihres resp. Vaterlandes aus- und eingeführt; Reihenfolge nach ihrer Qualität:

1) Angola und Benguela, die besten; der im Verhältniss zu den übrigen Arten stets höhere Preiss jetzt $6^1/_2$—7 Ngr. pr. ℔ franco Leipzig lässt schon darauf schliessen, trotzdem diese Gattung Orseille stets mehr mit Unreinigkeiten, d. h. Holz und Steinen, vermischt ist als andere. — Sie werden an der Küste von Niederguinea geerndtet und von da fast ausschliesslich über Lissabon nach allen andern Fluss- und Seehäfen verschifft. (*Roccello tinctoria*.)

2) Lima und Mozambique oder Madagascar, jetziger Preiss für beide Arten 7—8 Ngr. franco Leipzig — nur der Mangel an dieser Waare hat diesen hohen Preiss hervorgerufen — gewöhnlich notirt man mit Thlr. $4^1/_2$—5 — zeichnet sich besonders durch ihre Reinheit aus. Erstere wird an der Westküste von Süd-Amerika, namentlich in Peru, von dessen Hauptstadt Lima der Name stammt, in Menge gesammelt. Letztere wächst an der Ostküste von Afrika und auf der Insel Madakam. (*Ramanila Scopulorum*.)

3) Cap Verd, Huasca, Teneriffa Estrella finden sich an der Westküste des nördlichen Afrika — Cap Verd und Huasca sind im Ganzen genommen in jeder Beziehung ziemlich gleich; — Preiss hält mit obigen Schritt und ist wohl nie unter 6 Ngr. anzukommen gewesen. (*Rocello tinct.*)

4) Teneriffa Estrella ist die geringste von den dreien, und nur in neuester Zeit wegen Mangel an anderer Waare auf den Markt gekommen, von welchem sie sicher, sobald neue Vorräthe vorhanden sein werden, verschwinden wird. (*Parmelia perforata*.)

Die Verpackung von roher Orseille ist eine 3fach verschiedene,

für Angola und Bengulla	in matratzenartigen Leinen und Ballen v. ca. 200 ℔							
„ Mozamb. Cap Verd Huasca	„	„	„	„	„	„	„	— „
„ Lima	„ würfelförmigen	„	„	„	„	„	200 „	
„ Teneriffa Estrella	„ cylinderförmigen	„	„	„	„	„	200 „	

Conto finto über 78 Ballen Angola-Orseille von Lissabon
über Hamburg.

78 Ballen Angola Orseille							
Btto. 485 @ 26 ℔ Ta. 234 ℔ à 3 ℔ p. Ballen							
Reisen 132 „ p. 66 B. à 2 ℔							
Stricke 9 „ p. 10 B. à 14 B. 10 ℔							
„ 13 @ 8 ℔ Ggw. 49 „ p. 2 ℔ p. 20 ℔							
Ntto. 472 @ 18 ℔ p. 4 @ (1 Quintal) 13,500 Rs	Rs	1594,900					
Makler Courtage ½ p. M. Rs 7,975							
Wagen, Repariren, Leinen, Stricke z. Absetzen „ 10,360							
Ausgangszoll ½ p. M. und 18 p. M.							
Everführerlohn und an Bord bringen „ 12,780							
Porto, kleine Spesen „ 960							
See-Assecuranz, frei von Beschädigung ausser in Havarie gross, Rs 18,00,000 à 1½ p. M. „ 27,000	„	59,075					
	Rs	1653,975					
Provision 2%	„	33,000					
	Rs	1687,055					
Wechselcourtage ⅛ p. M.	„	2,105					
3 ℔ p. Paris trassirt à 532 Rs p. 3 Fs.	Rs	1689,160					
gedeckt zu 300 Fs. p. 80 ℛℭ	Fs.	9,225	30	ℛℭ	2540	5	
Hamburger Spesen.							
Obige Parthie wog in Hamburg Brutto 14350 ℔							
Fracht von Lissabon (p. 100 ℔ H. 1 ₰ 11 ß)	ℬℳ	243					
Primage 15%	„	36	7				
Staderzoll	„	20	5				
	ℬℳ	299	12				
Kleine Spesen und Provision	„	29	4				
zu 150 n. 300	ℬℳ	329			„	164	15
Fracht bis Leipzig (p. 100 ℔ 18½ Ngr.	„				„	88	15
sonach kosten 100 ℔ frco. Leipzig ℛℭ 20. —					„	2793	5

7. Färberscharte.

Früher vor dem Bekanntwerden der Querzitron bediente man sich ausser des Waus auch der Färberscharte zum Gelbfärben; allein sie stand immer nur in zweiter Reihe, weil die damit gefärbten Stoffe keinen Vergleich mit den Waufarben aushielten; daher färbte man mit Scharte bloss geringere Waare gelb oder bediente sich ihrer unter Mitanwendung anderer Farbstoffe zur Darstellung gemischter Farben, z. B. von Olivbraun, Olivgrün, Russischgrün u. a. m.; durch die Querzitron ist sie fast gänzlich verdrängt worden; vielleicht, dass sie ausnahmsweise noch hier und da bisweilen zum

Gelb- oder Grünfärben grober wollener Tücher oder zur Erzeugung gewisser Mode-Steinfarben auf Baumwollestoffe benutzt wird.

Der gelbe Farbstoff ist, gleich dem Luteolin im Wau, in der ganzen Pflanze verbreitet; die Scharte enthält ihren Farbstoff ebenso in den Stengeln wie in den Wurzeln, Blüthen und Blättern; er wird wie das Luteolin gewonnen durch Extraction der Scharte mittels kochenden Wassers, Filtration und Abkühlenlassen des Filtrates, wobei das Pigment sich ausscheidet, obwohl unrein. Die Eigenschaften desselben sind noch nicht näher beschrieben worden; es ist wahrscheinlich, dass sie mit denen des Luteolin grosse Aehnlichkeit haben.

Die Färberscharte *Serratula tinctoria L.* gehört zur Familie der Synanthereen und zwar zur Gattung *Serratula*; Kennzeichen der Gattung: Krautig kahl unbewehrt, Blätter scharf gesägt, ganz und fiederspaltig, Blüthen purpurviolett, Staubfäden weichhaarig; Blüthenblättchen dicht angedrückt, unbewehrt oder borstig-dornlich. *Serratula tinctoria*: Stengel aufrecht, gefurcht, einfach, nach oben kurzästig. Wurzelblätter gestielt, länglich oval, am Rande fein sägezähnig, an der Basis fiederspaltig; Stengelblätter kurzgestielt oder sitzend, an der Basis nicht gespalten; Doldentrauben in Scheibenköpfen beisammenstehend am Ende des Stengels und der Aeste. Gemeinsamer Kelch kugeleirund, Kelchblättchen angedrückt, bräunlich purpurroth; Blüthen purpurviolett. Wurzel dick, fast holzig. Auf trocknen Wiesen, in Hainen und Wäldern allerwärts in Deutschland wild wachsend. Blüthezeit Juni bis September. Langensalza, Arnstadt, Waltershausen, Erfurt, Gotha waren die Städte, über welche die früher in ganz Thüringen in ausserordentlicher Menge angebaute Scharte bezogen wurde. Jetzt hat auch in Thüringen der Anbau der Scharte sehr abgenommen. Die dünnstengliche, blatt- und blüthenreiche Scharte wird der dickstenglichen blatt- und blüthenarmen als der geringeren Sorte vorgezogen; das Einsammeln der Stengel geschieht, wenn die Blüthe in ihrer vollsten Entwicklung dasteht. Versendung in Säcken.

7. Färbeginster. *Broom.*

Das gleiche Schicksal, welches nach Einführung der Querzitron die Färberscharte betroffen, ist auch dem Färbeginster zu Theil geworden; er ist fast ausser Gebrauch, selbst weniger im Gebrauch als die Färberscharte, die immer noch, wie oben erwähnt, für gewisse Zwecke verwendet wird.; die Farben beider Farbematerialien mit einander verglichen, liefern das Resultat zu Gunsten der Färberscharte; der Färbeginster liefert minder reines und lebhaftes Gelb, als die Scharte; gleich wohl war die Verwendung des ersteren vordem ebenfalls eine sehr beträchtliche; man benutzte denselben ganz wie die Scharte. Durch Extraction der Blumenblätter mit kochender Natronlauge und Ausfällung des gelben Pigmentes mit Thonerdemordant und Zinnsolution soll man einen schönen gelben Lack erhalten, der mit Firniss vermischt zum Tapetendruck sich vorzüglich eignet. In chemischen Fabriken findet der Ginster mitunter Mitanwendung zur Darstellung geringerer Sorten von Schüttgelb; man bedient sich seiner auch zur Färbung von Handschuhleder, namentlich zur Darstellung grüner Farben, des sogenannten Russischgrün, zur Färbung von Papier, selten in der Leinen- und Wollenfärberei. Früher war der Ginster offizinell; gegenwärtig ist er aber in den Apotheken ganz ausser Gebrauch gekommen.

Der Farbstoff ist ebenfalls in der ganzen Pflanze enthalten nnd zwar in grösster Menge zur Zeit der vollkommnen Entwickelung der Blüthe; Blüthezeit Juni bis August;

man sammelt die Stengel, trocknet sie auf dem Felde und bindet sie in Gebinde zusammen. Der Farbstoff wird gewonnen wie aus der Färberscharte; doch sind auch seine Eigenschaften nicht näher bekannt.

Der Färbeginster, auch Gilbkraut genannt, stammt von *Genista tinctoria L.* und gehört zur Familie der Papilionaceen aus der Gattung *Genista*; Kennzeichen der Gattung: dornige oder unbewehrte Sträucher, Blätter einfach oder dreizählig, ganzrandig; Blüthen traubig, ährig, in den Blattachseln, meistens gelb; Hülse zusammengedrückt, vielsamig. Staubgefässe monadelphisch. Besonders häufig in den Ländern am Mittelmeer. *Genista tinctoria:* ein bis drei Fuss hoher Stengel, strauchartig mit aufrechten, gerillten kahlen Aesten; Blätter fast sitzend, lanzettlich geformt, weichstachlig, flaumhaarig, Blüthen goldgelb in endständigen Trauben beisammenstehend, Nebenblätter pfriemenförmig, Früchte sind: lineale, flache, stachelspitzige, kahle, schwarze Hülsen. In ganz Europa auf trocknem und sonnigem Boden. Kultivirt um Erfurt in Thüringen, in den hohenzollerschen Landen und noch hier und da in manchen Gegenden Deutschlands; zumeist über Erfurt bezogen. Versendung in Ballen. Der dünnstengliche verdient vor dem dickstengligen den Vorzug.

9. Wau. *Gaude. Weld.*

Darunter versteht man die mit Blüthen und Blätter besetzten und getrockneten Stengel von *Reseda luteola*, (gelbliche Reseda), einer Resedaart die in allen Theilen ihres Pflanzenkörpers einen gelben Farbstoff enthält, Luteolin genannt, die an sonnigen, steinigen Plätzen, an Wegen und auf Mauern in vielen Gegenden Deutschlands, und Frankreichs, in Weinbergen wildwachsend angetroffen, aber auch hier und da in Deutschland z. B. in Thüringen in der Umgegend von Erfurth und Gotha, ferner in der Umgegend von Halle, bei Magdeburg, in Baiern und Würtemberg, im Nassauischen kultivirt wird. Waukultur trifft man in Frankreich vorzugsweise im Departement der niederen Seine im Dep. Herault und in England in mehreren kleinen Distrikten. Der Wau gehört zur Familie der Resedaceen und zwar zur Gattung *Reseda*; Kennzeichen der Gattung: Kelch vier- bis sechstheilig, ebensoviel Blumenkronenblätter, von denen die hinteren vielspaltig, die vorderen meist ganz sind; Blüthen von lichtgelber Farbe; Griffel kurz, Narben klein; Frucht — eine an der Spitze mit drei bis 6 Zähnen aufklaffende Kapsel. Kennzeichen der Species *Reseda luteola*: Stengel 2—4 Fuss hoch, kantig, kahl, Blätter verlängert lanzettlich, Kelch viertheilig, Blumenkronenblätter weisslichgelb, das oberste derselben am grössten und in 5—7 Zipfel gespalten, das unterste ganzrandig, die seitlichen kreuzförmig, dreispaltig; 16—24 Staubgefässe, Kapsel eirund niedergedrückt, eckig, höckerig, runzlig, nach oben mit vier eingeschlagenen und vier aufrechten kleinen Zipfeln. Saamen schwarzbraun, Blüthen und Früchte sind in endständigen aufgerichteten Rispentrauben gruppirt. Wurzel lang spindelig. Sandiger Boden und trockne Witterung sagt ihr mehr zu als feuchte Witterung und schwerer Boden. Blüthezeit Juli und August.

Wenn die Blüthe ihre höchste Entwickelung erreicht hat, zieht man die Pflanzen nebst der Wurzel aus dem Boden, trocknet sie, bindet sie in Bündel und bringt sie so zum Verkauf; die angegebene Zeit ist die des grössten Reichthums an Farbstoff, weder früher noch später besitzt die Pflanze eine gleiche Menge an Farbstoff; auch ist der Farbstoff, wie schon oben angedeutet, in der Wurzel so gut wie in den Blättern, wie in den Stengeln, wie in den Blüthen und Früchten enthalten. Gewonnen wird er wie das Querzitrin aus der Querzitron; eine gewisse Menge klein geschnittener Wau wird mit Wasser ausgekocht, das Dekokt filtrirt; während der Abkühlung des Filtrates scheidet sich das Luteolin in Gestalt kleiner, nadelförmiger, gelbgefärbter Krystalle aus.

Nach Moldenhauer wird das Luteolin gewonnen, indem man den Wau zerschneidet, dann mit 80°/₀ Weingeist übergiesst, das Ganze erhitzt, während einiger Tage stehen lässt, hierauf auspresst, das Klare abfiltrirt, den Weingeist überdestillirt und den Rückstand bis zur hinreichenden Konzentration eindampft, wobei sich eine grünlichgelbe Masse ablagert, die mit kochendem Essig wieder aufgelöst und nach der Auflösung filtrirt wird; während des Erkaltens scheidet sich noch nicht ganz reines Luteolin ab, das man unter der Luftpumpe trocknet. Um es ganz rein zu erhalten, verfährt er weiter: Ausziehen der Krystalle mit Aether, Verdampfen des Aethers, wodurch sich graue Krusten abscheiden; Wiederaufnahme derselben in Alkohol und Mischen der alkoholischen Lösung mit dem etwa 20 fachen Volumen Wasser; Kochen, Filtriren, Erkaltenlassen, Sammeln der ausgeschiedenen, krystallinischen gelben Flocken und Wiederbehandeln auf gleiche Weisse von der Aufnahme in Aether anfangend.

Aus der weingeistigen oder essigsauren Auflösung krystallisirt das Luteolin in Gestalt feiner vierseitiger Nadeln, von rein gelber Farbe; seine Zusammensetzung entspricht der Formel $C_{40}H_{14}O_{16}$; wird es über $72°$ erhitzt, schmilzt es unter theilweiser Zersetzung; ohne Geruch, von schwach bitterem Geschmack, sublimirbar; löslich in 14000 Th. kalten und 5000 Th. warmen Wasser, in 37 Th. Alkohol und 625 Th. Aether; ferner löslich in reinen und kohlensauren Alkalien, in Schwefelsäure, aus welcher Lösung durch Wasser es wieder gefällt werden kann; ebenso in Essigsäure, aber weniger in Salzsäure; wird Luteolin mit chromsaurem Kali und Schwefelsäure destillirt, so liefert es Ameisensäure. Leimlösung wird nicht getrübt, aber Eisensalze grün gefärbt. Lakmus röthet es schwach und erzeugt mit Metalloxyden Lacke, z. B. mit Kupferoxyd braun, mit Eisenoxyd grüngelb, mit Thonerdehydrat und Zinnoxyd gelb etc.

In einer Wauabkochung erzeugt:

Kalilauge . . .	eine goldgelbe Färbung
Schwefelsäure (konzentr.) .	eine rothe „
Salpetersäure „	eine orange „
Alaunauflösung	einen gelben spärlichen Niederschlag
Zinnsalzauflösung	einen gelben reichlichen „
Bleizuckerauflösung	einen gelben „ „
Grünspanauflösung .	einen schmuzig gelbbraunen „
Schwefelsaure Eisenoxydauflösung	einen olivbraunen „
Hausenblaseauflösung	eine geringe Trübung
Chlor . .	schmuzig braune Flocken

Lakmuspapier wird schwach geröthet.

Zufolge einer von Chevreul ausgeführten Analyse finden sich in der Wauabkochung folgende Bestandtheile:

eine nicht stickstoffhaltige Substanz, welche die Flüssigkeit klebrig macht,

eine stickstoffhaltige Substanz,

Luteolin, der gelbe Farbstoff,

gelbrother Farbstoff, welcher jedenfalls verändertes Luteolin ist,

Zuckerstoff,

Bitterstoff, ohne Farbe, in Wasser und Weingeist löslich,

Riechstoff,

freie organische Säure,

citronsaurer Kalk und citronsaure Magnesia,

phosphorsaurer Kalk und phosphorsaure Magnesia,

schwefelsaurer Kalk und schwefelsaures Kali,

Chlorkalium,

Kali an Pflanzensäuren gebunden und Ammoniaksalz.

Die hauptsächlichste Anwendung des Wau bestand vor dem Bekanntwerden der Querzitron im Gelbfärben von Garnen und gewebten Stoffen; die mit Wau erzeugten Farben waren fest, rein, lebhaft und schön. Allein nach Einführung der Querzitron in die Färbereien zeigte es sich, dass Wau 6—8 mal farbstoffärmer als Querzitron war und dass auch das Querzitrongelb den Anforderungen an eine schöne gelbe Farbe genügte; hierzu kam noch, dass bei Ausfärben mit Mordants bedruckter Zeuge in einer Wauabkochung diese auch die nicht bedruckten Stellen beträchtlich gilbte, statt sie weiss zu lassen, und dass folglich die Zeuge nach dem Waubade wiederholten und zeitraubenden Reinigungsoperationen unterworfen werden mussten; da aber die Querzitron diese üble Eigenschaft nicht besitzt, so geschah es, dass man gar bald der Querzitron den Vorzug vor dem Wau einräumte und die Anwendung des Wau nur auf einzelne Fälle beschränkte, solche sind z. B. das Gelbfärben glatter seidener Stoffe, wollener und baumwollener Stoffe, letztere in der Eigenschaft als Futterkatune, das Maigrünfärben glatter baumwollener Stoffe, indem man diese zunächst gelb vorfärbt und nun einige Stunden in Wasser einlegt, welches man zuvor mit Indigoauflösung vermischt hat; der Indigo lagert sich auf dem Gelb ab und verwandelt es in Grün. Ausserdem bedient man sich des Wau zum Grün- und Gelbfärben von Leder, Papier, zur Darstellung schöner gelber Lackfarben z. B. zu Schüttgelb, welches man erhält, wenn man ein Gemisch von fein abgeriebener Kreide und weisser Thonmasse mit dem gelben Niederschlag innig zusammenreibt, der durch Zusatz von Zinn- und Alaunauflösung zu einer Wauabkochung entsteht; noch feucht wird der gelbe Teig in trichterartige Formen gepresst und in demselben zur Trockne gebracht.

Guter Wau ist von lebhaft gelber Farbe; die Stengel sind klein und fein, an Blumen und Blättern reich; grosse und dicke Stengel sind ärmer an Farbstoff; ebenso enthalten Blätter und Blüthen mehr Farbstoff als die Stengel; geringere Wauqualitäten sind äusserlich an ihrer grünlichen gelbgrauen theilweise braunen Farbe, an ihren längeren und dicken Stengel, an ihren grösseren und geringeren Mangel an Blüthen und Blättern erkennbar; am besten entscheidet über die Güte des Wau das Probefärben, das wie unter Querzitron angegeben, nur mit Weglassung von Leim vorgenommen wird. Nach der Beschaffenheit der erhaltenen Farbe wird der Werth des Wau abgeschätzt. Es giebt französischen, englischen und deutschen Wau; der französische Wau ist der beste, namentlich der von Rouen; seine Stengel sind klein und zart, reich an Blättern und Blüthen, lebhaft gelb und erzeugt die reinsten und glänzendsten Farben; er wird in Bündeln von 10 Pfd. Schwere zusammengebunden. Versendung in Leinwand verpackt oder in Fässern. Der englische und deutsche Wau sind hinsichtlich ihrer Qualität nicht wesentlich von einander verschieden; im Allgemeinen sind ihre Stengel ziemlich lang und dick und von weniger intensiv gelber Farbe. Die mit englischem und deutschem Wau erzeugten Farbetöne stehen den mit französischem Wau erzeugten an Schönheit merklich nach. Verpackung des deutschen und englischen Wau in Säcke.

C. Farbstoffe in dem Kernholz.

10. Blauholz. (Blutholz). *Bois de Campêche. Logwood.*

Wenn man von dem Stamm des Blauholzbaumes *Haematoxylon campechianum L.*
die Rinde, den Bast und den weisslichen Splint (das junge Holz) entfernt, so kommt
man auf das blutrothe Kernholz, das von dem ersteren sich ebenso durch seine Farbe,
wie durch seine Härte und sein bedeutendes specifisches Gewicht auffallend unterscheidet. Zerschneidet man davon ein Stück in Spähne, und kocht diese in Wasser
aus, so nimmt nicht allein das Wasser die Farbe des Holzes an, sondern mit Eisenmordant imprägnirte Zeuge werden in dieser Abkochung schwarz und mit Thonerdemordant imprägnirte lilla gefärbt; hieraus folgt, dass das Dekokt einen Farbstoff enthält, der vorher im Holze enthalten gewesen sein muss. Wiederholt man diesen Versuch, wendet aber statt Kernholz den Splint an, so färbt sich das Wasser ebenso wenig roth als es imprägnirte Stoffe zu färben im Stande ist; dasselbe Resultat würde
man erhalten, wollte man den Versuch mit der Rinde des Baumes anstellen; hieraus
ergiebt sich aber, dass das unter dem Namen Blauholz im Handel vorkommende Farbholz eben nichts anderes ist als das Kernholz des Blauholzbaumes.

Wie schon der lateinische Name angiebt, gehört der Baum zur Gattung *Hämatoxylon L.* und bildet von ihr eine besondere Spezies. Kennzeichen der ganzen Gattung sind: kurzröhriger Kelch mit 5 lappigem Rand, 5 Kronenblättern und 10 am
Grunde behaarten Staubgefässen; die Frucht ist eine zwei- bis dreisaamige lanzettlich
geformte Hülse mit aufspringenden Klappen. Die Gattung gehört zur Familie der Cäs-
alpiniaceen. Kennzeichen der Species *Hämatoxylon campéchianum* sind: haarig gefiederte, kurz gestielte Blätter, Blatttheilchen verkehrt eirund, fast verkehrt herzförmig,
die gelben Blüthen mit rosafarbigem Kelche sind in Trauben gruppirt, die theils am
Ende, theils in den Blattwinkeln stehen. Der Griffel ist fadenartig, höher als die
Staubfäden, und die Narbe becherförmig. Die Frucht ist eine Hülse, die flach, vier
Linien breit und $1\frac{1}{2}$ Zoll lang ist, von grauer Farbe, an beiden Enden verschmälert.
Der ganze Baum erreicht die Höhe bis zu 40 Fuss, ist mit runzliger schwarzbrauner
Rinde bedeckt, ist selbst nicht schön gewachsen und schickt nach allen Seiten hin
gekrümmte und unter den Blättern mit Dornen versehene Aeste aus. Sein Vaterland
ist Mexiko, vorzüglich an der Campechebay, Cuba, Jamaika, Hayti und andere Inseln
des centralen Amerikas.

Ausser den oben genannten Farben, Schwarz und Lilla, braucht man auch das
Blauholz, um holzblaue Farbetöne auf Baumwollstoffe und eine Menge anderer Modefarben in Verbindung mit verschiedenen Farbematerialien auf wollene, baumwollene
und seidene Stoffe darzustellen. Um aber mit Vortheil das Blauholz zu Zwecken der
Färberei anzuwenden, pflegt man nicht das Holz selbst, sondern eine vorher in einem
besonderen Apparat bereitete Abkochung desselben in die Kufe zu geben, weil während der Dauer der Färbeoperation der Farbstoff aus dem Holz kaum zur Hälfte
ausgezogen wird. Maissonier hat zum Zweck der Blauholzabkochung folgenden Apparat zusammengestellt, der gleichzeitig zum Auskochen auch anderer Hölzer sowie auch
der Kochenille, ganz besonders dann, wenn man aus der Auskochung für den Handel
bestimmten Lack zu bereiten beabsichtigt, angewendet werden kann: das Fass, welches
zur Aufnahme des Holzes bestimmt ist, ist so gross, dass es wenigstens für 80 Pfd.
fein geschnittenes Holz Raum hat; aus eichenen Pfosten solid gearbeitet, wird es aber
mit einem durchlöcherten Deckel so verschlossen, dass derselbe in schräger Richtung

nach seiner Ausflussrinne liegt und ringsum etwa zwei Zoll hoch von den Dauben des Fasses umrandet wird; unten ist dasselbe zunächst mit einem durchlöcherten Boden versehen, auf welchem das Holz zu liegen kommt, unter ihm aber, ungefähr in einem Abstand von 4 Zoll, ist der eigentliche Boden angebracht, in welchem eine Oeffnung sich befindet, durch welche eine aus dem Dampfkessel herüberkommende Röhre eiumündet. Mit derselben hat man eine Druck- und Saugpumpe in Verbindung gebracht und mit dem Fass ein Reservoir, in welches aus jenem unmittelbar die genannte Ausflussrinne einmündet. Ist nun das Fass mit Holz angefüllt, so bringt man in dem Dampfkessel das Wasser zum Kochen, dessen Temperatur aber, da der Kessel hermetisch verschlossen ist, die gewöhnliche Temperatur des kochenden Wassers beträchtlich übersteigt; es nimmt seinen Weg durch die Dampfröhre, gelangt durch dieselbe in den von dem Doppelboden eingeschlossenen untern Raum des Fasses und wird nun von da vermittels der Druckpumpe mit solcher Gewalt durch das Holz in die Höhe getrieben, dass es nicht nur die Holztheilchen bis in ihr Innerstes durchdringt und aus ihnen den Farbstoff fast bis auf den letzten Rest herauszieht, sondern auch oben durch die vielen kleinen Löcher des Deckels heraustritt und freiwillig in das Reservoir überfliesst; während aber das Werk durch das Niedergehen des Stempels das Wasser aus dem Doppelboden entfernt und dadurch einen luftleeren Raum in demselben erzeugt, eröffnet es durch Hebung des Stempels dem Wasser den Weg aus dem Kessel nach dorthin und bewirkt dadurch von Neuem die Anfülluug des Doppelbodens mit kochendem Wasser, um es durch Niederdrücken des Stempels wie das erste Mal durch das Holz in die Höhe zu pressen. Der Stempel der Pumpe wird entweder durch Dampf- oder Wasserkraft in Bewegung gesetzt. Diese Abkochungsmethode ist aber so entsprechend, dass man innerhalb 2 Stunden 80 Pfd. so vollständig auszukochen vermag, dass ein zweiter Auskochungsversuch mit demselben Holze nur noch ein sehr schwach gefärbtes Wasser liefert, während eine gleiche Erschöpfung des Holzes nach der gewöhnlichen Auskochungsweise eine vier- ja mehrfache Auskochung erforderlich machen würde. Ausserdem findet das Blauholz auch in ansehnlicher Menge in Farbefabriken zur Darstellung von Lackfarben sowie in den Werkstätten der Drechsler, Meubleure Tischler und anderen Gewerbtreibenden Anwendung. Man braucht es in einzelnen Fällen zu kleinen Einsatzarbeiten, zur Darstellung von Mosaik, wie man sie z. B. auf Meubel *à la rococo* findet, zu Verzierungen an Billardqueus, zu Schachfiguren, mitunter zu Violinbogen u. a. S. aber nie zu grossen Fournüren, und zwar desshalb, weil das Holz sehr spröde und ohne erhebliche Aderzeichnung ist, und es Beiz- und Politurfähigkeit nur in geringem Grade besitzt. Gewöhnlich wird es gegenwärtig durch Mahagoni ersetzt; früher, als die Anforderung an Fournüre noch keine so gesteigerten waren, mag wohl das Blauholz zu Fournürarbeit in weit grösserer Menge verwendet worden sein.

Der Farbstoff ist wie bemerkt, in dem Kernholz des Stammes enthalten; ganz frei davon sind Rinde und Splint; das Kernholz hat eine rothe Farbe, die bedeutend nachdunkelt, sobald das Holz mit der Luft in Berührung kommt. Es ist selbstredend, dass von der Beschaffenheit des Baumes auch der Farbewerth des Holzes abhängig ist, denn nur ein jugendlich kräftiger, gesunder, ausgewachsener Baum auf einem Boden und in einem Klima, welche beide seinen Bedürfnissen entsprechen, wird gutes Blauholz liefern.

Bezüglich der technischen Zubereitung des Blauholzes für die oben angedeuteten industriellen Zwecke, insbesondere aber für die Zwecke der Färberei, geschieht jenseits des Oceans nichts weiter, als dass die Stämme gefällt, in die Quere durchsägt und hierauf in Kloben gespalten werden; man entfernt von diesen die Rinde und Splint und führt sie unter den Namen „geschältes Holz" in den Handel. Selten unterlässt man diese Entfernung und nennt sie dann ungeschältes Holz. Geschält oder ungeschält kommt es meist als Ballast verpackt aus seinem Vaterlande zu uns und wird hier erst, in den grösseren See-, Handels- oder Fabrikstädten, entweder zu Fournüren geschnitten oder um als Farbematerial zu dienen, in Spähne geschnitten, in Nadeln gerissen, zu Pulver gemahlen. Unmittelbar nach dem Nadeln und Mahlen, wird es für die Färber noch einer besondern Aufbesserung unterworfen; man streut nämlich auf den steinigen Boden eines luftigen Lokales, eine etwa 3 Zoll dicke Schicht Blauholz auf, befeuchtet diese entweder mit blossem Wasser oder mit Urin, der vorher mit vielem Wasser verdünnt worden ist; indem man mit abwechselnder Aufstreuung von Holzschichten und Befeuchtung derselben fortfährt, sorgt man gleichzeitig dafür, dass die Gesammthöhe sämmtlicher Holzschichten etwa 2—3 Fuss betrage; hierauf schaufelt man das Holz in grosse Haufen zusammen; nicht lange, so erwärmt es sich und die Farbe beginnt allmälig dunkler roth zu werden; hierbei aber hat man darauf Obacht zu geben, dass die Wärmeentwickelung nicht einen zu hohen Grad erreichte, weil in diesem Falle, wie der Fabrikant zu sagen pflegt, das Blauholz verbrennt und folglich statt farbstoffreicher farbstoffärmer wird. Durch fleissiges Umschaufeln der Masse sowie durch Eintretenlassen eines lebhaften Luftzuges kann zu jeder Zeit die erforderliche Abkühlung bewerkstelligt werden. Nach Verlauf von 2—3 Wochen ist der Aufbesserungsprocess beendigt; das Blauholz wird entweder lufttrocken gemacht oder bis zu 20°/₀ mit Wasser angefeuchtet (s. unter Prüfung) und hierauf in Fässer oder Säcke verpackt. Der Farbstoffgehalt eines so zubereiteten Blauholzes verhält sich zu den eines nicht präparirten Holzes, wie ungefähr 7: 5—4. Die Erklärung hierzu s. unter Bestandtheile des Blauholzes.

Dass man nicht gleich Anfangs, als das Blauholz bekannt wurde, es verstand, damit feste und hübsche Farbetöne auf gewebte Stoffe und Garne zu erzeugen und dass diese Ungeschicklichkeit in England die Veranlassung wurde, die Einfuhr von Blauholz gesetzlich zu verbieten, geht aus einer von Bankroft zur Geschichte des Blauholzes gegebenen Notiz hervor, wornach dieses Farbholz bald nach der Thronbesteigung der Königin Elisabeth zuerst in England eingeführt worden zu sein scheint; doch waren die verschiedenen damit erzielten Farben nicht von erheblicher Schönheit dabei aber so vergänglich, dass ein polizeiliches Gebot erschien, das Blauholz weder mehr anzuwenden, noch neues einzuführen. Im 23. Regierungsjahre der Königin Elisabeth erliess das Parlament eine förmliche Akte, welche befahl, mit Blauholz nicht ferner zu färben, und sofort zu verbrennen, wo es gefunden würde. Nichtsdestoweniger wurde es gleichwohl zum färben, wenn auch nur heimlich, benutzt und gab ihm dabei den Namen Schwarzholz. Die Dauer dieses Verbotes hielt über hundert Jahre an, bis eine Verordnung Karls II. erschien, in welcher dargethan wurde, dass der Kunstfleiss der neueren Zeit die Schönfärber hätte dahin gelangen lassen, die aus Blauholz gewonnenen Farben so schön zu machen und so fest mit dem Zeug zu verbinden, dass den Erfahrungen zu Folge diese ebenso dauerhaft wären, als die irgend eines anderen Farbstoffes.

Aus diesem Grunde solle die Verordnung der Königin Elisabeth in Bezug auf das Verbot des Blauholzes aufgehoben und damit zugleich die Erlaubniss es einzuführen und gebrauchen zu dürfen gegeben sein. Jedenfalls hatten die Bittschriften der Schönfärber Veranlassung gegeben, deren Kunstfertigkeit höher zu schätzen, als sie es eigentlich verdiente, wenigstens in Bezug auf das Fixiren der Farben auf Stoffe, denn damals war die Kunst, den Farben auf Zeugen Dauer zu geben, unzweifelhaft noch in ihrer Kindheit.

Nach Chevreul enthält das Blauholz folgende Bestandtheile:
Hämatoxylin, der ursprüngliche Farbstoff — (nebst Hämatein) —
eine eigenthümliche mit dem Hämatoxylin verbundene Substanz
einen stickstoffhaltigen Körper
ein flüchtiges angenehm riechendes Oel
eine harz- oder wachsartige Substanz
Holzsubstanz
Essigsäure und essigsaures Kali und essigs. Kalk
Chlorkalium und schwefelsaures Kali
oxalsauren Kalk
Thonerde, Eisen- und Manganoxyd.

Ursprünglich ist das Hämatoxylin eine farblose Substanz, die aber ausserordentlich leicht, namentlich unter Mitwirkung von Basen, Wasserstoff an den Sauerstoff der Luft abgiebt, sich dergestalt höher oxydirt und in den eigentlichen Farbstoff Hämatein übergeht. Jemehr aber von dem eigentlichen Farbstoff das Blauholz enthält, um so ausgiebiger in der Färberei ist es und um so dunkler roth gefärbt erscheint es. Und wirklich hat die oben erwähnte technische Zubereitung des Blauholz keine andere Erklärung, als die Umbildung des in dem Holze noch vorhandenen farblosen Farbstoffes in den gefärbten. In dem Urin ist Ammoniak enthalten, welches bei Anwendung von blossem Wasser durch das Ammoniak der Luft ersetzt wird; es entsteht durch die höhere Oxydation des Hämatoxylins und durch die Gegenwart von Ammoniak ein neuer Körper, das Hämatein, in Verbindung mit Ammoniak, nämlich Hämatein-Ammoniak, welches als die Ursache der dunkelrothen Farbe des präparirten Holzes angesehen werden muss. Nach Erdmann erhält man das Hämatoxylin $C_{14}H_{17}O_{15}+8$ Aq., wenn man Blauholzextrakt pulvert, mit Quarzsand vermengt und mit dem 6—8 fachen Volumen Aether schüttelt, hierauf die ätherische Lösung der Destillation unterwirft, wobei der Aether entweicht und das Hämatoxylin als Brei zurückbleibt, der mit Wasser vermischt wird, um durch freiwilliges Verdunsten desselben die Absetzung des Hämatoxylin in Gestalt von Krystallen zu bewirken. So erhaltenes Hämatoxylin bildet rechtwinklge Säulen von gelber Farbe, lebhaftem Glanze und klarer Durchsichtigkeit. Sie sind in kaltem Wasser wenig, mehr in kochendem und noch mehr in Alkohol und Aether löslich; der Geschmack ist süsslich, wenig zusammenziehend; bei $+100^{0}$ schmelzen sie, verlieren ihr Krystallwasser und zersetzen sich vollständig, wenn man sie noch höher erhitzt. Wird Hämatoxylin in überschüssigem Ammoniak aufgelöst und die Auflösung in flachen Schüsseln an die Luft gestellt, so geht die Farbe schnell ins Dunkelrothe bis fast ins Schwarze über unter allmäliger Absetzung von körnigen Krystallen, die eine Verbindung des in Hämatein umgebildeten Hämatoxylins mit Ammoniak $= 2\,(H_3NHO)$ $+\,C_{40}H_{44}O_{15}$, deren wir bereits Erwähnung gethan haben, sind. Wird Hämatoxylin mit verdünnten Säuren behandelt, so löst es sich mit rother Farbe auf; Salpetersäure, Chromsäure und Chlorgas zerstören es, nicht aber konzentrirte Schwefelsäure, die es ohne Zersetzung mit brauner Farbe auflöst.

Auflösungen von Kali und Natron im Ueberschuss mit Hämatoxylin zusammengebracht, verhalten sich wie Ammoniakflüssigkeit. Auf Blei- und Quecksilberoxyd, auf Gold- und Silbersolution wirkt Hämatoxylin reduzirend ein.

Auflösung von Hämatoxylin wird von

Kali . .	veilchenblau, purpurroth, braun gefärbt; von
Chlorbaryum	mit rother Farbe präcipitirt; von
Alaun . .	hellroth gefärbt; von
Eisenalaun	mit schwarzvioletter Farbe; von
Bleizucker	mit weisser dann mit schwarzer Farbe; von
Zinnchlorür .	mit rosenrother Farbe und von
Kupfersalzen	mit schmuzig graugrüner, dann dunkelblauer Farbe präcipitirt.

Auflösung von Hämatein wird durch Kali blau gefärbt, später ins Braun übergehend, von Ammoniak dunkel purpurroth, von Metalloxyden mit blauvioletter Farbe präcipitirt; gewonnen wird das Hämatein in Gestalt eines braunrothen Niederschlages durch Zusatz von Essigsäure zu Hämatein-Ammoniak; eingetrocknet erscheint es schwarzgrünglänzend, gepulvert schön roth; in kaltem Wasser ist es wenig auflöslich, mehr löst es sich auf in kochendem Wasser, noch mehr in Alkohol und Aether. Tauchet man in eine Auflösung von Hämatein in Salzsäure metallisches Zink, so entwickelt sich nach Angabe von Erdmann weniger Wasserstoff als sonst, es entsteht die Farbe einer Hämatoxylin-Verbindung, aus welcher Alkali eine bläulichweisse Verbindung von Hämatein mit Zinkoxyd fällt, welche an der Luft blau wird. Schwefelwasserstoffgas verwandelt das Hämatein nicht in Hämatoxylin, sondern verbindet sich mit demselben zu einem weniger gefärbten Körper, von welchem es sich aber bei der Verdunstung trennt.

Von den im Handel vorkommenden Sorten sind folgende zu bemerken:

Campecheholz; kommt durchgehends in Gestalt von grossen, 4—6—8 Fuss langen Kloben vor; kurzer Schnitt ist selten; Durchmesser der Kloben sehr verschieden bis zu 20 Zoll und darüber; im Gewicht von 2—10 Centner; kompakte, volle, gehaltreiche Masse, nicht knorrig, splintfrei und auf der frischen Schnittfläche lebhaft dunkel kirschroth; sehr hart und sehr schwer. Die vorzüglichsten Bezugsorte für Campechaholz und der darauf folgenden Blauhölzer sind London, Hamburg, Cadix, Bordeaux Havre, Amsterdam.

Honduras; bildet Kloben von kurzem Schnitt, in der Länge von $1^{1}/_{2}$ Elle und im Durchmesser von ungefähr 6—10 Zoll; obwohl das Holz noch dunkler als das Campeche gefärbt erscheint, steht es doch dem Campeche an Güte nach; es ist nicht so voll, markig, harzig, wie man sich auszudrücken pflegt, sondern im Angriff merklich trockner. Im Uebrigen sind die Kloben ebenfalls splintfrei und nicht knorrig, hart und sehr schwer.

Domingo; die Kloben sind in Länge und Stärke sehr verschieden, daher ihr Gewicht variirt von 40 oder 50 Pfd. bis zu 5 oder 6 Centner; die leichten Kloben bilden kurze und dünne Stücke. Im Allgemeinen sind die Kloben knorrig, durchlöchert und nicht rein von Splint. Den beiden vorstehenden Arten steht es an Qualität entschieden nach; Domingoholz ist magerer, trockener, weniger massig und kompakt, auf der Splintfläche lebhaft gelbroth; weniger hart und schwer.

Jamaika; von allen Sorten die geringste; die Kloben ähneln äusserlich theils dem Campeche theils dem Domingo, bald voll, bald durchlöchert und knorrig; führen Splint und erscheinen auf der frischen Schnittfläche gelbroth von matter und leichter

Nüance; das Holz ist nicht harzig sondern trocken und mager; Härte und Schwere wie Domingo.

Bei Beurtheilung und Prüfung der Qualitäten hat man vor Allem darauf zu achten, dass das Holz gesund sei, frei von Splint und Rinde, dass die Kloben durch Grösse und Schwere sowie durch markige, kompakte Beschaffenheit, durch lebhafte Farbe sich auszeichnen; ein eigenthümlicher veilchenartiger Geruch, süsslich zusammenziehender Geschmack und die Fähigkeit beim Kauen den Speichel violettroth zu färben sind fernere Eigenschaften, die, wenn es die Beurtheilung eines Holzes gilt, Beachtung verdienen. Blauholz in Spähnen oder in Nadeln muss rein und da es präparirt ist, von gleichmässig lebhaft dunkelrother Farbe sein; jener metallisch glänzende gelblichgrüne Anflug, auf den Spähnen ist ein bei der oben besprochenen Aufbesserung des Blauholzes entstehendes sekundäres Gebilde, denn vor derselben ist von einem derartigen Anflug, auf den Spähnen Nichts zu bemerken. Gemahlenes Blauholz muss an Feuer und Tiefe der rothen Farbe das geschnittene und gerissene übertreffen, muss ebenfalls rein erscheinen. Da das gemahlene Blauholz der absichtlichen Verfälschung am meisten unterliegt, so kommen Ankäufe von solchem Holze im Geschäftsverkehr seltener vor.

Man prüft aber das Blauholz auf seine **Färbungsfähigkeit**, auf **absichtliche Verfälschung mittels Splint und Rinde, rothgebeizter Sägespähne**, auf seinen **Aschegehalt** und seine **Wassermenge** auf die Weise, dass man von einer anerkannt guten Qualität Blauholz und von dem zu prüfenden Holze zwei gleich grosse Mengen abwiegt, jede in einem besonderen Glascylinder und unter gleichmässigem Umrühren mit einer gleichen Quantität Wasser übergiesst; in welchem von beiden Gläsern nach Verlauf einer halben Stunde das Wasser intensiver gefärbt erscheint, darin ist auch das farbstoffreichere Holz enthalten Es ist natürlich, dass diese Prüfungsart nur annähernd richtige Retsultate geben kann, die aber gleichwohl für den Praktiker nicht ohne Bedeutung sind, wenn er genöthigt ist, die Güte des Blauholzes auf einfache und schnelle Weise zu prüfen. Auf genauere aber freilich umständlichere Weise verfährt man bei der Prüfung, indem man zunächst mit bekannten guten und geringeren Holzqualitäten eine Musterkarte färbt und zu diesem Zweck von jeder Qualität 1 Loth Holz abschneidet, möglichst klar schneidet, und jedes für sich in einem besondern Glase mit $^1/_4$ Kanne Wasser übergiesst; sämmtliche Gläser werden in einen kupfernen mit hinreichendem Wasser angefüllten Kessel gestellt; man bringt das Kesselwasser zum Kochen, was zur Folge hat, dass auch in den Gläsern das Wasser alsbald kocht; nach Verlauf einer Viertelstunde wird das Feuer unter den Kessel zurückgezogen und das Holz aus den Gläsern entfernt. Eln Stückchen Kattun, das man einige Tage vorher mit Auflösung von essigsaurer Thonerde imprägnirt hat, wird, nachdem man es durch ein Bad von 49° heissem Wasser gezogen und hierauf gewaschen, in ebensoviel Theile getheit, als Gläser vorhanden sind; man macht nun von Neuem unter dem Kessel Feuer und indem man in jedes der Gläser eine Probe Kattun hineinlegt, bringt man langsam die kleinen Farbeflotten zum Kochen; nach 5 Minuten Siedehitze werden die Proben aus den Gläsern genommen, in kaltem Wasser gut abgespühlt, etwas geklopft, hierauf wieder gespühlt und nun getrocknet. Die Proben, zu deren jeder man genau bemerkt, aus welcher Qualität Holz sie gefärbt worden ist, stellt man unter Beimerkung des Verfahrens zu einer Musterkarte zusammen und hebt sich dieselbe zum Gebrauch auf. Soll nun irgend eine käufliche Blauholzsorte auf ihre Qualität geprüft werden, so schneidet man von derselben 1 Lth. ab, zerkleinertes möglichst fein und verfährt mit der Auskochung dieser Holzprobe, mit dem Imprägniren des Kattunfleckchens, mit der Bereitung der essigsauren Thonerde, mit dem Ausfärben und der Reinigung des Kattun ganz so wie es in der Musterkarte angegeben ist. Nach dem Trocknen des Kattunstückchens findet man durch den Vergleich mit der Musterkarte leicht, welcher Probe in derselben es entspricht und welchen Werth man folglich dem käuflichen Blauholz beizulegen hat. Obgleich die auf diese Weise erhaltenen Resultate um Vieles genauer sind, so können sie doch auf absolute Richtigkeit auch keine Ansprüche machen; indess sind sie desshalb für den Praktiker von grösserem Werth als die nach dem ersten Verfahren gewonnenen Resultate, weil sie die Farben selbst sind, die man mit den zu prüfenden Blauholzarten auf Stoffen erhält, nicht aber Farben wässriger Aufgüsse. Ist es dem Fabrikanten gestattet, so verfährt er mit dem ihm käuflich angebotenen Blauholz so, dass er aus 24 bis 30 Pfd. davon mit möglichster Sorgfalt eine Probepost Waare von 8—10 Stück $^6/_4$ Breite färbt und nach Beschaffenheit der gefärbten Waare den Werth des Blauholz taxirt. Um vergleichungsweise den Farbstoffgehalt des Blauholzes, überhaupt einer Farbewaare zu finden, kann man sich auch des Kolorimeter von Houton-Labillardiére

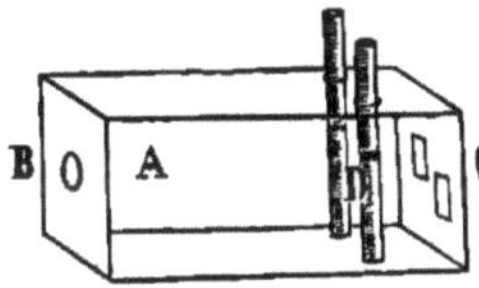

(s. die Figur) bedienen; A ist ein gut verschlossener Kasten, sodass durch keine Fuge irgend ein Lichtstrahl in denselben eindringen kann; B ist das Okularglas, durch welches man in den Kasten hineinsieht; D sind zwei graduirte Cylinder und E sind zwei fensterartige Oeffnungen, die in gerader Richtung hinter den beiden Cylindern sich befinden; man benutzt das Instrument wie folgt: Von zwei Sorten Blauholz werden gleiche Gewichte gleichfein gemahlen, abgewogen und mit gleichen Mengen Wasser gleich lange abgekocht; nach vollständiger Abkühlung und Abklärung bringt man das eine Dekokt in diesen, das andere in jenen Cylinder, doch so, dass man sie nicht höher, als bis zu 100⁰ anfüllt; von dem farbstoffreicheren Holz stammt die dunklere Abkochung, von den farbstoffarmeren die hellere, und so viel man Wasser zusetzen muss, um die dunklere bis auf den Farbeton der helleren abzuschwächen, um so viel ist das Farbholz der letzteren schwächer als das der ersteren; die aber an den Cylindern angebrachten Grade gestatten eine genaue Abmessung des zugegebenen Wassers; würde z. B. die Menge des Fluidums in dem Cylinder, in welchen man Wasser gegossen hat, bis 125⁰ heraufstehen, so würde offenbar die Menge des zugegossenen Wassers $= 25^0$ sein; da aber in dem anderen Cylinder das Fluidum von gleicher Farbintensität nur bis 100⁰ heraufsteht, so geht daraus hervor, dass $^1/_5$ Wasser nöthig war, um das dunklere Dekokt hell wie das lichtere zu machen und dass folglich das Blauholz des ersteren um $^1/_5$ farbstoffreicher als das des letzteren ist. (Ueber das von Dr. Müller konstruirte und empfohlene Kolorimeter s. polyt. Journ. B. 132.) Auf seinen Gehalt an Wasser untersucht man das Blauholz, indem man eine vorher abgewogene Menge Holz bei $+ 100^0$ trocknet; die Gewichtsdifferenz auf der Wage nach dem Trocknen gibt die Menge des vorhanden gewesenen Wassers an. Da der Feuchtigkeitszustand der Luft nicht immer ein und derselbe ist, sondern mit der grösseren und geringeren Menge der aufsteigenden Dünste und den Schwankungen der Temperatur in Wechselwirkung steht, so ändert auch der Wassergehalt des Blauholzes darnach ab. Der absichtliche Zusatz von Wasser zum Blauholz kann bis zu 30⁰/₀ steigen, darüber hinaus aber macht das Holz beim Angriffe die Hand nass; 10⁰/₀ Wasser dürfen aber um so weniger als eine absichtliche Verfälschung des Gewichts angesehen werden, als dieser Wassergehalt einerseits durch den mittleren Feuchtigkeitszustand der Luft bedingt wird, andrerseits aber eine wenn auch nur allmählig fortdauernde Entwickelung des Hämatein-Ammoniaks zur Folge hat; dergleichen Holz wird von Färbern und Fabrikanten auch als trocknes gekauft und bezahlt; mit mehr Wasserprozenten angefeuchtetes wird mit Abzug derselben gehandelt. Auf Verfälschung des gemahlenen Blauholzes mittels angebeizten Splintes oder gefärbter Sägespähne macht man die Prüfung durch Probefärben, wie oben angegeben; denn es leuchtet ein, dass das Blauholz hierbei um so weniger ergiebig sich ausweisen muss, je erheblicher der Zusatz von jenen Verfälschungsmitteln gewesen ist. Die Menge des absichtlich zugesetzten rothen Sandes findet man, wenn eine abgewogene und bei $+ 100^0$ getrocknete Quantität fein gemahlenen Blauhohlzes in vielem Wasser eingeweicht und durch öfters wiederholtes vorsichtiges Dekantiren von dem sich bildenden Bodensatz getrennt wird; derselbe knirscht, wenn Verfälschung durch Sand stattgefunden hat, zwischen den Zähnen auffallend und enthält die durch die Wage nachweisbaren prozentischen Mengen des Sandes. Die Menge der gesammten im Blauholz enthaltenen mineralischen Bestandtheile findet man durch Verbrennung einer bei $+ 100^0$ getrockneten und genau gewogenen Holzquantität; die gewonnene Asche wird nach ihrer Abkühlung gewogen und nach Prozenten berechnet.

Blauholzextract.

Für die Zwecke der Färberei wird dasselbe bald in flüssigem Bad, bald in trocknem Zustande in den Handel gebracht; trocken ist es von schwarzer Farbe, von fettglänzendem muschligem Bruch, von brenzlichem, bitterlich zusammenziehendem Geschmack, ist auflöslich im Wasser unter Zurücklassung eines bald grösseren bald geringeren Rückstandes und in Kisten von 24 Zoll ins Gevierte und 18 Zoll in die Höhe verpackt. Das Extract hat die Gestalt der Kisten selbst, in die es noch flüssig eingegossen wird, um darin fest zu werden. Das Gewicht einer solchen Kiste beträgt etwa $^1/_2$ Centner, das grösserer $^3/_4$—1 Centner. Das feste Extract kommt über Newyork von Amerika. Das flüssige aus französischen und deutschen Fabriken in Fässern bis zu 10 Centnern; letzteres ist von dunkler Farbe und syrupartiger Beschaffenheit; die Senkwage von Beaumé zeigt gewöhnlich zwischen 20^0 und 30^0 an. Um festes Extract auf seinen Farbstoffgehalt zu prüfen, löse man von den zu prüfenden, sowie von einer anerkannt guten Qualität Blauholzextract gleiche Mengen und zwar in gleichen Mengen Wasser auf, seihe beide Auflösungen, um von ihnen die gebliebenen Rückstände zu trennen, durch ein Stückchen Mousselin, tränke mit diesen Auflösungen 2 entsprechend grosse Streifen von weissem Fliesspapier, trockne sie und lasse dann auf jedes derselben eine gleiche Anzahl von Tropfen einer gesättigten Kupferauflösung fallen; nach sehr kurzer Zeit beginnen die befeuchteten Stellen sich zu bläuen; man wartet bis die Bläuung nicht mehr zunimmt, untersucht, ob beide Bläuungen von gleicher Intensität sind oder ob die eine dunkler als die andere erscheint; im ersteren Falle hat das zu prüfende Blauholzextract und die anerkannt gute Qualität gleichen Farbewerth, im zweiten hingegen ist das eine oder das andere an Farbgehalt schwächer. Es ist selbstverständlich, dass im Fall das zu prüfende Extract flüssig ist, auch das Probeextract flüssig sein muss. Man stellt im Allgemeinen Blauholzextract durch Auskochen von fein geraspeltem Blauholze am besten nach der Methode von Meissonier dar; das Dekokt wird entweder, wenn es flüssig bleiben soll, bis zu ungefähr 20^0 B. durch Dampf eingekocht oder soll es festes Extract werden, überhaupt bis zu den Grad eingedampft, dass es beim Abkühlen erstarrt. Je besseres Blauholz man in Anwendung bringt, um so besser ist auch das daraus gewonnene Extract; durchschnittlich kann man annehmen, dass in gleichen Gewichten das Extract 4—5 mal mehr Farbstoff als das Holz enthält. Ausser dem Farbstoff enthält das Blauholzextract die im Holz enthalten gewesenen, im Wasser löslichen Bestandtheile. Verfälschung des Extractes durch absichtlichen Zusatz von fremdartigen das Gewicht des Extractes vermehrenden Stoffen z. B. von Stärkegummi, sowie Anwendung von schlechtem Blauholz zur Darstellung von Extract wird ebenso bei der oben angegebenen Prüfungsmethode durch die Schwäche der Bläuung, wie beim Probefärben durch geringe Ausgiebigkeit des Materials und schlechte Beschaffenheit der mit demselben erzielten Farben erkannt.

Conto finto über Blauholz ab London.

20 Tons 2 Ctr. — Qr. 16 ℔, Ggw. 2. —. 16. à 12 ℔

20 Tons à 6 £		£ 120. —. — d
Disconto 2½°/₀		„ 3. —. — „
		£ 118. —. — d
Courtage ½°/₀		„ —. 12. — „
Zollangabe, Garantie und Certificat	£ —. 15. — d	
Hammern und Cervelinggeld	„ —. 7. 6 „	
Leichterfracht und Wachtgeld	„ 2. 12. 6 „	
Kleine Unkosten und Porto	„ —. 15. — „	
		„ 4. 10. — d
		£ 122. 2. — „
Provision 2°/₀		„ 2. 8. 10 „
Wechsel-Courtage und Stempel ¼°/₀		„ —. 6. 3 „
		£ 124. 17. 1 d
à 13 ℳ 12 ß		ℬ℔ 1716. 12. ß
Assecuranz ½°/₀ (99½=½)		„ 8. 10. „
Fracht, 10s d. T. und 15°/₀, £ 11. 11. 3d à 13 ℳ 10 ß		„ 157. 9. „
Stader Zoll, ½ ß Spec. d. 100 ℔ à 150°/₀, C.ℳ 21. — ß		
Everführer- und Arbeitslohn	„ 62. 8 „	
Lagermiethe und kleine Unkosten	„ 16. 8 „	
	C.ℳ 100. — ß	„ 80. — „
		ℬℳ 1962. 16 ß
Eingangszoll, ½°/₀ Crt. à 120°/₀ in Bo., ⁵/₁₂°/₀		
Versicherung gegen Feuerschaden ¹/₁₂ „	2½°/₀	
Verkaufs-Courtage 1 „	(97½=2½)	
Decort 1 „		„ 59. 5 „
		ℬℳ 2013. 4 ß
1 Ctr. = ca. 104 ℔ in Hamburg: (alt. Gew.)		
41818 „		
Ggw. 1°/₀ 418 „		
41400 ℔ à ℳ 4,₈₆ d. 100 ℔		ℬℳ 2012. 1 ß

11. Rothholz. *Bois rouge. Red-wood.*

Das unter diesem Namen im Handel vorkommende Farbeholz ist das von Rinde und Splint befreite Kernholz der Gattungen *Guilandina* und *Caesalpinia*, welche zur

Gruppe der Cäsalpiniäen gehören, aus der Familie der Leguminosen. Eigenschaften der Gattung *Guilandina*: Kelch fünfspaltig, Röhre kurz, urnenförmig; 5 Kronenblätter aufsitzend; 10 Staubgefässe, am Grunde zottig, Hülse bauchig, zusammengedrückt, stachlig, ein- bis dreisaamig. Eigenschaften der Gattung *Caesalpinia*: Kelch ungleich 5 theilig, 5 Kronenblätter, 10 Staubgefässe, am Grunde zottig. Hülse zusammengedrückt, ein- bis vielsaamig. Von den beiden genannten Gattungen sind es vorzüglich folgende Species, welche das Rothholz liefern:

1) die brasilianische oder stachliche Guilandine (*Guilandina echinata*); Kennzeichen: braune überall mit kurzen Dornen besetzte Rinde; Blätter vielpaarig oval, glänzend; Blüthen gelb und roth gefleckt, wohlriechend, klein, in Trauben beisammenstehend, Hülsen länglich geformt, abgeplattet, von dunkelbrauner Farbe mit braunrothen den Bohnen ähnlichen Saamen; starker hoher Baum.

2) die brasilianische Cäsalpinie (*Caesalpinia brasiliensis*) eigentlich heimisch auf den Antillen, weniger in Brasilien; Rinde ohne Stacheln, Blätter doppelt gefiedert von ovalländlicher Gestalt und kahlem Rande; Blüthen von gelber Farbe in Traubenrispen beisammen stehend, Hülsen flügelfruchtartig, ohne Klappen, mit einem einzigen flachen Saamen; ansehnlicher Baum.

3) die schiefblättrige Cäsalpinie (*Caesalpinia Sapan*); 12 bis 20 Fuss hoher Baum, dessen Stamm die Stärke eines Schenkels hat und mit kurzen, dicken und gekrümmten Stacheln bewachsen ist. Blätter gefiedert, Form des einzelnen Blatttheilchens trapezförmig oval, ganzrandig; Blüthen gelb in wechselständigen Rispen geordnet; Hülsen gerade zusammengedrückt, vier Zoll lang und zwei Zoll breit, hart und von bräunlich schwarzer Farbe; zwei- bis viersaamig. In Ostindien einheimisch, Blüthezeit von April bis September.

4) die vielstachlige Cäsalpinie (*Caesalpinia crista*); ansehnlicher Baum, dessen Stamm und Aeste mit vielen Stacheln bewaffnet sind, Blätter doppelt gefiedert, Blatttheile eirund und ganzrandig; Blüthen weiss, Blumenkronenblätter eirund, Hülsen gerade, zusammengedrückt, spitzig, kahl, 7—8 saamig.

Die gefällten Bäume werden an Ort und Stelle zerschnitten, in Kloben gespalten und diese von Rinde und Splint befreit. Dergestalt wird das Holz in den überseeischen Seestädten verladen.

In grösster Menge wird das Rothholz in den Färbereien verwendet, theils für sich allein zur Erzeugung rother Farben, theils in Gemeinschaft mit anderen Farbstoffen zur Erzeugung der verschiedenartigsten Modetöne; doch sind sie sämmtlich nicht sonderlich fest, vielmehr weichen sie leicht den Seifenbädern und den Sonnenstrahlen. Ausserdem wird es ebenso wie das Blauholz in nicht geringer Menge in den Werkstätten der Tischler, Meubleure, Fournirschneider u. a. Gewerbtreibender verwendet; man verfertigt aus Rothholz wie aus Blauholz kleine Einsatzarbeiten, mit welchen Tische, Stühle, Billardqueus versehen werden; die Aderzeichnung des Rothholzes ist ebenso wenig von auffallender Schönheit, als es zu sonderlicher Politur befähigt ist. Ziemlich häufig kommt das Rothholz zum Rothbeizen aus gewöhnlichem Holze fabrizirter Stühle, Tische und Bänke in Anwendung, zu welchem Zwecke das Rothholz in Sodalauge abgekocht und in dieser Flotte die hölzernen Meubel gefärbt werden. Rothholz wird auch zur Darstellung von Rothlacken gebraucht, sowie zur Anfertigung von rother Tinte u. s. w.

Bestandtheile des Rothholzes. Dahin gehört zunächst das Brasilin $= C_{36}H_{28}O_{12}$ ein farbloser, krystallinischer, süsslich schmeckender, in Wasser, Alkohol und Aether leicht auflöslicher Körper; es bildet die Grundlage des eigentlichen Farbstoffs, denn wenn an der Luft die wässrige Auflösung des Brasilins gekocht wird, so nimmt es 2 Sauerstoff auf, färbt sich orangeroth und geht in Brasilein $C_{36}H_{28}O_{14}$ über, das mit Thonerdemordant in Verbindung gebracht, rothe Farben erzeugt. Nach Preiser erhält man das Brasilin, indem man Rothholz mit Aether behandelt und das fast farblose Extract mit Bleioxydhydrat präcipitirt, hierauf das Präcipitat durch Schwefelwasserstoff zerlegt und die Flüssigkeit im Vacuo verdunstet, wobei das Brasilin in Gestalt eines weissen krystallinischen Pulvers sich ausscheidet (s. Santalin). Die Analyse des Bleisalzes weist die Formel nach $C_{36}H_{28}O_{14}+P_{60}$. Das Brasilein wurde aus dem rothen Rothholzextract ebenfalls durch Bleioxydhydrat gefällt; die Analyse führte zu der Formel $C_{36}H_{28}O_{14} + 2P_{60}$; die rothe Farbe des Brasileins ist demnach die Folge der Aufnahme von 2 At. Sauerstoff d. h. der Höheroxydation des Brasilins in Brasilein. Feuchte Brasilinkrystalle färben sich nach und nach tief purpurroth, wenn man sie unter einer Glocke neben kaustisches Ammoniak bringt; ohne Luft findet die Farbenveränderung nicht statt. Salpetersaures Silberoxyd und Goldchlorid werden durch Brasilin reduzirt. Die Eigenschaft des roth gefärbten Farbstoffes (des Brasileins) mit den Salzbasen nach Art der Säuren sich zu vereinigen, hat veranlasst ihn als Brasilinsäure zu betrachten. Chevreul hat ihn in isolirtem Zustand dargestellt: nach seiner Angabe verfährt man dabei also: eine gewisse Menge Rothholz wird zunächst ausgekocht; nachdem man durch Filtration das Holz von der Rothholzbrühe getrennt hat, wird diese bis zur Trockne eingedampft; den erhaltenen Rückstand übergiesst man mit Alkohol, welcher die Brasilinsäure und den Gerbstoff, der mit derselben innig verbunden ist, auflöst; man filtrirt, verdunstet bei gelinder Wärme einen Theil des Alkohols, setzt dafür Wasser zu und präcipitirt durch Zusatz von einigen Tropfen Leimauflösung den Gerbstoff; man filtrirt von Neuem, dunstet das Filtrat wiederum zur Trockne ein und übergiesst den trocknen Rückstand mit Alkohol, welcher mit Zurücklassung der letzten Spuren von Unreinigkeiten die Brasilinsäure auflöst, aus welcher Auflösung diese bei allmähliger Verdunstung des Alkohols in nadelförmigen Krystallen anschiesst; diese Krystalle sind orangeroth gefärbt; sie sind ferner in Wasser, Weingeist und Aether löslich mit röthlich gelber Farbe; einige Tropfen von Kalkwasser, Zinnsalz- und Bleizuckerauflösung erzeugen in der wässrigen Auflösung der Brasilinsäure karmoisinrothe, von Alaunauflösung aber rothe Niederschläge; wenig Säure färbt die Brasilinsäure gelb, mehr Säure roth, Schwefelwasserstoffgas und schweflige Säure entfärben sie; der trocknen Destillation unterworfen, verflüchtigt sie sich theilweise und bei anhaltend stärkerer Hitze wird sie zersetzt. In wässriger Auflösung kann die Brasilinsäure längere Zeit aufbewahrt werden, ohne sich zu entmischen, daher auch das Vorräthighalten der Rothholzabkochung ohne Nachtheil in den Färbereien statthaft ist. Nach früheren Angaben enthält das Rothholz noch einen zweiten nicht näher beschriebenen Farbstoff, der nicht roth, sondern fahl färbt, mit der Brasilinsäure innig verbunden ist; süsslich zusammenziehend schmeckt und die Rothholzfarben in demselben Verhältniss unansehnlicher macht, in je grösserer Menge er im Rothholz enthalten ist. Es ist wohl nicht zweifelhaft, dass dieser fahle Farbstoff kein anderer als das Brasilin ist; Brasilin und Brasilinsäure sind beide zu gleicher Zeit in dem Farbholz vorhanden, wenn auch zu verschiedenen Zeiten in sehr verschiedenen Mengeverhältnissen, da, wie bereits erwähnt, die Brasilinsäure durch Aufnahme von 2 Sauerstoff aus dem Brasilin sich entwickelt und die Oxydation des ersteren d. h. die Umbildung des Brasilin in Brasilinsäure, fortwährend, aber nur allmählig von statten geht. Wo sie im geringen Verhältniss stattgefunden, da ist die Farbe des Rothholzes fahl, aber sie röthet sich immer mehr und mehr, wie die Umsetzung des Brasilins in Brasilinsäure im Fortschreiten begriffen ist; in stark geröthetem Rothholz ist die Menge der entwickelten Brasilinsäure vorherrschend. Hieraus erklärt sich auch, wie es kommt, dass an einem grösseren Stück Rothholz die äusseren, mit dem atm. Sauerstoff in Berührung befindlichen Holzschichten auffällig röther als die inneren sind, und warum das Holz von älteren und stärkeren Bäumen röther als das von jüngeren und schwächeren ist.

In der Praxis der Färberei gibt man dem rothen d. h. dem oxydirten Rothholz den Vorzug vor den fahlfarbigen und es bestätigt sich dadurch die Meinung, dass Rothholz, in welchem der entwickelte Farbstoff, die Brasilinsäure, bereits in hinreichender Menge vorhanden ist, befriedigende Farben auf Stoffen hervorbringt, als Rothholz, in welchem die Bildung des Farbstoffs erst während des Färbens selbst bewirkt wird. Daher kommt es, dass gegenwärtig aller Orts in den Färbereien oxydirtes Rothholz angewendet wird und ein Färber sich kaum mehr entschliessen wird, fahlfarbiges Rothholz für die Zwecke seiner Kunst anzuwenden. Der Bedarf an solchem Holz ist gross, er kann aber um so leichter befriedigt werden, da man ein Verfahren Rothholz zu oxydiren, aufgefunden hat, das ebenso wohlfeil als leicht ausführbar ist; man verfährt nämlich hierbei auf folgende Weise: eine Messkanne gesättigtes Kalkwasser rührt man in einem Gefässe mit 250 Messkannen Wasser zusammen; genadeltes Rothholz wird auf einem etwas abschüssig gerichteten Fussboden mit der zubereiteten Kalklauge unter fortwährenden Durcheinanderarbeiten mittels einer Giesskanne so lange übergossen, bis das Holz hinreichend angefeuchtet erscheint; was überschüssig zugegossen wurde, läuft ab; hierauf schaufelt man es in einen Haufen zusammen und füllt damit dicht einen Kasten an, der oben geschlossen wird, sobald als er gefüllt ist; in diesem Kasten, der im Winter an einem mässig warmen Orte, im Sommer hingegen im Freien stehen kann, beginnt alsbald die Oxydation (Gährung), die aber von einer so intensiven Wärmeentwickelung begleitet ist, dass das Holz von Zeit zu Zeit, um es zu kühlen, in den Kasten umgeschaufelt werden muss; sie wird unterbrochen und das Holz aus dem Kasten entfernt, sobald als es die gewünschte Röthe zeigt; man legt dasselbe an einem schattigen, kühlen Ort breit aus, macht es lufttrocken und verpackt es hierauf sofort in Säcke oder Fässer. Die für die Oxydation des Brasilins erforderliche Sauerstoffzufuhr dürfte sich am einfachsten durch Wasserzersetzung und die Temperaturerhöhung durch die Energie erklären lassen, mit welcher die Oxydation unter Mithülfe der alkalischen Erde in dem Wasser verläuft. Statt Kalkwasser ist auch ein Zusatz von gealterten, an Ammoniak reichen Urin, oder Ammoniak selbst recht gut anwendbar. Die übrigen im Rothholz enthaltenen Bestandtheile sind im Ganzen dieselben wie im Blauholz; eine stickstoffhaltige Substanz, flüchtiges angenehm riechendes Oel, Gerbstoff, eine wachsartige Substanz, freie Pflanzensäuren, pflanzensaure und mineralsaure Salze von Alkalien und Erden, Thonerde, Eisen- und Manganoxyd u. a. » Die gewöhnlichsten im Handel vorkommenden Sorten Rothholz sind folgende:

1) das Fernambukholz theils von *Caesalpinia Brasiliensis* theils von *Caesalpinia echinata* abstammend, zwar das theuerste, aber auch das beste Rothholz ; es wird daher das Fernambukholz auch weniger zum Färben als zur Bereitung von rothen Aufdruckfarben, von Lackfarben u. s. w. verwendet. Unter den Rothholzarten ist das Fernambuk das einzige, das in der Kunsttischlerei zu Fourniren grössere Anwendung findet. Dass der rothe Farbstoff vorzüglich in den äusseren Theilen der Holzstücke, in geringerer Menge aber im Innern derselben entwickelt ist, beweist der Umstand, dass die äussere Farbe allezeit röther, als

die innere erscheint. Dieselbe Farbeverschiedenheit zeigt sich auch an den Holzblöcken nach Massgabe des Alters der umgehauenen Bäume, oder der individuellen Beschaffenheit der beiden oben genannten Species. Im Allgemeinen erscheint das Fernambukholz in Gestalt von arms- bis schenkeldicken Kloben, ungefähr 4 Fuss lang, voll, schwer, kompakt, splintfrei, kirschroth, äusserlich röther als auf der inneren Bruchfläche, die aber, weil sie in Berührung mit der Luft kommt, bald nachdunkelt; es ist bedeutend hart ohne hervortretendem Geruch und Geschmack. Ausfuhr über Pernambuko, Hauptstadt und wichtigster Handels- und Hafenplatz der gleichnamigen Provinz Brasiliens, daher der Name Fernambukholz. Hauptbezugsorte für Fernambuk und die übrigen Rothhölzer sind: London, Amsterdam, Hamburg, Oporto, Cadix, Lissabon.

2) das Sapan- oder Japanholz; der dieses Holz liefernde Baum ist *Caesalpinia Sapan*; die Heimath desselben ist Ostindien, namentlich Siam und Ceylon, nächstdem auch Java, Sumatra, Celebes, China, Japan u. a. O. Die im Handel vorkommenden verschiedenen Arten von Sapanholz bezeichnet man nach ihren Bezugsorten; so versteht man unter Sapan Bimas ein Rothholz, das von Bima, einem auf der Insel Bumbava gelegenen kleinen Städtchen bezogen wird; ferner versteht man unter Sapan Siam, Sapan Java, Sapan China, Sapan Pandongs solche Rothholzarten die aus Siam, von Java, aus China, von Sumatra erhalten werden. Bei der grossen Verschiedenheit der Boden- und klimatischen Verhältnisse, welche auf die Entwickelung der Cäsalpinia Sapan in den verschiedenen Ländern einwirken, kann nicht jede Art derselben auch von gleich guter Qualität sein; im Allgemeinen zwar liefert diese Cäsalpinie ein Rothholz, welches dem von Cäsalpinia Brasiliensis und Crista ziemlich nahe kommt, doch gibt man von allen Sorten dem Sapan Bimas und Sapan Siam den Vorzug; diese beiden Sorten kommen in Gestalt von langen Scheiten oder Kloben bis zu 6 Fuss vor, die um so schwerer und stärker sind, je ausgewachsener und gesunder der Baum war; dünne, kleine, leichte Kloben lassen auf Bäume schliessen, die in ihrer Entwickelung und damit gleichzeitig auch in der Entwickelung des Farbstoffes noch zu weit zurückstanden. Die Kloben sind nicht knorrig, lassen in ihrer Mitte die Markröhren deutlich erkennen, sind splintfrei und von lebhaft und orangegelber Farbe. Unter dem Namen Bimas Wurzelholz kommt von Bima auch das Wurzelholz der Cäsalpinia Sapan in dem Handel vor, wiewohl nicht häufig, denn es steht dem Kernholz des Stammes an Farbewerth entschieden nach, womit auch die gelben und weissen Stellen übereinstimmen, die man in grosser Menge an demselben beobachtet. Die Farben, die man mittels gutem Bimas auf Stoffe erzeugt, sind zufriedenstellend, daher sein bedeutender Konsum; doch werden sie reiner, voller und glänzender, wenn man bis zur Hälfte des Gewichts Fernambukholz in Mitanwendung bringt. Man nimmt an, dass in gleichen Gewichtstheilen das Fernambuk um $1/3$ reicher an Farbstoff als Bimas ist. Zur Darstellung von dunkeln und hellrothen Aufdruckfarben, die durch die Einwirkung heisser Wasserdämpfe auf die Stoffe befestigt werden, wird Bimas entweder gar nicht oder nur in Verbindung mit Fernambuk gebraucht; dasselbe gilt auch von rothen Lackfarben, von rother Tinte u. s. w.

4) Jamaika. St. Martha, Nikaragua- und Limaholz; der Qualität nach geringe Sorten; die beste unter ihnen Jamaika. Nur unter besonderen Verhältnissen und für Zwecke, zu deren Erreichung geringes Holz auch als das wohlfeilste und beste betrachtet wird, ist nach diesen Hölzern Nachfrage. Durchwachsen, schmutzig hellroth, nicht voll und massig trocken, splinthaltig, in kurzen Kloben geschnitten bis zu 50

Pfd. Schwere. Wenig ausgiebig und unrein färbend. Sie kommen sämmtlich aus Westindien und stammen von verschiedenen Spezies der Cäsalpinie.

Wie jeder Farbstoff, wo es der Mühe lohnt, so wird auch das Rothholz und namentlich das Fernambukholz absichtlich verfälscht, zwar nicht in Kloben, wohl aber in gerissenem und gemahlenem Zustand. Wie schon unter Blauholz bemerkt, werden daher auch die Rothhölzer meistens in Kloben gehandelt. Die am häufigsten vorkommende aber auch am schwersten zu erkennende Verfälschung ist jedenfalls die Vermischung des frischen Holzes mit bereits ausgekochtem und lufttrocken gemachten Fernambuk. Der sicherste Führer zur Entdeckung einer derartigen Verfälschung ist das Kolorimeter, dessen Anwendung unter Blauholz näher beschrieben ist, und nächst dem Kolorimeter das Probefärben, oder wie ebenfalls unter Blauholz bereits erwähnt wurde, die Bereitung zweier wässerigen Aufgüsse mit gleich viel Wasser und gleich viel Holz, von denen das eine einer anerkannt guten Sorte, das andere hingegen dem zu untersuchenden angehört; die Differenz in der Farbenintensität zwischen beiden Aufgüssen giebt Aufschluss über den relativen Gehalt an Farbstoff in der zweifelhaften Holzprobe; es liegt in der Natur der Sache, dass man keine andere Untersuchungsweise vornehmen wird, will man Rothholz z. B. auf Verfälschung mittels fein geraspelter angebeizter Sägespähne und anderen derartigen Sachen prüfen. Die Prüfungsmethode der gemahlenen Rothhölzer auf Zusatz von rothen Sand oder Wasser wird ganz so, wie bereits oben angegeben, ausgeführt; auf rothen Ocker ist die Prüfung überflüssig, weil solcher durch Alterirung des Farbebades so wie der gefärbten Stoffe sich von selbst kenntlich macht. Dasselbe gilt auch und zwar aus ganz gleichem Grund von der Prüfung des Rothholzes auf einen Zusatz von schlechtem Blauholz; um einen solchen Zusatz zu entdecken, nimmt man folgende Reaktionen vor: 1) Zusatz von einigen Tropfen Kalkwasser zu der zu untersuchenden Rothholzabkochung: ist das Rothholz mittels Blauholz verfälscht, so bildet sich allmählig ein schwach lillafabiger Niederschlag. · 2) Zusatz von einigen Tropfen Bleizuckerlösung und 3) Zusatz von einigen Tropfen Zinnsalzsolution: beide erzeugen einen gleichfarbigen Niederschlag wie unter 1), wenn Rothholz mit Blauholz vermengt ist. Um schliesslich zu erkennen, welche von zwei Abkochungen die Blauholz- und welche die Rothholzabkochung ist, genügt es mit je einer einen Finger zu befeuchten; diejenige, welche den Finger allmählig bläuet, ist die Blauholzabkochung; entsteht durch Zusatz von Kalkwasser zu eben derselben Abkochung eine blauviolette Fällung, so ist dies ein Beweis mehr für die Richtigkeit dieser Annahme.

Rothholzextract.

Man verfährt bei Darstellung dieses Extractes ganz so wie es unter Blauholzextract näher angegeben worden ist; das Rothholz wird zunächst gemahlen und hierauf entweder in dem Apparat nach Meissonier oder auch in gewöhnlichen Kesseln oder Kufen durch Dampf ausgekocht; das erhaltene, von dem holzigen Rückstand getrennte Dekokt wird nun entweder bis zu 20—30° B. oder auch bis zu dem Grad eingekocht, dass es in Gefässe ausgegossen, in denselben erstarrt und fest wird. Daher kommt Rothholz im Handel theils als flüssiges theils als festes vor; ersteres ist meistentheils französischen oder deutschen, letzteres fast immer amerikanischen Ursprungs. Die Gefässe beider Extracte sind den der Blauholzextracte ganz gleich. Das Rothholzextract enthält alle im Wasser auflöslichen Bestandtheile des Rothholzes und ist um so besser, von je besserer Qualität das Holz war, das man zur Darstellung des Extractes benutzte. Abgesehen von fremdartigen Stoffen, deren Zusatz eine Gewichtsvermehrung des Extractes bezweckt, zu denen z. B. das Stärkegummi gehört, prüft man dasselbe vorzugsweise auf seinen Farbstoffgehalt, was entweder mittels Probefärben geschieht, indem man mit einer abgewogenen Menge Extract eine Anzahl Stücke färbt, oder mittels Streifen von Fliesspapier, von denen man das eine in eine wässrige Auflösung des zu untersuchenden Extractes von bestimmter Stärke, das andere hingegen ebenfalls in eine wässerige Extractauflösung und zwar von ganz gleicher Stärke aber von bereits bekannter Güte taucht; (s. unter Blauholzextract). Befeuchtet man nun beide Papiere mit einigen Tropfen von Zinnsolution, so wird die Röthung derselben gleich sein, wenn beide Extracte von gleicher Güte sind, sie wird hingegen ungleich sein, wenn das eine oder andere Extract an Farbstoff ärmer ist. In ihrer äusseren Gestalt aber unterscheiden sich die Blau- oder Rothholzextracte, mögen sie nun flüssig oder fest sein, so wenig von einander, dass eine Verwechselung beider leicht möglich ist; das feste Extract ist von dunkler fast schwarzer Farbe, spröd, muschlig im Bruch hellglänzend, von zusammenziehendem Geschmack und hinterlässt beim Auflösen im Wasser bald einen grösseren bald geringeren Rückstand; das flüssige Extract ist ebenfalls von dunkler Farbe, von syrupartiger Konsistenz und wiegt nach der Senkwage von Beaumé 20—30°. Um sich zu überzeugen, dass man in zweifelhaften Fällen es wirklich mit Rothholzextract zu thun hat, löst man davon eine Quantität auf und tröpfelt zu einem Theil dieser Auflösung, nachdem sie sich geklärt, einige Tropfen einer wässerigen Auflösung von Alaun; entsteht hierdurch eine rothe Trübung, so ist das Extract Rothholzextract, entsteht hingegen eine lillafarbige, so ist es Blauholzextract; zu einem anderen Theil der zweifelhaften Extractauflösung giesst man einige Tropfen Zinnsalzsolution, erscheint die entstehende Trübung karmoisinroth gefärbt, so beweist dies, dass die Extractauflösung von Rothholz stammt, erscheint sie hingegen lilla gefärbt, so spricht dies für Blauholzextract; taucht man wieder in einen anderen Theil der zu untersuchenden Extractauflösung den Finger ein, und wird er an der Luft nicht blau, so ist das Extract von Rothholz; findet hingegen die Bläuung statt, so ist das Extract von Blauholz (s. oben).

C o n t o f i n t o   ü b e r   o s t i n d i s c h e s   R o t h h o l z.

```
                    20 Tons 2 Ctr. — Qr. 16 Pfd.
Ggw. 12 Pfd. d. T. —    „   2  „   —  „  16  „
            -       20 Tons          à 10 £              £ 200. —. — d
                    Courtage ¹/₂°/₀                      „   1. —. — „
Zollangabe, Garantie und Certeficat       £ —. 15. — d
Verschiffungskosten zusammen              „  9.  2. 6 „
Kleine Unkosten und Porto.                „ —. 17. 6 „
                                                        „  10. 15. — „
                                                        £ 211. 15. — d
            Provision 2°/₀                              „   4.  4. — „
            Wechsel-Courtage und Stempel ¹/₄°/₀         „  —. 10. 10 „
                                                        £ 216. 10.  6 d
                à 13 ℳ 12 ß                            ℬℳ 2977.  4 ß
            Assecuranz ¹/₂°/₀ (99¹/₂=¹/₂)               „      14. 15 „
Fracht, 10s d. T. u. 15°/₀, £ 11. 11. 3d à 13 ℳ 10 ß   „     157.  9 „
```

Stader Zoll, $^1/_2$ ß Spec. d. 100 Pfd. à 150%, C.ℳ 21. — ß
Everführer- und Arbeitslohn „ 62. 8 „
Lagermiethe und kleine Unkosten „ 16. 8 „

	C.ℳ 100. -- „		ℬℳ	80. — ß	
			ℬℳ	3229. 12 ß	

Eingangszoll, $^1/_2$% Crt. à 120% in Bo., $^5/_{12}$%
Versicherung gegen Feuerschaden $^1/_{12}$ „ } $2^1/_2$%
Verkaufs-Courtage 1 „ } ($97^1/_2 = 2^1/_2$) „ 82. 13 „
Decort 1 „

ℬℳ 3312. 9 ß

1 Ton = ca. 2080 Pfd. in Hamburg: (alt. Gew.):
41818 Pfd.
Ggw. 1% 418
41400 Pfd. à ℳ 8. — d. 100 Pfd. ℬℳ 3312. — ß

12. Cammwood oder Barwood-Holz. *Camwood.*

Hierunter versteht man ein in England häufig in Gebrauch kommendes Rothholz, das von *Bavia nitida*, einem in Sierra Leona in Afrika heimischen Baume aus der Familie der Papilionaceen stammt. Diese Species hat folgende äussere Merkmale: Blättchen zu fünf am Ende des Blattstieles beisammenstehend, ganzrandig, oberseits glänzend, verkehrt eirund-länglich, nach der Basis zu gespitzt. Blumen weiss, in eine stehende Rispentraube gruppirt; Staubfaden länger als die Blumenblätter, Frucht Hülse; Baum hoch.

Es ist eigenthümlich, dass diese Art Rothholz wenig nach Deutschland kommt; ob es gleich aus diesem Grunde unter den deutschen Färbern nur wenig bekannt ist, weiss man doch so viel, dass die mit diesem Holz auf Stoffen erzeugten Farben den Fernambukholz-Farben nicht nur nicht nachstehen, sondern dieselben sogar an Schönheit und Festigkeit übertreffen. Diese Eigenschaft allein würde die Anwendung dieses Farbstoffs in deutschen Färbereien wünschenswerth machen, selbst angenommen, es wäre weniger ausgiebig als das Fernambuk. Der in diesem Farbholz enthaltene rothe Farbstoff ist dem Santalin aus *Pterocarpus Sant.* verwandt und *De Candolle* war geneigt, *Bavia nitida* mit *Pterocarpus* zusammen zu bringen. F. Preiser beschreibt im Journal de Pharmacie (pol. Journ. B. 97.) das von ihm zuerst untersuchte Camwoodholz auf folgende Weise: Dieses Holz besitzt in Gestalt eines groben Pulvers eine der des rothen Santal ähnliche lebhafte Farbe aber ohne Geruch und ohne deutlichem Geschmack; den Speichel färbt es fast gar nicht. Kaltes Wasser nimmt in Berührnng mit diesem Pulver erst nach 5 tägigen Maceriren eine fahle Färbung an. 100 Theile kaltes Wasser lösen nur 2,21 auf, bestehend aus 0,85 Farbstoff und 1,36 salzigen Bestandtheilen. Kochendes Wasser färbt sich stärker röthlich; es lässt jedoch beim Wiedererkalten einen Theil des Farbstoffes in Gestalt eines rothen Pulvers niederfallen. 100 Theile Wasser von 100° C. lösen 8,86 bestehend aus 7,24 Farbstoff und 1,62 Salze auf, die vorzüglich aus schwefelsauren Salzen und Chloriden bestehen. Macerirt man dieses Pulver mit Alkohol von 84°, so nimmt derselbe fast augenblicklich eine sehr dunkel weinrothe Farbe an. Um ein Gr. dieses Pulvers zu entfärben, muss man es mehrere Male mit kochendem Alkohol behandeln. Die alkoholische Flüssigkeit enthielt 0,23 Farbstoff und 0,004 Salze. Hieraus ergiebt sich, dass in dem Camwood 23%/$_0$ rother Farbstoff befindlich sind, während nach Pelletier eine gleiche Menge Santelholz nur 16,75$_0$/^{0} Farbstoff enthält. Gegen Reagentien verhält sich die alkoholische Farbstofflösung, wie folgt:

Destillirtes Wasser in Ueberschuss zugesetzt	trübt die alkoholische Lösung stark ochergelb; fix. Alkalien lösen den Niederschlag wieder auf und die Flüssigkeit färbt sich dunkelweinroth.
Fix. Alkalien	verändern die Farbe in dunkelroth oder dunkelviolett.
Kalkwasser	ebenso.
Schwefelsäure	dunkelt die Farbe und verwandelt sie ins Cochenilleroth.
Gasförmiges Schwefelwasserstoff	reagirt wie Wasser.
Zinnsalz	erzeugt einen blutrothen Niederschlag.
Zinnchlorid	erzeugt einen ziegelrothen Niederschlag.
Bleizucker.	erzeugt einen gelatinösen dunkelvioletten Niederschlag.
Eisenoxydulsalze	bringen einen reichlichen violetten Niederschlag hervor.
Kupfersalz	einen gelatinösen braunvioletten Niederschlag.
Salzburger Vitriol	desgleichen.
Quecksilberchlorid	einen reichlichen ziegelrothen Niederschlag.
Zinkvitriol	einen flockigen lebhaft rothen Niederschlag.
Neutrale Kalisalze	reagiren wie Wasser.
Barytwasser	erzeugt einen dunkel braunvioletten Niederschlag.
Chlor	färbt die Flüssigkeit hellgelb.

Ob das Cammwood ausser dem rothen Farbstoff, wie behauptet wird, auch noch einen gelben enthält, welcher dem Cammwoodroth eine scharlachrothe Nüance ertheilt; bleibt dahingestellt.

13. Santelholz. *Bois du Santal. Sandal wood.* (Caliaturholz.)

Auch diese Farbhölzer sind das von Splint und Rinde befreite Kernholz. Der Baum von welchem das erste stammt; ist *Santalum album L.* (weisser Santelbaum) und von welchem das letztere stammt, *Pterocarpus Santalinus L.* (rother Santelbaum.) Der erstere gehört zur Familie der Santalaceen und speciell zur Gattung *Santalum* (Santelbaum). Kennzeichen dieser Gattung: Kelch glocken- oder urnenförmig, vielfach gespalten, Kronenblätter wie Schuppen auf dem Kelchschlunde mit den Kelchlappen abwechselnd; 4 Staubgefässe; Griffel mit 3—4 lappiger Narbe, Steinfrucht beerenartig, einsaamig. Die Species *Santalum album* bildet einen stattlichen Baum mit rissiger Rinde und rundlich ausgebildeter Baumkrone; Blätter sind abwechselnd paarig zusammengestellt, sind von länglich eirund-lanzettlicher Gestalt mit glattem Rande; Blumen anfangs gelblich, später erst braun bis purpurroth, in end- und seitenständigen kurzen Rispentrauben gruppirt; Früchte bläulichschwarz. Er wächst in bergigen Gegenden Ostindiens sowie der Sundainseln. Der zweite Baum gehört zur Familie der Papilionaceen und zwar zur Gattung *Pterocarpus*. Kennzeichen derselben: Kelch röhrig-glockig, Schiffchen kurz, Staubgefässe mono- oder diadelphisch; Hülse unregelmässig, geschlossen bleibend, 1—3 saamig.

Die Species *Pterocarpus Santalinus* entwickelt sich zu hoher baumartiger Gestalt, dessen Kernholz eine lebhafte kirschrothe Farbe hat. Kelch fünfzähnig; Blüthenhülle einblätterig, röhrig, glockenförmig; Schmetterlingsblume. Frucht ist eine Hülse, sichelförmig, nicht aufspringend. Die technische Zubereitung kommt mit der des Blau- und Rothholzes ganz überein, d. h. die Bäume werden gefällt an Ort und Stelle, in die Quere durchschnitten, hierauf in Scheite gespalten und diese von Rinde und Splint befreit. In dieser Gestalt wird es als Ballast verladen und erst in den Farbholzmühlen europäischer Hafen- und Handelsplätze entweder geschnitten oder in Nadeln gerissen oder gemahlen.

In Bezug auf die technische Verwendung des Santelholzes ist zu bemerken, dass nur das rothe, das sogenannte Caliaturholz, welches, wie bemerkt, von *Pterocarpus Santalinus* kommt, für die Zwecke der Färberei verwendbar ist, weniger um damit allein selbstständige Farben zu erzeugen, sondern um mittels desselben und zwar in Verbindung mit anderen Farbstoffen, braune, bronceartige und andere diesen ähnliche Farbetöne auf Wollestoffen hervorzubringen. Obgleich das Caliaturholz mit essigsaurer Thonerde präparirte Stoffe roth färbt, macht man von dieser Eigenschaft doch keinen Gebrauch, weil dieses Roth dem durch Rothholz erzeugten an Schönheit erheblich nachsteht, daher eben die Nothwendigkeit, die Anwendung dieses Farbholzes für sich allein zu vermeiden. In um so grösserer Menge wird Caliaturholz aber als alleiniges Farbematerial gebraucht, um Weine, officinelle Holztränke, Polituren und Lacke, Parfümerien, Seifen, Zahnpulver, Leder u. a. Sachen damit zu färben. In der Kunsttischlerei und zu Fourniren wird es nicht häufig verwendet. Das gelbe oder eigentliche Santelholz wird, da es beim Verbrennen einen angenehmen Geruch erzeugt, zur Anfertigung von Räucherpulver und zu verschiedenen officinellen Zwecken in den Apotheken verwendet. In grosser Menge wird dieses Santelholz auch von den Hindus zum Räuchern, namentlich bei ihren Begräbnissfeierlichkeiten, sowie von den Chinesen verbraucht, um daraus allerhand kleines Schnitzwerk zu verfertigen.

Der im Caliaturholz enthaltene Farbstoff Santalin $= C_{16}H_{16}O_{32}$ ist von Pelletier dargestellt worden, welcher zwischen 16 und 17°/₀ davon in demselben fand; er erhielt es, indem er sein gemahlenes Caliaturholz mit kochendem Alkohol behandelte, der das Santalin auszog. Nach der Filtration schied sich aus dem Filtrat das Santalin als eine weiche, harzartige, braunrothe, geruch- und geschmacklose Masse ab; in Alkohol und Aether sowie in Essigsäure in allen Verhältnissen leicht löslich, löst es sich namentlich in kalten Wasser nur schwer auf, nämlich in **700** Theilen; bis zu **100°** erhitzt, schmilzt es, in höheren Temperaturen zersetzt es sich; gegen Alkalien verhält es sich löslich, besonders gegen Aetzkali und Aetzammoniak, in letzterem mit röthlich violetter Farbe; in Leimauflösung erzeugt das essigsaure Santalin in Folge eines Gehaltes an Gerbstoff eine Trübung; die alkoholische Santalinauflösung verhält sich gegen Reagentien wie folgt: Zinnsolution erzeugt in derselben einen purpurrothen, Bleizuckersolution einen violetten, Eisenoxydlösung einen dunkelvioletten, Quecksilberchloridauflösung einen scharlachrothen und salpetersaures Quecksilberoxyd, einen rothbraunen Niederschlag; Meier stellte das Santalin dar, indem er geraspeltes Holz mit Aether oder Alkohol auskochte, filtrirte, das Extract eindampfte, hierauf mit Wasser auskochte, dann in Alkohol wieder auflöste, diese Lösung alsdann mit etwas Salzsäure vermischte, und hieraus nun mittels Wasser das Santalin ausfällt. Indem er diesen Stoff mehrere Male umkrystallisirte, bekam er ihn rein als rothes krystallinisches Pulver. Zusammensetzung $= HO + C_{30}H_{13}O_9$. Andere Körper, die in dem Santelholz nach Meier als fernere Bertandtheile enthalten sein sollen, z. B. Santalid, Santalidid, Sautaloid etc. sind von andern Chemikern nicht dargestellt worden. Unterliegt es keinem Zweifel, dass das von Pelletier dargestellte Santalin kein reines ist, so ergiebt es sich aus dem Folgenden, dass das von Meier dermassen gewonnene Santalin, nicht der ursprüngliche reine Farbstoff, sondern ein bereits oxydirter ist: F. Preiser nämlich behandelte das Santelholz mit Aether und vermengte das gewonnene Farbstoffextract mit Bleioxydhydrat; es entstand ein reichlicher dunkelrother Lack von santalinsaurem Bleioxyd; dasselbe wurde nun auf einem Filter ausgewaschen, in Wasser eingerührt, und einem Strome Schwefelwasserstoffgas ausgesetzt. Es wurde filtrirt und eine nur ganz schwachgelb gefärbte Flüssigkeit erhalten; in luftleerem Raume verdampft, bildete sich auf dem Boden des Gefässes ein weisslich krystallinischss Pulver — reines Santalin. Dieses Pulver absorbirt leicht Sauerstoff aus der Luft und färbt sich roth; wurde daher eine wässerige Auflösung davon an der Luft gekocht, so färbte sich derselbe schnell roth; während der Verdunstung schied sich das oxydirte Santalin in Gestalt eines rothen krystallinischen Pulvers aus (Santalinsäure). Ausserdem enthält das Caliaturholz Gerbstoff, Gummi, Harze und eine Anzahl mineral- und pflanzensaure Salze. Das eigentliche Santelholz von *Sant. alb.* enthält statt des rothen einen gelben bis jetzt nicht genauer bekannten Farbstoff, ausserdem wohlriechendes ätherisches Oel, mehrere pflanzen- und mineralsaure Salze u. a.

1) Caliaturholz (rothes Santelholz), obgleich es von diesem Holze, je nach deren Lande von wo es stammt, verschiedene Sorten giebt, kommen doch dergleichen im Handel nicht vor; ohne zu berücksichtigen, ob das Caliatur von Ceylon, oder von der Küste Coromandel oder von irgend·einer anderen Insel bezogen ist, gelangt es nur unter den Namen Caliatur auf den Markt: sortirt ist es in prima und secunda Waare; schwere bis 5 Fuss lange Blöcke, holzfasrig, splittrig auf dem Bruch, äusserlich von schwarz braunrother, inwendig von blutrother Farbe, ohne auffallenden besonderen Geruch, dagegen von zusammenziehendem Geschmack; gekaut röthet es den Speichel schwach. Ueber London, Amsterdam, Hamburg. —

2) Gelbes Santelholz; armsstarke Stücke, 3—5 Fuss lang, von keiner grossen Härte und Schwere, von feinfasrigem Gefüge und lebhaft gelber Farbe, die nach Innen zu lichter wird. Der Geschmack ist bitterlich, der Geruch angenehm, gewürzhaft; alte, ausgewachsene und gesunde Stämme liefern ein besseres Holz, als die Baumstämme entgegengesetzter Art; in gleicher Weise soll auch das dem Wurzelstock nächste Kernholz besser als das von ihm entferntere sein. Gelbes Santelholz wird von den ostindischen Inseln bezogen, das beste aber liefert Malabar. Sortirt ist es nicht nach dem Bezugsort, sondern überhaupt nach der Qualität.

3) Weisses Santelholz ist das junge Holz desselben Stammes von dem das gelbe Santelholz gewonnen wird; von weisslichgelber Farbe in der Jugend, wird das Holz bereits im zweiten Jahre gelb und zeigt dann alle die Eigenschaften, welche oben von dem gelben Holze erwähnt worden sind. Weisses Santelholz ist, wie schon ge-

sagt von blassgelber Farbe von feinfasriger Beschaffenheit, ohne Geschmack und von schwachem aber angenehmem Geruch. Hauptbezugsorte für die sämmtlichen Santelholzarten: London, Amsterdam, Hamburg.

4) Das im Verkehr wohlbekannte Violette Santelholz ist keine natürliche Abart weder von *Santalum* noch von *Pterocarpus*, also kein Naturprodukt; es ist vielmehr ein Industrieerzeugniss, das nur aus dem Grunde hier Erwähnung verdient, weil rothes Santelholz einen wesentlichen Bestandtheil des violetten ausmacht, welches als ein aus verschiedenen Holzarten bestehendes Gemisch zu betrachten ist; man kann es in sehr verschiedenen Nuancen, heller, dunkler, röthlicher, bläulicher erhalten; feinpulvrig. Es dient vorzüglich den Tischlern und Möbelfabrikanten zur Anfertigung violetter Polituren.

Ob rothes Santelholz mit geringen Rothfarbhölzern andrer Art verfälscht ist, lässt sich am leichtesten durch Probefärben erkennen; ist man im Besitz einer mit anerkannt gutem Santel gefärbten Probe, so kann man sicher durch Vergleich derselben mit der durch den zu prüfenden Santal gehaltenen Probe bestimmen, ob er verfälscht und in welchem Grade er es ist. Die Prüfung des rothen Santel auf Verfälschung mittels rothen Ocker erfolgt auf die Weise, dass man eine vorher genau abgewogene Holzmenge vollständig einäschert. Beträgt das Gewicht der zurückgebliebenen Asche bedeutend mehr als von einer gleichen Menge einer als gut bekannten Sorte, so ist man befugt auf Verfälschung mittels Ocker zu schliessen. Man überzeugt sich von dessen Gegenwart, indem man die Asche in Salpetersäure auflöst und zu dieser Auflösung soviel Ammoniakflüssigkeit hinzugiesst, bis die saure Auflösung ammoniakalisch riecht; entsteht hierdurch ein auffallend starker, braunrother, flockiger Niederschlag, so ist der absichtliche Zusatz von Ocker zum Santel unzweifelhaft dargethan. Wie aber schon unter Blauholz bemerkt, vermeidet es der Färber oder Fabrikant, auch hier um dergleichen Verfälschungen nicht zu erfahren, fein geraspeltes oder gemahlenes Santelholz zu kaufen. Santelholz in Stöcken verdient den Vorzug, der Einkauf ist sicherer. Contofinto: s. ostind. Rothhölzer.

14. Gelbholz. *Bois jaune. Yellow wood.* (Gelbes Brasilienholz.)

Vor dem Bekanntwerden der Querzitronrinde war die Anwendung des Gelbholzes zur Darstellung gelber, olivgrüner und olivbrauner Farben auf gewebte Stoffe eine viel allgemeinere, als dies jetzt der Fall ist; gegenwärtig hat die Querzitron den Vorzug, denn die mit Gelbholz erzeugten Farben stehen den Querzitronfarben an Schönheit und Festigkeit entschieden nach. Indess hat es auch jetzt immer noch seinen Werth für den Färber, insofern Gelbholz bei Darstellung eigenthümlicher dunkelgrüner Farbetöne auf Wolle und Baumwolle und von Schwarz auf Wolle vorzügliche Dienste leistet. In nicht grosser Menge wird es auch von den Ebenisten zur Darstellung von eingelegter Arbeit benutzt. Für die Zwecke der Färberei wird Gelbholz in den Holzschneidemühlen entweder in Spähne geschnitten oder in Nadeln gerissen oder gemahlen; es ist, wie wir das von den vorstehenden Hölzern bereits auch wissen, nur das Kernholz des Baumes; Rinde und Splint enthalten keinen Farbstoff; die technische Zubereitung des Holzes bezieht sich daher in der Heimath des Gelbholzbaumes einfach darauf, dass dieser gefällt, und alsdann in Stücke zersägt wird, die man von Rinde und Splint befreit und nun entweder in Scheite spaltet oder im Ganzen verschickt.

Der Gelbholzbaum gehört zur Familie der Urticaceen uud zwar zur Gattung Maulbeerbaum *Morus* (*Tourn.*) Aeussere Kennzeichen der Gattung: die männliche

Blüthenhülle tief viertheilig, vier Staubgefässe auf dem Grunde der Blüthenhülle, um ein verkümmertes Pistill herumgestellt; Blüthen stehen in kleinen Aehren zusammen; die weibliche Blüthenhülle vierblättrig; der Fruchtknoten zweifächerig mit 2 hängenden Eierchen, Griffel doppelt, die an ihrer innern Seite die Narben tragen; die Blüthen stehen in kleinen kopfförmigen Aehren beisammen. Männliche und weibliche Blüthen auf einem und demselben Stock. Die Früchte sind einsaamige Nüsschen, welche von der meist beerig gewordenen Blüthenhülle eingeschlossen sind. Die Species von *Morus*, welche unter dem Namen Färber-Maulbeerbaum oder Gelbholzbaum, zu den oben angegebenen Zwecken verwendet wird, ist *Morus tinctoria*, ein stattlicher Baum, der eine Höhe bis zu 60 Fuss erreicht. Die Aeste sind dornig; Blätter nicht aufsitzend, sondern gestielt; ganzrandig, länglich eirund, zugespitzt; die männlichen Blüthenähren erreichen die Länge von 3 Zoll; die weiblichen Blüthenköpfchen gestielt, Blattwinkelständig. Frucht kuglig, gelb. Heimath des Färber-Maulbeerbaumes ist das britische Westindien, Kuba, andere westindische Inseln, die südlichen vereinigten Staaten, Mexiko, Kolumbien, Brasilien.

Bestandtheile: Der in dem Gelbholz enthaltene Farbstoff ist das Morin, ursprünglich ein weisses Pulver, das aber bald durch Berührung mit der Luft gelb wird. Zweitens enthält das Gelbholz auch noch eine Verbindung des Morins mit Kalk, Morinkalk; beide geben dem Gelbholz seine gelbe Farbe. Ausserdem finden sich in den Höhlungen der Blöcke sowie in den Holzadern Ablagerungen eines bald mehr oder weniger hochgelb gefärbten Pulvers, dessen wesentliche Bestandtheile der obige Morinkalk und Moringerbsäure sind. Beide sind von Wagner aufgefunden und da sie von gleicher Zusammensetzung sind, $= C_{18}H_8O_{10}$ festgesetzt worden. Da das Morin wie andere Farbstoffe mit gewissen Basen salzartige Verbindungen erzeugt, so führt es auch den Namen Morinsäure. Erinnert man sich nun bezüglich des Gelbwerdens des weissen Morin an der Luft durch Aufnahme von Sauerstoff, dass die ursprünglichen Farbstoffe im Indigo, Waid, u. a. auch weiss sind und dass sie durch Oxydation in die gefärbten Farbstoffe übergehen, dass ferner durch Höheroxydation aus dem Hämatoxylin Hämatein, und aus dem Brasilin Brasilinsäure entsteht, so wird man in den oben angeführten Verhalten des Morins zum Sauerstoff keine neue Erscheinung, sondern nur eine Wiederholung derselben Oxydationsprocesse finden. Das gelbe Morin hat Chevreul auf folgende Weise erhalten: Fein zerkleinertes Gelbholz wurde mit siedendem Wasser behandelt und hierauf filtrirt; während der Abkühlung setzte sich das Morin in krystallinischer Gestalt ab. Von gelber Farbe, von schwachbitterem zusammenziehenden Geschmack, ohne charakteristischen Geruch in kaltem Wasser wenig, lichter in kochendem und sehr leicht in Aether und Alkohol löslich. Die wässerige Auflösung reagirt sauer und wird durch Hindurchleiten von Sauerstoffgas schnell, durch Einwirkung der Atmosphäre allmählig geröthet. In erhöhter Temperatur schmilzt das Pigment, färbt sich rothbraun und schiesst aus einer kochend bereiteten wässerigen Auflösung bei der Erkaltung in Gestalt von schmuzig gelbrothen Krystallen an. Verhalten einer Gelbholzabkochung gegen Reagentien:

Hausenblaseauflösung . . starke Trübung, orangefarbigen Niederschlag,

Kalilauge, Aetzammoniak, Kalkwasser gelbrothe, ins Bräunlichgrüne übergehende Trübung,

Zinnchlorür (Zinnsalz) . . gelber Niederschlag,

Alaun (schwefels. Thonerde-Kali) hellgelber Niederschlag,

Bleizucker (essigsaures Bleioxyd) orangefarbiger Niederschlag, essigsaures Kupferoxyd   braungelber Niederschlag,

schwefelsaures Eisenoxyd .   braun-olivengrüner Niederschlag,

konzentrirte Schwefelsäure   macht die Auflösung lichtfarbiger,

konzentrirte Salpetersäure .   macht sie röthlich und trüb,

Chlor (gasförmiges) .   macht sie ebenfalls röthlich, welche Farbe aber im Ueberschuss des Lösungsmittels wieder verschwindet.

Wagner hat das Morin durch Zerlegung des Morinkalkes gewonnen; der aus einer wässrigen Abkochung des Gelbholzes sich ausscheidende Morinkalk wird durch Auflösen in siedendem Weingeist und durch Ausfällen aus dieser Auflösung mittels Zusatz von Wasser gereinigt, hierauf filtrirt und mit Oxalsäure und Weingeist gekocht; oxalsaurer Kalk scheidet sich aus und in dem Fluidum aufgelöst bleibt die Morinsäure (Morin), welche nun aus der Auflösung durch Wasser gefällt wird, weisses krystallinisches Pulver, das an der Luft bald gelb wird, in Wasser wenig löslich, leichter löslich hingegen in Alkohol und Aether ist. Eisenoxydsalze werden durch Morinlösung granatroth gefärbt und schwefelsaures Eisenoxydul olivgrün präcipitirt. Silberauflösungen werden sofort reduzirt; bis zu 300⁰ erhitzt, schwärzt es sich und giebt, indem gleichzeitig Kohlensäure entwickelt wird, Phänol- und Pyro-Moringerbsäure aus. Aus den Wagner'schen Untersuchungen über Gelbholz ergiebt sich, das, was Chevreul für Morin hielt (s. oben), ein Gemisch von vielen Stoffen war, unter denen der Morinkalk und die Morin-Gerbsäure als die hauptsächlichsten sich ergaben.

Ausser den genannten Farbstoffen enthält das Gelbholz harzartige Substanzen, Zucker, ätherisches Oel, Holzsubstanz, Eisenoxyd, Kieselsäure, mehrere Pflanzen- und mineralsaure Salze u. s. w.

Sorten. Das beste Gelbholz ist das Kubaholz, ungespalten in Blöcken von 2 Fuss Länge und etwa 20 Zoll im Durchmesser, ½ bis 1 Centner schwer, splittrig, auf dem frischen Bruch von lebhaft schwefelgelber Farbe sehr harzig und in den Holzfugen und Adern mit weissen und gelben pulverförmigen Morin sowie mit pulverförmiger Morin-Gerbsäure angefüllt, splintfrei. Sortirt wie in nachfolgende Arten, in gute, mittel und geringe Waare.

Nächst dem Kubaholz hält man für das beste Holz Jamaika; ungespalten, ebenfalls in Blöcken von ungefähr 2 Fuss Länge und 20 Zoll im Durchmesser, bis zu 1 Centner schwer; Holz splittrig, schliefrig, splintfrei, von lebhnft gelber Farbe, hochgelb geadert und in den Holzzwischenräumen mehlig. Von sehr unterschiedlicher Güte.

An diese reihen sich, theils in guten, mittleren oder geringen Qualitäten sortirt, noch folgende Hölzer an: Savanilla, äusserlich dem Kuba ähnlich geschnitten, aber von minder lebhafter Farbe, Maracaibo, gespalten und von kurzem Schnitt, Tuspan wie Kuba geschnitten, nicht splintfrei, Ablagerung von Mehl in den Holzfugen selten; Tampiko, Portoriko, Brasil-Gelbholz u. m. a. theilweise in guten Qualitäten. Einfuhr der Gelbholzarten aus Kuba und den anderen westindischen Inseln, aus den vereinigten Staaten, Mexico, Kolumbien, Brasilien. Bezugsorte London, Hamburg, Amsterdam.

Gutes Gelbholz zeichnet sich durch eine reine, lebhaft gelbe Farbe, durch reichliche Aderung, durch häufige Ablagerung von Mehl in den Holzfugen, durch Reinheit von Splint, durch markige Beschaffenheit der Holzmasse aus.

Die Prüfung des Gelbholzes auf seine Güte kann entweder mittels des Kolorimeters geschehen, indem man nach der unter Blauholz angegebenen Verfahrungsweise die Farbe des aus dem zu untersuchenden Gelbholz bereiteten Extractes vergleicht, oder man prüft einfach das Gelbholz auf seine Färbungsfähigkeit durch Probefärben und schliesst aus der Fülle und Reinheit der erhaltenen Farbe auf die Güte des Gelbholzes. Absichtliche Vermischungen guter Holzsorten mit geringeren kommen namentlich bei genadeltem und gemahlenem Gelbholze vor. Prüfung durch Probefärben.

Gelbholzextract.

Die Darstellung kommt ganz mit der des Blau- und Rothholzes überein; es enthält alle im Wasser auflöslichen Bestandtheile des Gelbholzes; von dickflüssiger Beschaffenheit und gelbgrüner Farbe; theils aus Amerika, theils aus Frankreich und Deutschland; das erstere stets fest, dunkel olivgrün, schwach glänzend, spröd, muschlich im Bruch. Versendung des flüssigen und festen Extractes wie Blauholzextract. Die Prüfung auf seine Güte kann man ganz so, wie unter Blauholzextract angegeben ist, ausführen, nur dass man sich statt des Kupfervitriols einer Zinnsalzauflösung bedient. Ausser Gelbholzextract kommt auch Gelbholzlak, Cubalak im Handel vor, das von heller olivgrüner Farbe und teigartiger Beschaffenheit, wie alle Lake dargestellt wird, indem man die wässrige Auskochung des Materials, hier also des Gelbholzes, filtrirt und den Farbstoff mittelst Zusatz eines Salzes z. B. von Alaun präzipitirt; man seiht durch und bringt den erhaltenen Lack als Teig in Fässer, die man luftdicht verschliesst. Grösse der Fässer nach Verlangen. Aus allen chemischen Fabriken, in welchen Farbewaaren bereitet werden, zu beziehen.

Ueber ein neues aus Amerika (Kalifornien) stammendes Gelbholz giebt *Armengaud's Génie industriel* Aug. 1858) ohne auf die botanische Beschreibung des Baumes und die äusserliche Beschaffenheit des Holzes einzugehen, folgende technische Notizen: der Chemiker Weil in Paris hat gefunden, dass das fragliche Gelbholz in sehr reichlicher Menge einen gelben Farbstoff enthält, welcher schätzbare Eigenschaften besitzt. Er fixirt sich ohne Beize auf wollene und seidene Gewebe und erzeugt Farben von grosser Reinheit. Nachdem er auf den Stoffen fixirt ist, widersteht er dem Waschen mit reinem Wasser.

Absud des Holzes und Reaktionen desselben. Kleine Spähne dieses Holzes in 1 Liter destillirten Wassers gekocht lieferten eine klare gelbliche Flüssigkeit von bitterem Geschmack. Diese zeigte folgendes Verhalten: 1) die alkalischen Salze ändern ihre Farbe in bräunlichgelb um, aber ohne eine Trübung zu veranlassen, 2) Salpetersäure färbt die Flüssigkeit röthlichgelb, 3) Schwefelsäure, Salzsäure und die organischen Säuren bringen in derselben keine Veränderung hervor, 4) eine sehr verdünnte Auflösung von Chlorkalk iu der Kälte zugesetzt dunkelt die Farbe, ihr einen röthlichen Ton ertheilend; in der Wärme wird sie aber dadurch vollständig entfärbt, 5) basisch essigsaures Bleioxyd veranlasst einen gelblichweissen Niederschlag, aber ohne die Flüssigkeit zu entfärben, 6) die Zinnoxydul- und Oxydsalze bringen keine Veränderung hervor, 7) ebensowenig die Eisenoxydul- und Oxydsalze, der Alaun, der Kupfervitriol, das zweifach-chromsaure Kali, die Kobaltsalze und das gelbe Blutlaugensalz.

Färbeversuche. 1) Ohne Beize. Wolle und aus Wolle und Seide gemischte Gewebe, ausgewaschene Strähne von Wolle und Seidegarn wurden ohne Beize in dem oben erwähnten Bade gefärbt, dessen Temperatur auf 60°, 70° und 100° C. erhöht wurde. Dieselben nahmen eine hellgelbe Farbe an, welche durch reines Wasser und durch Alkohol nicht verändert wird. Die Baumwolle hingegen fixirt die Farbe des Bades nicht, wenn man sie wie die wollenen und seidenen Gewebe behandelt.

2) **Mit Beize.** Man setzt dem Absude ein wenig Weinstein und ein wenig Alaun zu. Das so gebeizte Bad gab schwächere Farben als das nicht gebeizte Bad.

Prüfung der gefärbten Proben. 1) Mit Wasser verdünnte Salzsäure, in der Kälte angewendet, schwächt die Farbe der gefärbten Garne nur wenig; in der Siedehitze werden sie aber selbst durch sehr verdünnte Salzsäure vollständig entfärbt. 2) Eine schr verdünnte Auflösnng von Chlorkalk ändert die Farbe ins Röthliche um; in der Warme angewendet, entfarbt sie die gefärbten Zeuge vollständig. 3) Eine verdünnte und warme Auflösung von kohlensaurem Natron schwächt die Farbe sehr, welche dabei ins Bräunliche übergeht. 4) Eine kochende Auflösung von Seife entfärbt die gefärbten Zeuge vollständig. (Durch das polytechn. Journ. B. 149.)

Häufig bezeichnet man Fisett-, Fustel- oder Fustikholz im Verkehr und Handel mit dem Namen Gelbholz, ob es gleich von einem anderen Baume als das eigentliche Gelbholz stammt. Der Baum nämlich, welcher das Fisettholz liefert, ist *Rhus Cotinus*, der in allen südeuropäischen Ländern z. B. in Ungarn, Dalmatien, Tyrol, Illyrien, Spanien, Frankreich, Italien etc. wild wächst, theilweise kultivirt wird. Er ist aus der Familie der *Terebinthaceen* und gehört zur Gattung *Rhus*, deren äussere Kennzeichen sind: fünftheiliger Kelch, 5 Blumenkronenblätter, Blüthen zwitterlich oder polygamisch, Fruchtknoten mit drei kurzen Griffeln, so dass die drei Narben auf dem Fruchtknoten zu sitzen scheinen. Die Frucht ist eine trockne Steinfrucht, mit einem, selten zwei oder drei Samen. Die genannte Spezies aber ist an folgenden Eigenschaften kenntlich: Blätter verkehrt eirund, ganzrandig, grünliche Blumenblätter, röthlichgelber Blüthenboden. Steinfrüchte schief, verkehrt herzförmig und grün. Blumen in einer Blüthenrispe zusammengestellt, auf sonnigen, bergigen Orten des südlichen Europas (s. unter Sumach). —

Das im Handel vorkommende Fisettholz stammt aus Ungarn, Dalmatien, Illyrien, Tyrol, Italien, Spanien und ist das von Rinde und Splint befreite Kernholz; äusserlich bräunlich gefärbt, zeigt es auf den frischen Schnitt eine grünlichgelbe Farbe; Knüppel, Stöcke von kurzem und langem Schnitt; knorrig, massig; im Gewicht von einigen Pfunden bis zu einem halben Centner und darüber. Ausser in den Färbereien findet es keine weitere wesentliche Verwendung zu technischen Zwecken. Aber auch in der Färbekunst wird es für sich allein nur selten benutzt, höchstens in der Kattunfärberei zur Erzeugung gewisser Modefarben, die mittelst anderer Farbstoffe auf Kattun nicht zu erzielen sind; häufiger findet es in der Wollefärberei in Verbindung mit Kochenille oder Lak-Dye oder Farbhölzern seinen Platz und noch häufiger im Laboratorium der Chemiker, die Fisettholzabkochung zur Anfertigung von Dampf-Aufdruckfarben auf Wolle- und Baumwollestoff entweder allein oder mit anderen Abkochungen vermischt, benutzen.

Der in dem Fisettholz erhaltene Farbstoff ist ebenfalls von Chevreul dargestellt und von ihm später Fisettin (Fisettinsäure) genannt worden; als glänzender grünlichgelber Firniss wird dieser Farbstoff erhalten, wenn man einen wässrigen Aufgusss von Fisett eindampft. Der Geschmack ist zusammenziehend, er löst sich im Wasser, leichter in Alkohol und Aether mit grünlichgelber Farbe auf und schmilzt in erhöhter Temperatur. Durch mehrmaliges Umkrystallisiren aus seiner alkoholischen Auflösung wird er in Gestalt von glänzenden prismatischen Nadeln rein gewonnen.

In einer wässrigen Abkochung von Fisettholz erzeugt

Hausenblaseauflösung	. schmuzig gelbrothe Flocken,
Kalilauge (Aetzkali)	. schwache Röthung,
Ammoniakflüssigkeit	. gelbrothe Färbung,

Zinnchlorür (Zinnsalz)	. orangefarbige Flocken,
Alaunauflösung . . .	. hellgelben Niederschlag,
Bleizucker (essigsaures Bleioxyd)	orangerothe Flocken,
essigsaures Kupferoxyd	. rothbraune Flocken,
schwefelsaures Eisenoxyd	. grünlichbraune Flocken,
gasförmiges Chlor .	. entfärbt die Flüssigkeit,
konzentrirte Schwefelsäure	. braunrothe lebhafte Farbe.

Ausser dem Fisettin enthält das Fisettholz nach Chevreuls Annahme noch einen rothen Farbstoff; indess ist es zweifelhaft geblieben, ob ein solcher in dem Holz existirt oder ob er nicht vielleicht der gelbe (Fisettin) ist, der unter Veränderung seiner Eigenschaften mit Bleizucker und Grünspan zu rothen Verbindungen zusammentritt. Mag aber in dem Fisettholz ein Farbestoff, oder mögen deren zwei in demselben enthalten sein, immer sind sie erst hervorgegangen durch Höheroxydation aus dem ursprünglich weissen Farbstoff, der durch Aufnahme von Sauerstoff erst zum gefärbten Farbstoff sich gestaltet. Die übrigen Bestandtheile des Fisettholzes sind im Allgemeinen dieselben wie in anderen Farbhölzern, Gerbstoff, Zucker, harzige und gummiartige Stoffe, Oele, Pflanzen- und mineralsaure Salze u. a. m.

Nach Massgabe der technischen Verwendung wird Fisett entweder genadelt oder fein gemahlen; die Arten werden bezeichnet nach ihren Bezugsorten und sind in gute und mittlere Qualitäten sortirt. Bezugsort Triest, Hamburg. Gute Qualitäten zeigen markige und feste Beschaffenheit der Holzmasse, sind frei von Rinde und Splint und auf den frischen Bruch von lebhafter grüngelber Farbe. In gemahlenem Zustand ist eine absichtliche Verfälschung des guten Fisettholzes mit geringeren Sorten oder gar mit ganz werthlosen und grünlichgelb gebeizten Hölzern leicht möglich; das beste Mittel solchen Verfälschungen auf die Spur zu kommen, ist das oben beschriebene Verfahren, mittels des Kolorimeters unter Anwendung einer als gut bekannten Sorte von Fisettholz und das Probefärben.

Fisettholzabkochung, welche leicht mit Wau- oder Querzitronabkochung äusserlich verwechselt werden kann, unterscheidet sich von dieser dadurch, dass in ihr Kali-Natron- und Strontianwasser intensive rothe Färbungen hervorbringen.

Fisettholzlak wird in chemischen Fabriken in derselben Weise wie der Gelbholzlak dargestellt und in Fässern von beliebiger Grösse versendet. Teigartig, olivgrün. Fisettholzextract kommt im Handel nicht vor. (Conto finto s. unter Blauholz.)

15. Katechu. *Cachou. Catechu.*

Von jeher hat man Katechu für eine aus Japan stammende Erdart gehalten und hat daher auch dasselbe *Terra japonica*, japanische Erde, genannt; allein dies ist ein Irrthum, der bis auf den heutigen Tag noch nicht gänzlich beseitigt ist, was um so mehr auffallen muss, da das direkte Gegentheil dieser Meinung in dem Namen Katechu selbst begründet liegt, denn *cate* heisst Baum und *chu* Saft, folglich Katechu — Baumsaft. Und wirklich ist dies auch Katechu, aber in getrocknetem Zustand; denn man gewinnt Katechu auf folgende Weise: nachdem man von dem Holze der Katechu-Acacie (*Mimosa Catechu*) oder der *Areca Cat.* auch des ächten Gambirstrauches (*Uncaria Gambir Boxb.*), Rinde und Splint getrennt, wird dasselbe in kleinere Stückchen zerhauen und in mit Wasser gefüllte Kessel geworfen; das Wasser wird bis zum Sieden erhitzt, was verursacht, dass die unter dem Namen Katechu bekannte Masse aus dem Holze ins Wasser übergeht; noch kochend wird das katechuhaltige Wasser durch Siebe geschlagen und auf diese Weise das Holz von dem flüssigen Extract getrennt; man kocht das letztere bis zur Syrupskonsistenz ein, lässt es an der Luft zu einem steifen Teig erstarren, formt daraus Kugeln, Würfel, Brote und bringt diese, auf Reisstroh oder Asche gelagert, an der Luft und Sonne zur vollständigen Trockne und Festigkeit.

Die Katechu-Acacie *Mimosa Catechu* gehört zur Familie der Mimosaceen und zwar in die Gattung *Mimosa*; äussere Kennzeichen der Gattung: tropische Bäume oder Sträucher, meistens stachlig, Blätter gefiedert oder gezweit fingerig. Blüthen weiss oder rosenroth in Köpfchen, Staubgefässe haarig, lang; Blüthen 4—5 blättrig, polygamische Hülse. Aeussere Kennzeichen der Species *Mimosa Catechu*: grosser Baum mit vielästiger Krone; Blätter gefiedert; Blättchen sitzend; Blüthenähren kurz gestielt, 2—3 beisammen im Blattwinkel; Dornen gepaart, später umgebogen; Hülse lineal-lanzettlich, 3—4 Zoll lang, 5—8 saamig; in Bengalen, auf Coromandel gemein.

Die Arecapalme *Areca Catechu L.* gehört zur Familie der Palmen. Aeussere Kennzeichen der Gattung *Areca*: Palmen von mittlerem und geraden schlankem Stamm; Blätter wenig, unbewehrt, Blättchen lanzettlichlineal, an der Spitze abgestutzt; Aeste ährig; Blüthen zahlreich, einhäusig, 3 blättrig, Kelch dreitheilig. Steinfrucht mit zerbrechlicher Schaale. Aeussere Kennzeichen der Spezies *Areca Catechu*: Stamm 30 bis 50 Fuss hoch, 6—8 Zoll im Durchmesser, gerade aufrechte, an der Spitze 6—8 etwas hängende, nach allen Seiten gewendete 15 Fuss lange Blätter. Blättchen lineallanzettlich; Blüthenkolben mit langen dicht beisammenstehenden Aesten. Blüthenscheide bis 2 Fuss lang; Nuss rundlich-kegelförmig.

Der Gambirstrauch *Uncaria Gambir Boxb.* gehört zur Gattung der Rubiaceen. Aeussere Kennzeichen der Gattung: Kletternde Sträucher, Blätter gegenständig oder zu 3 oder 4. Blüthenstiele end- oder achselständig, Blüthen in Köpfchen. Kapsel mit dachziegelförmigen Saamen. Eigenschaften der Spezies *Uncaria Gambir*: hochkletternde zahlreiche, kahle abstehende Aeste; Blätter kurz gestielt, 2—4 Zoll lang. Dornen über 1 Zoll lang, zurückgekrümmt. Blumenkrone 6 Zoll lang, blass fleischroth, trichterförmig; Kapseln 10 Linien lang, braun; Saamen länglichrundlich.

Die in dem Katechu enthaltenen Bestandtheile sind zunächst ein fahlgelber Farbstoff, dessen Existenz von Schwarz auf die Weise nachgewiesen worden ist, dass er ein von Thonerdemordant imprägnirtes Stückchen Kattun in einem Katechubade bei $+45^{\circ}$ ausfärbte, welches nach Beendigung des Färbeprozesses fahlgelbe Farbe zeigte. Ein zweiter Bestandtheil ist die Katechugerbsäure; dieselbe ist verschieden von der Gerbsäure der Galläpfel, der Knoppern u. s. w., denn während die erstere unter Einwirkung des atmosphärischen Sauerstoffs an der Luft allmählig in Japonsäure übergeht, verwandelt sich die letztere, ebenfalls unter Aufnahme von Sauerstoffgas, in Gallus- und Ellagsäure, wobei noch ein dem aufgenommenen Sauerstoffgas entsprechendes Volumen von Kohlensäure gebildet wird. Ferner enthält das Katechu Japonsäure, denjenigen Körper, welcher dem Katechu die braune Farbe giebt, im Katechu theils gebildet durch Einwirkung des atmosphärischen Sauerstoffs auf die Katechugerbsäure (natürliches braunes Katechu), theils durch Umschmelzen des gelben Katechu mit chromsaurem Kali, wobei von der Chromsäure ebenfalls Sauerstoff an die Katechugerbsäure abgetreten und Japonsäure gebildet wird (künstlich gebräuntes Katechu). Die Benutzung des Katechu zum Färben beruht auf der Gegenwart dieser Säure, indem sie mit den Oxyden des Kupfers und Chroms braune unauflösliche Verbindungen erzeugt. Ein fernerer Bestandtheil des Katechu ist das Katechin, von Schwamberg dargestellt, wegen seiner schwachsauren Eigenschaften von ihm auch Katechusäure genannt. — Die Katechugerbsäure wird aus dem Katechu genau so wie die Galläpfelgerbsäure aus den Galläpfeln gewonnen; gummiartiges Extract von gelblicher Farbe und adstringirendem Geschmack; löslich in Wasser; durch Absorption von Sauerstoff färbt es sich an der Luft rothbraun und erzeugt in Eisenoxydsalzen graugrüne Niederschläge, desgleichen Niederschläge mit Eiweiss und Leimauflösung; in Brechweinsteinlösung bringt sie keinen Niederschlag hervor und unterscheidet sich dadurch von der Galläpfelgerbsäure; $= C_{18}H_8O_8$ oder $C_{14}H_6O_5$. Die Katechusäure oder Katechin $= C_{14}H_7O_7$ erhält man, wenn man Katechu mit kaltem Wasser extrahirt, den Rückstand mit siedendem behandelt, und diesen mit Auflösung von basisch essigsaurem Bleioxyd vermischt; wenn man ferner den erhaltenen Niederschlag, katechusaures Bleioxyd, gut auswäscht, in heissem Wasser zertheilt und durch Schwefelwasserstoff zerlegt, das Schwefelblei abfiltrirt und aus dem Filtrat die aufgelöste Säure herauskrystallisiren lässt; als Hydrat $= HO + C_{14}H_6O_6$; weisse, feine, in heissem Wasser und in Alkohol leicht lösliche, zusammenziehend schmeckende Nadeln und Blättchen, die durch Aufnahme von Sauerstoff aus der Luft bald braun werden. Katechusäure in überschüssiger Kalilauge bei erhöhter Temperatur der Luft ausgesetzt, verwandelt sich ebenfalls in Japonsäure $= HO + C_{12}H_4O_4$, eine schwarzbraune, sauer reagirende Masse. Auf Grund dieser letzteren Prämissen würde die Ueberführung des gelben Katechu in braunes vielmehr durch Oxydation der Katechusäure erfolgen, indem entweder die Bildung der Japonsäure durch Aufnahme von Sauerstoff aus der Chromsäure des chromsauren Kali unter Mitwirkung des frei gewordenen Kalis in erhöhter Temperatur stattfindet, wie dies bei Bereitung des Katechuextractes der Fall ist oder indem Katechusäure aus der Luft Sauerstoff allmählig aufnimmt, wie dies bei der freiwilligen Bräunung des ursprünglich gelben Katechu an der Atmosphäre geschieht. (Vergl. Katechu-Gerbsäure.) Es ist bekannt, dass das aus dem Baum austretende Katechu eigentlich von gelblichweisser Farbe ist, dass aber dieselbe durch Berührung mit der Luft alsbald ins Gelb, ins Olivbraun und zuletzt ins Chocoladenbraun übergeht. Nach Analysen von Davy enthält das Katechu in 100 Theilen:

(Katechu aus Bombay)

54,5 Gerbstoff (Katechugerbsäure),

34,0 Extractivstoff (Katechin, Japonsäure, gelber Farbstoff etc.)

6,5 Pflanzenschleim und

5,0 unlöslichen Rückstand.

100,0

(Katechu aus Bengalen)

47,5 Gerbstoff (Katechugerbsäure),

36,5 Extractivstoff (Katechin, Japonsäure, gelber Farbstoff etc.)

9,0 Pflanzenschleim

7,0 unlöslicher Rückstand.

100,0

In grösster Menge wird das Katechu gewerblich verwendet für die Zwecke der Färberei und Druckerei; man färbt damit Zeuge, indem man diese in einem aus Wasser, Katechu, Kupfervitriol, Salmiak und Essig bestehenden Farbebade behandelt und hierauf durch ein zweites Bad von chromsaurem Kali zieht; nach Maasgabe der Menge des hierbei angewendeten Katechu oder der oben genannten Zusätze, oder in dem Verhältniss als man andere mineralische Zusätze in Mitanwendung bringt, das Verfahren beim Färben selbst in dieser oder jener Beziehung z. B. in Beziehung auf Temperatur etwas abändert, erhält man eine grosse Mannigfaltigkeit von Katechufarben. Die Katechudruckfarben bestehen ebenfalls aus einem Gemisch von Wasser, Katechu, Kupfersalzen, Salmiak u. s. w., die aber mit etwas Gummi verdickt werden, um mittels der Formen auf die Zeuge aufgedruckt werden zu können. Die Befestigung dieser Farben auf den Zeugen geschieht entweder, indem man heisse Wasserdämpfe unter erhöhtem Druck auf sie einwirken lässt oder indem man sie in einem kalten konzentrirten Kalkmilchbade behandelt. Werden solche Aufdruckfarben mit Eisen- oedr Thonerdemordant vermischt, so eignen sie sich zum Ausfärben in Krapp, Querzitron oder Farbholzflotten und geben auf diese Weise recht angenehme Farbetöne. Auch als Anstrichfarbe wird Katechufarbe benutzt. Wegen seines bedeutenden Gehaltes an Gerbstoff würde es in der Gerberei vorzügliche Dienste leisten; 1 Pfd. Katechu kommt auf Grund angestellter Versuche 7—8 Pfund Eichenrinde an gerbender Kraft gleich. In Ostindien ist die Verwendung des Katechu zum Betelkauen ausserordentlich gross. —

Im Handel unterscheidet man bezüglich seiner Güte gewöhnlich zwei Sorten Katechu von einander, das Katechu aus Bengalen und das Katechu aus Bombay. In der Provinz Pegu unterscheidet man vom Bengal 2 Sorten a) Kassu, mit Reishülsen gemengt, bitterlich zusammenziehend und b) Kaschkutti, harte aber äusserst bittere und wenig zusammenziehende Masse. Auf Grund der Davisschen Analysen ist das Bombaykatechu wegen seines grösseren Gehaltes an Katechugerbstoffsäure für das bessere zu halten; im Uebrigen kommen beide Arten in verschiedenen Gestalten im Handel vor und haben fast gleiche Härte, muschligen Bruch, Fettglanz und theils olivbraune (gelbe) theils chokoladenbraune Farbe. Die erstere ist die ursprüngliche. Bereits unter „Bestandtheile" ist's angegeben worden, durch welchen inneren Vorgang die Ueberführung der olivbraunen Farbe in die chokoladenbraune verursacht wird; hier nur noch die zwei Bemerkungen, dass in der olivbraunen Katechusorte die Katechugerbsäure in der chokoladenbraunen die Japonsäure die vorherrschende ist und dass auf 100 Pfd. olivbraunes Katechu 1 Pfd. fein abgeriebenes chromsaures Kali nöthig ist, um es in das chokoladenbraune zu verwandeln. Auf die Frage, welche von diesen beiden Sorten, die oliv- oder chokoladenbraune, in der Färberei bessere Dienste leistete, müsste die Antwort, die Theorie festgehalten, zu Gunsten der olivbraunen ausfallen, da es augenscheinlich ist, dass die Katechufarbe auf den Stoffen um so fester halten sollte, wenn während der Färbeoperation die Ueberführung der Katechu-Gerbsäure oder Katechusäure in Japonsäure auf dem Faden selbst vor sich geht; diese Meinung stimmt aber so wenig mit der Praxis überein, dass chokoladenbraunes Katechu, weit entfernt unhaltbare Farben zu liefern, Farben von mindestens gleicher Festigkeit wie das gelbbraune Katechu erzeugt, nicht zu gedenken, dass braunes Katechu auch vollere Töne in Braun auf Stoffen hervorbringt.

Mit diesem Katechu darf das sogenannte Neukatechu nicht verwechselt werden; dasselbe ist ein Pflanzenpigment, welches in den Fichten- Tannen-, und Kieferbäumen vorkommt und auf analoge Weise wie das ostindische Katechu gewonnen wird. Als Handelsartikel kommt es in formlosen Stücken von glänzendschwarzer Farbe vor, von muschligem Bruch, von süsslich-bitter zusammenziehendem Geschmack und vollständiger Auflöslichkeit in heissem Wasser. In 100 Theilen enthält es

eisengrünenden Gerbstoff .	32,2,
Gallussäure .	35,0,
Farb- und Extractivstoff . .	18,8,
Rückstand an ungelöster Pflanzenfaser	12,0.

, Ein Pfd. Neukatechu in 8 Pfd. Wasser aufgelöst liefert 9 Pfd. Flüssigkeit von

4^0 B. Die Anwendung des Neukatechu in der Kattundruckerei sowie in der Wollen- und Seidenfärberei ist keine allgemeine geworden; das ostindische Katechu hat den Vorzug behalten.

Nach Persoz kommt Katechu in folgenden Gestalten vor:

1) kugelförmiges Katechu; selten; im Gewicht von ungefähr 8 Lth.; auf dem Bruch von rothen Adern marmorartig durchzogen; von stark zusammenziehendem süsslichem Geschmack.

2) Katechu in kreisförmigen Broten; jedes etwa im Gewicht von 4—5 Lothen, sehr glatt und härter als kugelförmiges Katechu.

3) Katechu in viereckigen Broten; das Brot in der Dicke von einem Zoll und $2^1/_2$ Zoll langen Seitenknoten.

4) Katechu in länglich viereckigen Broten; von tief schwarzer und glänzender Farbe und ungefähr gleicher Grösse wie das vorhergehende; im Geschmack schleimig zusammenziehend.

5) Katechu in kieselsteinartig geformten Broten; von brauner Farbe und gleichzeitiger kompakter Masse, im Bruch fettglänzend, bis zur Schwere von $1^1/_2$ Pfund.

6) Katechu in Würfeln; von gelbbrauner Farbe und von durchweg gleichartiger Masse; aussen dunkler als inwendig gefärbt; Länge jeder Seite $^2/_3$ bis 1 Zoll. Eine andere Art würfelförmiges Katechu ist noch einmal so gross als die erstere Art und unterscheidet sich von dieser durch seine chokoladenbraune Farbe.

7) Katechu von brotähnlicher Gestalt; kommt nebst dem Würfelkatechu am häufigsten im Handel vor; von dunkelbraunrother Farbe und fettglänzendem gleichartigen Bruch. Gewicht der Brote bis zu 60 Kilo, eingeschlagen in Bast und Blätter der Katechubäume.

Versendung sämmtlicher Katechusorten in Kisten oder Ballen. Bezugsorte Bombay, Calcutta über London, Hamburg, Amsterdam.

Ausser diesen Sorten kommt im Handel auch gereinigtes Katechu vor, welches auf die Weise gewonnen wird, dass man das käufliche Katechu im Wasser zergehen lässt, den unauflöslich zurückgebliebenen Theil (Bodensatz) durch Abseihen davon trennt und das Fluidum bis zur Syrupskonsistenz vorsichtig eindunstet; während der Abkühlung wird dasselbe fest; mit chromsaurem Kali umgeschmolzen wird es in Form von Broten gegossen; erstarrt, zeigt die Masse sehr schöne dunkelbraune Chokoladenfarbe, von sehr gleichartigem, muschligem, stark fettglänzendem Bruch.

Eine ausführliche Beschreibung dieses Verfahrens von Dr. L. Pohl findet sich in dem Sitzungsberichte der kais. Academie der Wissenschaften in Wien B. XII., worin es unter Anderen heisst: Das käufliche Katechu wird in Stücken zerkleinert, in einem Wasserbade geschmolzen und in diesem Zustande etwa eine halbe Stunde erhalten. Sand, Steinchen, Erde u. s. w. setzen sich während dieser Zeit zu Boden, wenigstens grösstentheils und das gereinigte Katechu, nur noch Pflanzenbestandtheile enthaltend, kann über den entstandenen Bodensatz vorsichtig abgeschöpft werden. Um auch letztere zu entfernen, giesst man hierauf die geschmolzene Katechumasse durch ein nicht zu dichtes Seihtuch und presst gelinde nach. Das nun so von den meisten Unreinigkeiten befreite Katechu wird wieder in den Kessel des mittlerweile gereinigten Wasserbades gebracht und bei nahe der Kochhitze des Wassers in demselben 0,75% sehr fein gepulvertes, zweifach chromsaures Kali eingerührt. Das Chromsalz muss $^1/_2$ Stunde mit dem Katechu unter beständigem gleichförmigem Rühren bei ungefähr 100° C. erhitzt werden, dann giesst man die geschmolzene Masse in Kübel aus und lässt sie in denselben erstarren und fest werden. In den Farbewaarefabriken wird dergleichen gereinigtes und präparirtes Katechu unter dem Namen Katechuextract dargestellt. Versendung in Kübeln von beliebiger Grösse. Tief dunkelbraune fette Farbe, lebhafter Fettglanz, vollkommen muschliger Bruch, spröde und beim Zergehenlassen in heissem Wasser keinen Rückstand auf den Boden des Kessels zeigend.

Man beurtheilt zunächst die Güte des Katechu nach der äusseren Farbe; gelblichbraunes Katechu mit auffallend grauer Schattirung, sowie hellrothbraunes Katechu lassen auf keine gute Qualität schliessen; gutes Katechu ist entweder von rein gelbbrauner oder von dunkelbrauner Chokoladenfarbe; auch 'auf die Massenbeschaffenheit ist Rücksicht zu nehmen; gutes Katechu ist von durchaus gleichartiger und dichter Beschaffenheit; die Masse darf weder blasig, noch porös, noch erdig sein, sie ist von muschligem Bruch und fettglänzend, hart, trocken und spröde; gutes Katechu darf beim Zergehenlassen in kochendem Wasser keinen auffallend grossen, unlöslichen Rückstand auf dem Boden des Kessels zurücklassen; ist er gross, so besteht derselbe zumeist aus Harz, aus holzigen Theilen, aus gemahlener Rinde, aus Sand, aus Blätterüberresten etc. Dies sind grösstentheils die Verfälschungsmittel, deren man sich bedient, um das Gewicht auf unsolide Weise zu erhöhen. Man kann nach Behandlung einer abgewogenen Katechumenge mit Weingeist, welcher die wirksamen und wesentlichen Bestandtheile des Katechu auflöst, den unlöslichen Rückstand auch nach dem Gewicht bestimmen; beträgt dieses nach vollkommenem Trocknen über 16%, so ist die absichtliche Verfälschung der Waare als sehr wahrscheinlich anzunehmen; denn anerkannt gute Katechusorten bleiben hinter diesem Prozentsalz immer zurück. Ob die Verfälschung mineralischer Art sind, erfährt man durch Einäscherung einer abgewogenen Menge; steigt die Menge der mineralischen Asche über 10%, so ist das Plus auf Rechnung absichtlich zugesetzter mineralischer Körper zu bringen. Am gewöhnlichsten beurtheilt der Färber den Werth des Katechu nach Beschaffenheit der Farbe, die er mit ihm auf Stoffe erhält (s. oben) und nach der Menge des unlöslich zurückbleibenden Bodensatzes, wenn Katechu in kochendem Wasser zerlassen wird.

Conto finto über Terra Katechu von Hamburg.

♯ 1/57	56	Packen Terra Katechu.				
		Brutto 4602 ℔ Ta. 228 ℔ à 4 ℔				
		„ 274 „ Ggw. 46 „ à 1%				
		Netto 4328 ℔ à 19 ß	ℬ℔	822	5	—
		Spesen „		14	4	—
			ℬ℔	836	9	—
		Commission 1¹⁄₂%		12	10	—
		p. 7. März c. ℬ℔		849	3	—

D. Farbstoffe in der Rinde.

16. Querzitronrinde. *Querzitron.* *Querzitron.*

Querzitron oder Querzitrinrinde stammt von *Quercus tinctoria* (Färbereiche), einem in mehreren Gegenden Nordamerikas z. B. in Pensylvanien, in den beiden Karolinas in

Georgien wild wachsendem Baum. Ausser *Quercus tinctoria* liefern Querzitron auch *Quercus digitata* und *Quercus trifida.*

Die Gattung *Quercus* gehört zur Familie der Cupuliferen und hat folgende äussere Merkmale: Kätzchen schlaff, Blüthenhülle 4—6 spaltig, Staubgefässe 6—10. Blüthen einzeln von einer schaligen Hülle umgeben; Nuss in die schalenförmige Hülle eingesenkt. Ganzrandige, buchtige oder fiederspaltige Blätter, Kätzchen achselständig. Griffel sehr kurz oder fehlend. Nuss oval oder länglich. *Quercus tinctoria*: einer der höchsten Bäume Nordamerikas, Blätter buchtig, kurzgestielt, unterseits mit Haaren besetzt und an den Zähnen mit borstigen Spitzen. Früchte kuglig.

Bei dem vorliegenden Farbematerial haben wir den Fall, dass der Farbstoff in der Rinde enthalten ist, nicht in der Schale und dem Splint, die über und unter der Rinde liegen, noch weniger wie wir es bei den vorhergehenden Farbehölzern gesehen haben, in dem Kernholz. Es besteht daher die technische Zubereitung dieses Farbematerials darin, dass, nachdem der Baum gefällt und der Stamm mittels der Säge in Querstücke von grösserer oder geringerer Länge geschnitten worden ist, man von diesen zunächst möglichst sorgfältig die Schale weghobelt und nun die zellige, spröde, farbstoffhaltige Rinde so tief wegschneidet, dass das junge Holz (der Splint) offen daliegt. Diese Art die Rinde zu gewinnen schliesst auch gleichzeitig die Mitgewinnung des Bastes in sich ein, was um so vortheilhafter ist, da aus dem Bast die Rinde sich erst bildet und entwickelt. Je besser die Lostrennung der Rinde von Schale und Splint gelungen, um so reiner und um so vorzüglicher wird das Farbematerial in seiner Verwendung sich bewähren. Die Rinde wird ferner in den Holzschneidemühlen mittels mit Messer beschlagener Stampen möglichst fein geschnitten und hierauf erst zwischen die Mahlsteine geschüttet, welche die Rinde nebst Bast in Pulver und Fasern zerrieben. Hat die Trennung der Rinde von dem Splint nicht sorgfältig stattgefunden, so erscheint dann die Querzitron auch mit Holzfasern untermischt. Verpackung in Fässer bis zu 8 Centner, in Halbe und Viertel.

Ihre hauptsächlichste Verwendung findet die Querzitron in den Färbereien; man benutzt sie um auf Wolle-, Baumwolle-, Linnen- und Seidenstoffe, seltner auf Leder gelbe, olivfarbige Nüancen hervorzubringen, indem man die genannten Stoffe mit den zu diesen Farbetönen nöthigen Beizen imprägnirt und diese hierauf in Querzitronabkochung ausfärbt, zum Färben vorbereitetes Leder in Querzitronabkochung eintaucht oder dieselbe mit dem Pinsel auf das Leder aufträgt. Auch zur Darstellung von gelben Lackfarben, von olivfarbigen Lacken sowie zur Gerberei wird sie zu letzterem wegen ihres bedeutenden Gehaltes an Gerbstoff, mit Vortheil verwendet. In der Färbekunst verdient sie, wenn es gilt gelb zu färben vor Wau entschieden den Vorzug; ist auch das Waugelb lichter, klarer und lebhafter als das Queriztrongelb, so ist letzteres dafür um so fester und ächter und kann gleichwohl mit Recht auch ein schönes Gelb genannt werden; nicht gerechnet, dass Querzitron wenig einfärbt, Wau hingegen diese Eigenschaft in hohem Grade besitzt, daher unmordancirte Stellen auf den zu färbenden Stoffen aus dem Querzitronbade nur wenig beschmuzt, aus dem Waubade hingegen stark verunreinigt hervorkommen, erstere daher nach dem Farbebad mit leichten, rasch ausführbaren Reinigungsoperationen wegkommen, letztere hingegen nachdrücklichen Reinigungsbädern unterworfen werden müssen. Ebenso färbte man früher vor Bekanntwerden und Einführung der Querzitron mit Gelbholz häufig gelb; allein abgesehen davon, dass dieses Gelb an Schönheit dem Querzitrongelb erheblich nachsteht, ist es auch minder haltbar als dieses und hat es verursacht, dass auch Gelbholz der Querzitron hat weichen müssen. Querzitron übertrifft aber auch an Ausgiebigkeit jene Farbstoffe, sodass man mit einem Pfund Querzitron ebensoviel als mit 3 Pfd. Gelbholz oder mit 6 Pfd. Wau färben kann. Dr. Bancroft brachte sie im Jahre 1775 zuerst nach Europa.

Querzitron enthält folgende Körper: zunächst den Farbstoff, das Querzitrin, kleine Schuppen von gelblichgrüner Farbe, von bitterem Geschmack, aber ohne Geruch; reagirt schwach sauer, ist in Aether wenig, mehr in Alkohol und in 400 Theilen kochendem Wasser löslich; die wässrige Auflösung hat rothgelbe Farbe, schmeckt schwach bitter und färbt mit Thonerdemordant imprägnirte Baumwollestoffe gelb. In derselben erzeugen Bleizucker, Zinnsalz und Grünspan gelbe, flockige Niederschläge, Alaun einen schwachen hellgelben Niederschlag, konzentrirte Salpetersäure rothe und konzentrirte Schwefelsäure grünlichgelbe Färbung. In erhöhter Temperatur schmilzt es und lässt sich zum Theil unverändert sublimiren. Es wird nach Chevreul erhalten, wenn man 1 Theil Querzitron mit 10 Theilen Wasser auskocht, und nachdem das Auskochen 15 Minuten gedauert, das Dekokt noch heiss filtrirt: man überlässt dasselbe nunmehr der Ruhe, während welcher das Querzitron in Gestalt von krystallinischen Blättchen sich ausscheidet. Rein erhielt Preisser das Querzitrin auf folgende Weise: Der wässrigen Abkochung der Quercitron wurde zuerst ein wenig Thierleim zugesetzt, um den ganzen Gerbstoff zu fällen. Die filtrirte Flüssigkeit wurde mit einer geringen Menge von Bleioxydhydrat behandelt, welches einen schmuzigbraunen Niederschlag hervorbrachte. Die abgegossene Flüssigkeit hatte eine sehr schöne goldgelbe Farbe und gab mit demselben Hydrat einen glänzend gelben reichlichen Niederschlag. Dieser Lack wurde nun, nachdem er gut ausgewaschen worden war, durch einen Strom von Schwefelwasserstoffgas zersetzt. Die hierdurch erhaltene farblose Flüssigkeit lieferte im luftleeren Raum abgedampft weisse Nadeln von reinem Querzitrin. So dargestellt ist das Querzitrin farblos und besitzt einen schwach bitterlich-süssen Geschmack. In Wasser, Alkohol, und Aether leicht löslich $= C_{16}H_{16}O_9 + H_2O$ (Bolley). Alkalien färben das Querzitrin bei Zutritt der Luft dunkelbraungelb, essigsaures Bleioxyd giebt mit Querzitrinauflösung einen weissen Niederschlag, den man in einer mit Stickstoff gefüllten Röhre trocknen kann, ohne dass er sich färbt; mit dem Sauerstoff der Luft hingegen in Berührung gebracht, färbt er sich alsbald gelb. Wird eine Auflösung von Querzitrin in Wasser gekocht, so trübt sich dieselbe allmählig unter Ablagerung nadelförmiger Krystalle, welche im Wasser weniger löslich sind und mit Basen schöne goldgelbe Verbindungen (Lacke) geben. Es ist sehr wahrscheinlich, dass in der Querzitronrinde nur ein einziger Farbstoff vorkommt, der an und für sich farblos ist, Querzitrin, und nur erst dadurch, dass er mit der Luft in Berührung kommt, in den gefärbten Zustand übergeht (Querzitrein nach Pr.). Das muthmassliche gelbbraune Pigment ist wahrscheinlich ein Gemisch von querzitrinsaurem Kalk und verändertem Gerbstoff. Ausser diesem gelben Farbstoff soll Querzitron den eben genannten braunen enthalten, über dessen Natur etwas Näheres nicht bekannt ist; ferner enthält sie Gerbstoff, Querzitrongerbsäure, harzartige Substanz, Holzsubstanz, Kieselsäure, Eisenoxyd, Kalk- und Kalisalze u. a. m. Die Abkochung von Querzitronrinde hat rothgelbe ins bräunliche übergehende Farbe, ist von bitterem zusammenziehendem Geschmack und riecht stark nach der Rinde; in ihr erzeugt

Hausenblaseauflösung . . röthliche Flocken,
Kalilauge, Ammoniak und Kalkwasser dunkel grünlichgelbe Färbung,
Zinnchlorür (Zinnsalz) . schmuzig gelbrothen Niederschlag,
Alaun . . schwache Trübung, später schwachen Niederschlag,

Bleizucker (essigsaures Bleioxyd).	schmuzig gelbe, reichliche Flocken,
Grünspan (essigsaures Kupferoxyd)	dunkle grünlichgelbe, leichte Flocken,
schwefelsaures Eisenoxyd	anfänglich grüne Färbung, später olivenfarbiger Niederschlag,
konzentrirte Salpetersäure	orangerothe Färbung,
Chlor (gasförmiges) . .	reichliche Flocken von gelbrother Farbe.

Obwohl die Rinde auch von *Quercus digitata* und *Quercus trifida* zu käuflicher Querzitronrinde in Amerika verwendet wird, so findet doch eine Sortirung der letzteren nach dieser verschiedenen Abstammung nicht statt; sie ist nur sortirt nach ihren Bezugsorten Philadelphia, New-York und Baltimore und zwar in vorzügliche, gute und mittlere Waare. Die Beschaffenheit der Rinden beider genannten Bäume ist als minder gut bekannt, wie die von *Quercus tinctoria*, insbesondere sind sie bedeutend ärmer an Querzitrin; da sie sich schon desshalb zur Bildung von besonderen Sorten Querzitron nicht wohl eignen dürften, finden sie ihre Anwendung meistens dann, wenn man aus ihnen durch Zumischung von guter Querzitronrinde eine käufliche Mittelwaare darstellen will. Aeusserlich macht sich die Querzitronrinde von *Q. dig.* und *Q. trifid.* durch ihr auffallend lichtgraues Ansehen kennntlich. Gute Querzitronrinde zeichnet sich durch Reichhaltigkeit an Rindensubstanz aus, ist pulvrig, wenig holzig, die holzigen Theile fein gerissen, ist von lebhaft gelbgrauer Farbe. Geringere Querzitron erscheint holzig, die Holztheile lang und dabei grob gerissen. Durch Reichhaltigkeit an Rindensubsubstanz zeichnet sich vorzugsweise die Sorte Philadelphia aus, hierauf folgt New-York und zuletzt Baltimore. Die bei der Querzitronrinde am häufigsten benutzten Verfälschungsmittel sind neben den bereits oben genannten Querzitronarten der in feine Nadeln gerissene Splint der gleichnamigen Bäume. Auf gute Qualität kann man schon im Voraus schliessen, wenn die Farbe der Querzitron nicht auffallend grau erscheint und wenn die Querzitron reich an Pulver ist. Auf ihre Ausgiebigkeit prüft man sie entweder mittels des Kolorimeters oder durch Probefärben, auf die Beschaffenheit der Farbe, die mit ihr auf Stoffen erzielbar sind, bloss durch Probefärben, indem man eine angemessene Menge Querzitron vorher in hinreichendem Wasser abkocht, die Abkochung mit Leimwasser vermischt, um den Gerbstoff abzuscheiden und das Klare in einen mit Wasser bereits entsprechend angefüllten Kessel giesst, in welcher Flotte nun unter allmähliger Steigerung der Temperatur ein Stück Waare, welches vorher mit Thonerdemordant imprägnirt worden ist, ausgefärbt wird. Man beurtheilt die Qualität der Querzitron nach der Reinheit und Fülle der erhaltenen Farbe.

Querzitronextract.

Eine besonders häufige Anwendung der Querzitronrinde ist die zur Darstellung von Querzitronextract. Die Darstellung erfolgt ganz nach denselben Principien wie sie früher unter Blauholz- und Rotholzextract angegeben worden sind. Das Extract ist theils flüssig theils fest; das erstere wiegt gewöhnlich nach der Senkwage von Beaumé zwischen 20 und 30 Grad, ist von syrupartiger Konsistenz, von dunkel olivbrauner Farbe, die aber unter Einwirkung des atmosphärischen Sauerstoffs allmählig immer dunkler wird; das feste Extract ist von hellolivbrauner Farbe, fest, spröde, fettglänzend und von flachmuschligem Bruch. Es wird ebenso aus amerikanischen, wie aus französischen und deutschen Fabriken bezogen; das feste aus Amerika in Kisten von verschiedener Grösse. Die Güte des Querzitronextractes hängt ebenso von der Beschaffenheit der verwendeten Querzitron wie von der Sorgfalt ab, welche man auf die Darstellungsmanipulation verwendet. Die Prüfung des Extractes auf seine Güte wird entweder mittels des Kolorimeters oder durch Probefärben vorgenommen; auch ist die unter Gelbholzextract angegebene Probe mittels Fliesspapier und Zinnsalzauflösung praktisch. Ein Pfd. gutes festes Extract soll gewöhnlich so viel wie 5 Pfd. Querzitronrinde leisten; von dem flüssigen ersetzt 1 Pfd. etwa 3—3$\frac{1}{2}$ Pfd. Rinde. Beide Extracte leisten in den Färbereien recht gute Dienste und werden daher von Färbern gern und mit Vortheil benutzt. Von absichtlichen Verfälschungen hört man nur selten; sie erfolgen durch Stärkegummi, Syrup etc.

Unter dem Namen Flavin ist in neuerer Zeit von Amerika aus ein Querzitronpräparat in den Handel gekommen, das nicht nur auf angebeizte Baumwolle- und Wollestoffe lebhafte und reine gelbe Farbtöne erzeugt, sondern dass auch das Färbevermögen der Querzitron um ein sehr beträchtliches übersteigt. Es ist von fein pulvriger Beschaffenheit, gelblichbrauner Farbe und wenig hervortretendem Geruch; erhöhten Temperaturen ausgesetzt, wird es weich, geht in halb geschmolzenen Zustand über und backt zusammen; bei hinreichender Hitze entweichen unter Zersetzung erstickende Dämpfe und Kohle bleibt zurück, die vollständig verbrennt und röthlichgelbe Asche hinterlässt. In kaltem Wasser fast gar nicht löslich, löst es sich zum grössten Theil mit Hinterlassung eines braunen Rückstandes in kochendem Wasser auf; ebenso ist das Flavin in ätzenden Alkalien löslich und zwar mit gelber Farbe, die aber durch Einfluss der Luft allmählig sich bräunt; ferner ist es in verdünnter Schwefelsäure, in Salz- und Essigsäure löslich, aus welchen Auflösungen aber während des Erkaltens ein schöner gelber krystallinischer Niederschlag sich abscheidet. In einer Flavinauflösung erzeugen Bleisalze chromgelbe, basisch essigsaures Bleioxyd orangerothe, Thonerdesalze röthliche, Eisenchlorid schmuzig-grüne, Zinnchlorür stark gelbe und Kupfervitriol schwache grüne Niederschläge. Das genaue Verfahren, durch welches man Flavin gewinnt, ist zuverlässig und speziell nicht bekannt; doch steht ausser Zweifel, dass es aus Querzitron und zwar entweder direkt durch Behandlung derselben mit Säuren, oder durch Ausziehung der Rinde mittels Alkali und Fällung des ansgezogenen Farbstoffs mittels Säuren gewonnen wird; man behauptet, es würde dabei auf die Weise zu Werke gegangen, dass man zunächst die fein zerkleinerte Querzitronrinde mit verdünnter Sodaauflösung auskocht, das Dekokt hierauf filtrirt, und zu diesem Filtrat Schwefelsäure giesst und nun wiederum kocht, was die Abscheidung des Flavins in Gestalt eines flockigen Niederschlags zur Folge habe, der getrocknet als krystallinisches braungelbes Pulver erscheint. — Versendung in Kisten. Das käufliche Flavin besteht nicht bloss aus Farbstoff, einige vierzig Prozent mögen fremdartige Bestandtheile z. B. Kalk, Sand, Eisen, Schwefelsäure etc. sein. Nach König löst mit Essig schwach angesäuertes Wasser von einer käuflichen Flavinmenge 57,8% auf, das ist der reine Farbstoff. Er hat, indem er sich während des Erkaltens aus der konzentrirten schwach essigsauren Flavinauflösung abscheidet, das Ansehen einer glänzenden, hellschwefelgelben blättrigen Masse, die aber unter dem Mikroscop als aus ziemlich langen fast farblosen Nadeln bestehend erscheint. Dieser Farbstoff hat sich nicht nur durch seine äussere Eigenschaft, sondern auch durch die quantitative Analyse sowie durch die Beschaffenheit der Zersetzungsprodukte als identisch mit der Rutinsäure oder dem Querzitrin erwiesen. Die Zusammensetzung des Flavinfarbstoffs entspricht nach Königs Angabe in 100 Theilen der Formel:

	Aeq.	Berechnet	Gefunden
Kohlenstoff	216	53,59	53,46
Wasserstoff	19	4,71	4,96
Sauerstoff	168	41,70	41,58
	403	100,00	100,00

Durch Behandlung des Flavins mit verdünnter Schwefelsäure oder Salzsäure spaltet sich das Flavin in Zucker und Querzetin, gleich der Rutinsäure oder dem Querzitrin, welche ebenfalls durch Einwirkung der genannten Säuren in Zucker und Querzetin zerfallen. Da das Querzetin ein Farbstoff von ungleich grösserer Ergiebigkeit und Intensität als das Querzitrin ist, so liegt es auch auf der Hand, dass das Flavin, welches durch Behandlung der Queritron mit Säuren erhalten wird, ein sehr bedeutendes Färbevermögen besitzen muss. Insofern das meist jetzt im Handel vorkommende Flavin Querzetin enthält, ist es zweifellos, dass die Darstellung des Flavins mittels verdünnten Säuren gegenwärtig die allgemeine ist. Verkauf nach freiwilliger Uebereinkunft ab Bremerhafen frei ins Schiff, oder ab Bremen frei auf den Wagen.

E. Farbstoffe in den Früchten.

17. Gelbbeeren. *Graines jaunes.* *Yellow berries.*

Es sind die Früchte folgender Kreuzdornarten: des gemeinen Kreuzdorn *Rhamnus catharticus L.*, des Zwergkreuzdorn *Rh. infectorius*, des glatten Wegedorn auch Faulbaum oder Pulverholz genannnt, *Rh frangula*, des immergrünen oder Färberkreuzdorn *Rh. Alaternus*, des Alpenkreuzdorn *Rh. alpinus* und des niedrigen Kreuzdorns *Rh. pumilis.*

Die Früchte der genannten Arten haben mit einander grosse Aehnlichkeit: sie sind 3—4fächerig, enthalten sämmtlich einen gelblichgrünen Farbstoff, *Rhamnin* genannt, sind bis erbsengross, rund, eckig, herzförmig, bei herannahender Reife am Strauche olivgrün, allmählig ins Röthlichbraune und zuletzt ins Schmuzigbraune übergehend; getrocknet grünlichbraun bis schwarz, glatt, etwas runzlich; die 3—5 kleinen Saamen sind in ebenso viel Fächern enthalten. Der Geschmack ist unangenehm bitter. Die sämmtlichen Kreuzdornarten gehören der Gattung *Rhamnus* an; äussere Keunzeichen derselben sind: vier- bis fünfspaltiger, glockenförmiger Kelch, fünf Kronenblätter in der Blume, klein, ausgerandet, oft schuppenförmig oder auch ganz fehlend, vier bis fünf Staubgefässe und drei bis vierspaltiger Griffel. Die Frucht ist drei bis fünffächrig, Steinfrucht, soviel Fächer, soviel Saamen: Aeste von ihren Enden oft in Dornen ausgehend, Blätter abwechselnd mit kurzen Stielen. Sträucher aber auch kleine Bäume. Die Gattung gehört zur Familie der Rhamnaceen. *Rh. cathart. L.* Eine fast in ganz Europa, mit Ausnahme der nördlichsten und südlichsten Länder, in Wäldern und an Waldrändern, im Feldbusch, an Rändern wildwachsender Strauch; Blüthezeit Mai und Juni, Fruchtreife im September und October. Blätter eiförmig, oval, stumpf zugespitzt, glatt, am Rande fein gekerbt eingeschnitten; abwechselnd und gegenständig, im October abfallend. Blumen in wenigblüthigen und seitenständigen Trauben beisammenstehend, Kelch vierspaltig. Steinfrucht erbsengross, erst von grüner Farbe, später roth, zuletzt schwarz. Aeste mit endständigen Dornen. Als Baum erreicht er die Höhe von 16—18 Fuss; der Stamm ist glatt und die Rinde asch- bis schwarzgrau. Von ihm stammen die deutschen Gelbbeeren. *Rh. infectorius, saxatilis (Jacq.)*, heimisch in Spanien, Frankreich, Süddeutschland, Italien, Ungarn u. a. L. mit Dornen an den Enden der Zweige, mit elliptischen, kurz und stumpf zugespitzten, am Rande gekerbten und unten meist zottigen Blättern. Von ihm stammen die französischen Gelbbeeren (avignoner, *graines d'Avignon*), die spanischen und italienischen ab. *Rhamnus frangula L.* In Gebüschen Wäldern, an Hecken, in schattiger Lage und auf feuchtem Boden; der Strauch erreicht die Höhe bis zu 12 Fuss, der Baum die Höhe bis zu 20 Fuss. Rinde der Aeste braun, kahl, der jüngeren Zweige grünroth und flaumig; ohne Dornen, mit elliptischen oder ovalen ganzrandigen Blättern und weisslichgrünen fünfspaltigen Blüthen, die in hängenden Rispen beisammenstehen. Von ihm stammen ebenfalls die deutchen Gelbbeeren. *Rhamnus Alaternus L.* Verkehrt eiförmige, ovale oder ellytische Blätter, kahl und am Rande gesägt, Zwitterblüthen oder getrennt. Geschlechter auf verschiedenen Bäumen. Blüthenkrone fehlt, Kelch fünfspaltig. Vaterland Südeuropa, Kleinasien Von ihm stammen die italienischen, levantischen persischen Gelbbeeren. *Rhamnus alpinus L.* Mit eilanzettlichen bis herzförmigen Blättern, ohne Dornen und mit 2—4 häusigen, vierspaltigen Blüthen. In den Alpengegenden südeuropäischer Länder. Beeren von geringer Güte. *Rhamnus pumilis L.*, eiförmige, kleingesägte Blätter mit rostfarbiger Wolle überzogen, ohne Dornen mit zweihäusigen vierspaltigen Blüthen.

Wie bereits oben erwähnt, werden die Gelbbeeren vor ihrer völligen Reife gepflückt; der Grund hiervon liegt in der Thatsache, dass mit der ebenfalls schon oben erwähnten äusserlichen Farbenveränderung der Beeren, aus dem Olivgrün ins Röthiichbraune und zuletzt ins Schwarzbraune, gleichzeitig eine derartige Veränderung des gelbgrünen Farbstoffs im Innern der Früchte vorgeht, dass sie ihre Anwendbarkeit für die technischen Zwecke, in deren Interesse sie gesammelt werden, gänzlich verlieren; reif gepflückte Beeren sind daher werthlos. Die geerndteten Früchte müssen sofort vollkommen getrocknet und an einem luftigen Orte, ohne dass sie der Gefahr ausgesetzt sind, zu schimmeln, aufbewahrt werden. Frisch gepflückte Beeren, oder selbst, wenn sie einige Monate nach der Erndte gelagert haben, erweisen sich erfahrungsmässig als Farbematerial bei weitem nicht so farbstoffreich als bereits einige Jahre gealterte, eine Erscheinung, die zur Gnüge beweist, dass wenigstens in den ersten Jahren auf dem Lagér der gelbgrüne Farbstoff in fortwährender Vermehrung begriffen ist. Gewerbtreibende, welche der Gelbbeeren bedürfen, versäumen es daher nie, beim Einkauf derselben auf ihr Alter Rücksicht zu nehmen.

Gute Gelbbeeren sind auch getrocknet von olivgrüner Farbe, vollkommen glatt, nicht runzlich oder eingedrückt, von der Grösse einer Erbse, verbreiten, im Wasser aufgekocht, einen intensiven, angenehm aromatischen Geruch, sind frei von Moder und absichtlich beigemischten geringeren Sorten; sind ausgiebig und erzeugen lebhafte Farben.

Absichtliche Verfälschungen der guten Waare mit geringerer lässt sich, bei gründlicher Waarenkenntniss, schon bei aufmerksamer Betrachtung ziemlich leicht herausfinden; kleine Beeren von dunkler Farbe, unregelmässig runder Gestalt, von runzlicher Oberfläche sind von geringer Qualität; um sich davon sicherer zu überzeugen, hat man nur nöthig, dergleichen Beeren für sich abzukochen und damit Farben z. B. Dampfgelb auf Baumwollen-Stoffe zu erzeugen; die Farben stehen denen von guten Qualitäten sowohl an Lebhaftigkeit als an Fülle erheblich nach.

Die technische Anwendung der Gelbbeeren beruht, wenn man die guten Qualitäten im Auge hat, nicht aufs Färben der Zeuge, sondern auf Bereitung von gelben Aufdruckfarben, welche nach dem Aufdruck ihre Festigkeit auf dem Faden dadurch erhalten, dass man sie der Einwirkung gespannter heisser Wasserdämpfe aussetzt; solche Farben sind unter dem Namen Dampffarben bekannt und werden die von Kreuzbeeren auf die Weise bereitet, dass man Kreuzbeerenabkochung mit Stärke und Alaun zusammen kocht, und hierauf, um die Farbe zu beleben, mit Zinnsalz anschärft; ebenso werden Gelbbeeren in grosser Menge zur Darstellung von Dampfgrün verwendet, indem man die oben beschriebene gelbe Farbe mit Dampfblau (angeschärfte und mit Gummi verdünnte Auflösung von blausaurem Kali) vermischt. Die geringeren Sorten von Gelbbeeren werden zur Erzeugung von gelben und grünen Farben auf Leder, zur Anfertigung von gelbgefärbtem Papier, von Schüttgelb, von Saftgrün u. a. Farben verwendet.

Der wesentlichste Bestandtheil der Gelbbeeren ist das Rhamnin, der gelbgrüne Farbstoff, welcher in den noch nicht vollständig reifen Beeren vorhanden ist, aber mit der eintretenden Reife auch schon beginnt in einen rothbraunen, und ist die Reife überschritten, sogar in einen schwarzbraunen überzugehen. Von den 3 Farbstoffen ist aber nur der erstere bekannt. Man gewinnt das Rhamnin unrein, wenn man 1 Theil Gelbbeeren in 10 Theilen Wasser auskocht, die Abkochung filtrirt und hierauf in einem wohlverschlossenen Gefässe aufbewahrt; nach einiger Zeit scheidet sich auf dem Boden des Gefässes das Rhamnin in Gestalt einer zarten, weissen, flockigen Substanz aus. Preisser stellte das Rhamnin rein dar, indem er gestossene Gelbbeeren mit Aether behandelte, das Extract hierauf bis auf $^2/_3$ eindampfte und den Rückstand mit Wasser mengte, das Pigment alsdann mit Bleioxydhydrat ausfällte, den erhaltenen Lack durch Schwefelwasserstoff zerlegte, filtrirte und die Auflösung vorsichtig eindunstete, wodurch er ein schwach gelblichweisses krystallinisches Pulver erhielt, das er durch Waschen mit Aether fast gänzlich entfärbte; er nannte es Rhamnin. Wenig löslich in kaltem Wasser, leichter in kochendem, in Alkohol und Aether; von bitterem Geschmack, färbt mit Thonerdemordant imprägnirte Stoffe gelb. Der Geruch der Auflösung ist angenehm aromatisch; Lackmuspapier wird schwach geröthet. Das Rhamnin färbt sich unter dem Einfluss oxydirender Körper dunkler gelb und verwandelt sich in ein neues Pigment, ins Rhamnein; dasselbe krystallisirt aus seiner Auflösung sehr schwer und erscheint meist in Gestalt eines dunkelgelben Pulvers. Dasselbe verhält sich zu den Basen und zu Lakmus wie eine Säure. Durch Einfluss des atm. Sauerstoffs färbt sich das Rhamnein rothbraun. Durch Ausziehen der unreifen persischen Beeren mit Aether und Verdunstung desselben erhält man das Chrysorhamnin $= C_{23}H_{11}O_{11}$, schöne goldgelbe, in Wasser schwer, in Alkohol und Aether hingegen leicht lösliche seidenglänzende Nadeln. Wird das Chrysorhamnin unter Zutritt der Luft gekocht, so nimmt es Sauerstoff auf und löst sich zu einer olivgrünen Flüssigkeit, aus welcher durch Eindampfen das Xantorhamnin $= C_{23}H_{12}O_{14}$ und zwar stets in Gestalt einer dunklen, extractartigen in Wasser und Weingeist leicht, in Aether hingegen schwerlöslichen Masse gewonnen wird. Die übrigen in den Gelbbeeren enthaltenen Stoffe sind: Gerbstoff, Gummi, Schleim, Pflanzensäuren und eine Anzahl mineral- und pflanzensaure Salze. In einer Abkochung von Gelbbeeren erzeugen:

Hausenblaseauflösung .	anfangs eine schwache Trübung, die später zu einem flockigen Niederschlag sich ausbildet,
Aetzkalilauge . .	eine grünlich-orange Färbung,
Aetzammoniakflüssigkeit	desgleichen,
Zinnchlorür	eine grünlichgelbe Färbung,
Alaunauflösung .	eine lichtere Farbe der Abkochung,

Bleizuckerauflösung   eine schwache Trübung,
Grünspanauflösung   .   .   einen schmuziggelbbraunen Niederschlag,
Auflösung von schwefels. Eisenoxyd eine olivgrüne Farbe,
Salpetersäure   eine lebhaft rothe Farbe,
Chlorgas .   röthlichbraune Farbe, die aber bei überschüssig
                                      zugesetztem Chlor wieder hell wird.

Die im Handel vorkommenden Sorten sind nicht nach den verschiedenen Pflanzen-
spezies sortirt, von welchen sie stammen, sondern nach ihrem Vaterland, von woaus
sie bezogen werden und zwar in gute, mittle und geringe Waare. Schon oben ist es
erwähnt worden, welche Eigenschaften eine gute Waare besitzen muss. Verpackung
der Gelbbeeren in Ballen oder Seronen bis zu 200 Pfd. Gewicht. Reihenfolge der
Sorten nach ihrer Güte.

Persische Beeren, die besten aber auch die theuersten; gross, rund, intensiv
olivgrün gefärbt, erzeugen volle und lebhafte Aufdruckfarben; vierfächerige Früchte.
Bezogen werden sie über Aleppo, Smyrna und Konstantinopel. Verpackung in Seronen. Als
mehrere der vorzüglichsten Qualitäten sind Angora- Cäsarée- u. Iskilip-Kreuzbeeren zu nennen.

Levantische Beeren, unterscheiden sich im Uebrigen nicht erheblich von den
persischen Beeren und werden daher den ersteren fast gleichgeschätzt. Verpackung
wie die persischen. Grösstentheils werden sie über Konstantinopel bezogen.

Avignoner Beeren; dreifächerige Früchte, von der Grösse eines Pfefferkorns
oder einer Erbse, von olivgrüner Farbe, herbem und bitterem Geschmack, erzeugen lebhafte und reine Aufdruckfarben; sie werden theils in der Dauphiné, theils in der Pro-
vence, theils in Languedok gebaut und über Avignon, welches für diese Beeren der
Hauptmarkt ist, bezogen. Verpackung in Ballen.

Italienische Beeren; dreifächrige Früchte, die sich auch in ihren übrigen
Eigenschaften nicht beträchtlich von den französischen unterscheiden; man schätzt sie
den französischen fast gleich; nur selten sind sie Gegenstand des Ausfuhrhandels, daher im Ganzen wenig bekannt.

Ungarische Beeren; vierfächerige Früchte, die aber kleiner als die vorstehen-
den Sorten sind; ihre Farbe ist olivgrün mit einem merklichen Stich ins Bräunliche.
Sie stehen den italienischen, avignoner, den levantischen und persischen Beeren an
Güte nach. Verpackung in Seronen.

Spanische Beeren; vierfächrige Früche, ungefähr den ungarischen gleichstehend. Im Handel kommen sie selten vor.

Deutsche Beeren; drei- und vierfächerige Früchte von dunkel-, fasst braun
olivgrüner Farbe, bald rund, hald herzförmig, bald eckig geformt, von runzlicher Oberfläche, geringer Grösse und geringem Farbstoffwerth; vom gemeinen, glatten und vom
Alpenkreuzdorn abstammend. Verpackung in Säcken. Benutzt zum Färben von Leder,
Papier, zur Darstellung geringer Sorten von Schüttgelb, Saftgrün u. a. m.

Kreuzbeeren- oder Gelbbeerenextract

kommt im Handel weniger als die früheren Extracte vor; die Bereitung desselben ist
den letzteren ganz analog; es ist von syrupartiger Konsistenz, zwischen 20 und 30° B·
und hat die Farbe, obwohl etwas dunkler, der Kreuzbeerenabkochung. Versendung in
Fässern von beliebiger Grösse. Aus allen chemischen Fabriken f. Farbewaaren bezieh-
bar. Häufiger als Gelbbeerenextract kommt im Handel

Gelbbeerenlack (Orangelack) vor, der aus einer Gelbbeerenabkochung durch Zusatz von Zinnsolution gewonnen wird, man presst das erhaltene Präcipitat aus und erhält es so in Gestalt eines mehr oder weniger orangerothen Teiges. Verpackung in Fässern von sehr verschiedener Grösse. Ebenfalls aus allen chemischen Fabriken für Farbewaaren zu beziehen. Hauptmarkt für Kreuzbeeren ist Triest. Verkauf nach Wiener Centnern à 100 Pfund. —

18. Orlean. *Rocou, Annotto.*

Ein rothes teigartiges oder festes Gemisch aus feinfasrigen Theilen und rothen und gelben Farbstoff; der wesentliche Bestandtheil ist der gelbe. Der Orlean wird aus den Früchten des Orleanbaumes gewonnen; diese haben ein fleischiges Mark, welches die Saamenkörner umgiebt auch und die beiden Farbstoffe enthält, von denen es glaublich ist, dass der rothe aus den gelben sich entwickelt; wenigstens spricht dafür die Beobachtung, dass aufgelöster gelber Farbstoff unter Zutritt des atmosphärischen Sauerstoffs in rothen übergeht; ist man zu Folge dieser Thatsache zu dem Schlusse berechtigt, dass beide Farbstoffe zu einander in engem organischem Zusammenhange stehen, so fällt damit die Behauptung, dass diese beiden Farbstoffe einander völlig fremd sind, weg; wir begegnen hier derselben Erscheinung wie z. B. in Gelbholz etc. wo in fortschreitender Entwickelung durch Umsetzung und resp. Vermehrung der Aequivalente der eine Farbstoff aus dem anderen hervorgeht. Soviel man mit Sicherheit angeben kann, geht man bei der Darstellung von Orlean auf folgende Weise zu Werke: die gesammelten Früchte werden zunächst von ihrer borstigen Schaale befreit, hierauf in hölzernen Trögen mittels Keulen zerschlagen und mit Wasser zu einem Teig angerührt, den man unter wiederholten tüchtigen Durchkneten 10 Tage lang stehen lässt; nach Verlauf dieser Zeit wird er mit etwas Wasser verdünnt und ausgepresst; durch den Pressbeutel läuft das Wasser, welches den gelben Farbstoff aufgelöst enthält, führt aber auch gleichzeitig den rothen in Wasser unlöslichen Farbstoff, sowie fleischige Theile in grosser Menge mit sich fort; der Rückstand wird, um allen Farbstoff zu gewinnen, noch einer zweiten Einweichung und Auspressung unterwerfen. In dem ausgepressten Wasser schwimmen grob- und feinfasrige Fleischtheile herum, während der rothe Farbstoff als rothes feines Pulver auf dem Boden des Gefässes sich ablagert; man rührt das Ganze auf und schlägt es durch ein Sieb, die grobfasrigen Theile bleiben auf dem Siebe zurück, die feinfasrigen hingegen gehen mit dem rothen Pulver und dem aufgelösten gelben durch die Maschen und werden in einem eisernen Kessel aufgefangen, wo man unter Anwendung mässiger Hitze und von fortwährendem Umrühren das Wasser bis zu dem Grade verdunstet, dass die Masse teigartig wird und freiwillig und vollständig von der Schaufel beim Emporhalten derselben sich ablöst; das Feuer wird unter dem Kessel zurückgezogen, um die Masse erkalten zu lassen, man verpackt den so gewonnenen Orleanteig in grosse schilfartige Blätter und verwahrt ihn an schattigen kühlen Orten. Wird der Orleanteig in Kuchen geformt, so wird er nach dem Formen entweder an der Luft oder bei mässiger Ofenwärme getrocknet.

Dass diese Darstellungsart eine sehr fehlerhafte ist und nur ein schlechtes Resultat liefern kann, beweist die von Prof. J. Girardin in Rouen (deutsch durchs polytechnische Journ. B. 124.) mit käuflichen Orlean vorgenommene Analyse; dieselbe ergab folgendes Resultat: Ein Fass Orlean von 218 Kilogramm Nettogewicht enthielt 157,50 Kilogramm Wasser, 8,40 Kilogramm Blätter, 39,90 Kilogramm Stärkemehl, Schleim, Holzfaser und nur 12,20 Kilogramm Farbstoff. Derselbe theilt ein von du Montel stammendes, ungleich vorzüglicheres Verfahren Orlean darzustellen mit, dessen Produkt unter den Namen **Bixin** im Handel vorkommt und auf folgende Weise gewonnen wird: **Erste Periode.** Der Saame wird in Kufen mit Wasser zusammengebracht und mit hölzernen Schaufeln in der Flüssigkeit stark herumbewegt; eine andauernde beschleunigte Bewegung veranlasst die Absonderung des Farbstoffes. Nach 24 stündigem Weichen erscheint der Saame weiss; diess ist das Zeichen, dass er hinreichend gewaschen ist, und keinen Farbstoff mehr zurückhält. **Zweite Periode.** Das gefärbte Wasser vom Waschen seiht man durch sehr feine Siebe von Kattun oder Leinwand, von denen es in ein kegelförmiges Fällungsfass abläuft. Das Durchseihen wird zweimal wiederholt um das filtrirte Wasser ganz frei von fremdartigen Theilen zu erhalten. **Dritte Periode.** Nun wird ein chemisches Agens, welches in einer verhältnissmässigen Menge kalten Wassers zertheilt wurde, in das Fällungsfass gegossen, während man die Flüssigkeit stark umrührt, damit die Vermischung so vollständig als möglich ist; dieses chemische Agens, vorläufig das Eigenthum des Erfinders, verändert die Farbe des Farbstoffes nicht, derselbe wird nur niedergeschlagen; man wartet 8—10 Stunden, ehe man die Flüssigkeit durch den über den Satz angebrachten Hahn abzieht. Um nun diesen vollständig von dem darin enthaltenen Wasser zu befreien, gelangt er mittels Oeffnung eines anderen Hahnes auf einen mit Randleisten versehenen Presstisch, welcher mit Leinwand ausgeschlagen ist; eine eiserne Schraubenspindel übt nach Abzug der Reibung einen Druck von beiläufig 5000 Kilogramm auf die Pressplatte aus. Die Arbeit dieser dritten Periode erfordert beiläufig 36 Stunden. **Vierte Periode.** Nachdem der Niederschlag die erforderliche Konsistenz erlangt hat, zertheilt man ihn in Täfelchen, welche man auf durchlöcherten und mit Leinwand überzogenen Bretern an der Luft vollkommen austrocknen lässt, wobei sie aber nie von den Sonnenstrahlen getroffen werden dürfen. Das Austrocknen erfordert bei trockener Witterung nur 10—12 Tage, bei feuchtem Wetter die doppelte Zeit. — Nach diesem Verfahren kann der Orlean gar keine Gährung erleiden, auch behält er den süssen und angenehmen Geruch der Frucht des Orleanbaumes. Die Täfelchen werden beim Trocknen an der Luft auf der Oberfläche bräunlich, aber innerlich behalten sie eine schöne rothe Farbe, deren Nüance je nach dem Boden, worin der Orleanbaum gewachsen ist, etwas abweicht. So gewonnenes Bixin bildet trockne und spröde Täfelchen, welche, wie schon bemerkt, aussen bräunlichroth innen aber feurig orangeroth sind; solches Bixin hat nicht den so unangenehmen Geruch des käuflichen Orlean. Ferner enthält es den Farbstoff des Orlean in viel reinerem Zustande als die käuflichen Teige. Dieser Farbstoff hat keine Veränderung erlitten und ertheilt den Zeugen lebhaftere und glänzendere Farben. Ferner enthält er nur 13—14 Proc. Wasser, während der Orlean in Teigform gegen 65^0/$_0$ enthält. Aus den bei 80^0 getrockneten Bixin wurden 40^0/$_0$ orangegelber, in Alkalien auflöslicher und durch Säuren fällbarer Farbstoff erhalten; der beste im Handel vorkommende Orlean liefert höchstens 14^0/$_0$. Ferner hat das Bixin ein 9—10 Mal grösseres Färbevermögen als der käufliche Orlean. Da das Bixin in Form von Täfelchen vorkommt, so unterliegt es nicht so leicht der Verfälschung wie der Orlean, welcher im Zustande eines weichen Teiges verkauft wird.

Der Orleanbaum gehört zur Familie der Bixaceen aus der Gattung *Bixa L.* Aeussere Kennzeichen der Gattung: Fünfblättriger Kelch, fünf Blumenkronenblätter, einfacher langer Griffel; zweiklappige, aussen steifhaarige Kapsel mit 8—10 Saamen, die von einem rothfarbigen Marke umgeben sind. Kennzeichen der Spezies *Bixa Orellana L.* (echter Orleanbaum): 15—20 Fuss hoher Baum mit voller dichtbelaubter Krone, Blätter eirund bis herzförmig zugespitzt, ganzrandig, hellgrün; Nebenblätter lanzettlich. Blumen in wenig blüthigen Trugdolden beisammen stehend; rosenrother Kelch, dessen grosse rundliche Blätter bald abfallen, 5 Blumenkronenblätter von gleicher Farbe; zahlreiche Staubfäden, dunkelviolette Staubbeutel; Narbe zweispaltig; Kapsel eirund oder konisch, überall borstig behaart; Saamen erbsengross, Mark scharlachroth. In den Staaten Südamerikas, in Ost- und Westindien wildwachsend und häufig angebaut. Blüthezeit: December bis März.

Wie bereits angegeben, enthält der käufliche Orlean zunächst einen gelben Farbstoff; derselbe ist von Chevreul dargestellt und Bixin genannt worden; er erhielt ihn, indem er ein bestimmtes Gewicht Orlean mit Wasser behandelte, das er zuvor durch Zusatz von kohlensaurem Alkali alkalisch gemacht hatte; in dem Wasser befand sich das Bixin an die alkalische Base gebunden; er sättigte diese Auflösung mit Säuren und schied dadurch das Bixin aus: eine gelbe krystallinische Substanz, die in vielem Wasser, in kohlensauren und kaustischen Alkalien löslich, weniger löslich in Weingeist und Aether ist; die Auflösung hat eine gelbe Farbe; auf mit Allaun angebeizter Seide und Wolle schlägt es sich mit schöner gelber Farbe nieder; Bixin geht an der Luft in rothen Farbstoff über, indem es durch Sauerstoffaufnahme sich höher oxydirt; wird Bixin mit konzentrirter Schwefelsäure übergossen, so färbt es sich sehr schön indigoblau. Der zweite Bestandtheil ist der rothe Farbstoff; er ist äusserst wenig in Wasser löslich, dagegen leicht löslich in Alkohol und Aether, welche er feuerroth färbt; ausser diesen beiden Farbstoffen enthält der Orlean harzige Substanz, Gummi, Stärkemehl, vegetabilische Faser, pflanzen- und mineralsaure Salze. In einer alkalischen Auflösung von Orlean erzeugt Alaun einen dunkelziegelrothen, Zinnsalz (Zinnchlorür) einen morgenrothen, schwefelsaures Eisenoxyd einen braunen, Bleizucker einen hellziegelrothen und Kupfervitriol einen gelblich braunen Niederschlag.

Die mit Orlean erzeugten Farben sind zwar lebhaft und voll, aber wenig dauerhaft, woher es kommt, dass der Verbrauch an Orlean für die Zwecke der Färberei von keiner grossen Bedeutung ist. Am häufigsten wird er gebraucht in Verbindung mit anderen Farbstoffen um die Farben zu beleben. Auf seidene und baumwollene Stoffe wird Orleangelb noch am häufigsten dargestellt; aus Orlean kann man auf Seide auch Aurora und Kirschroth färben, wenn man Kochenille und Seifenbäder in Mitanwendung bringt. In der grössten Menge wird Orlean wohl zur Darstellung gelber Firnisse verwendet, indem man Schellak, Mastix in Weingeist auflöst und diese Auflösung mit Orlean gelb färbt; Käse, Butter, Wachs wird ebenfalls durch Anwendung von Orlean sehr schön gelb gefärbt. Nur in wenigen Fällen offizinell.

' Guter Orlean muss von hochrother Farbe sein, ähnlich der Farbe des Ziegelmehls, lebhaft, feurig; matte Farbe lässt auf eingetretene Fäulniss schliessen.

Er ist von weichem fettigem Angriff und von vollkommener Gleichartigkeit der Masse, frei von groben Fleischfasern und zerstossenen Saamenkörnern; knirscht eine Probe davon zwischen den Zähnen, so ist er mit Bolus oder Blutstein, Ziegelmehl etc. verfälscht.

Er zeigt keine Schimmel- oder Moderflecken und ist nicht zusammengetrocknet. Sein Geruch erinnert, wenn Orlean frisch ist, an Möhren; ist er urinös, so beweist dies, dass der Orlean nicht mehr frisch ist; er hat bereits dann längere Zeit gelagert und ist mit ammoniakalischem Wasser oder verdünntem Urin angefeuchtet worden, weil er auf dem Lager allmählig seine ursprüngliche Flüssigkeit durch Verdunstung verliert und an Gewicht und Umfang Einbusse leidet.

Mit Wasser zusammengerührt zertheilt er sich vollständig und leicht, indem sich langsam und erst nach längerer Zeit ein Bodensatz auf dem Grunde des Gefässes ablagert; wo die Zertheilung der Orleanmasse in entgegengesetzter Weise von Statten geht, wo sich der Bodensatz rasch und in reichlicher Menge bildet, da ist sie theils von grobfasriger Beschaffenheit, theils durch unsorgfältige Bereitungsweise verunreinigt, theils absichtlich mit mineralischen Stoffen als rother Ocker, Bolus, Ziegelmehl verfälscht.

Zu Asche verbrannt giebt guter Orlean nicht über $10^0/_0$ Asche; beträgt ihr Gewicht mehr, so lässt sich mit Sicherheit auf Verfälschung mittels mineralischer Körper schliessen. Nach John enthielt eine Orleansorte bräunlichrothen und ein wenig gelben Farbstoff, Pflanzenschleim, Faserstoff, färbenden Extractivstoff und eine eigenthümliche Substanz, welche sich dem Schleime und dem Extractivstoff nähert. Mit den oben genannten mineralischen Bestandtheilen, ist nach Girardin Orlean nicht selten verfälscht. Risler fand in einem der Verfälschung verdächtigen Orlean, nachdem er bei 100^0 getrocknet worden war, in 100 Theilen: 54 Wasser, 22,10 Eisenoxyd, 28,30 Sand, 8 org. Substanz und geringe Mengen von Kalk. Mit Alkohol erschöpft, gab er nur $7,60^0/_0$ Farbstoff; der Wassergehalt der käuflichen Orleansorten ist verschieden, im Mittel $60^0/_0$.

Hat man bei der Prüfung des käuflichen Orlean auf die oben aufgeführten Punkte Obacht zu haben, so darf man gleichwohl die Prüfung desselben durch Probefärber nicht ausser Acht lassen; von einer anerkannt guten Sorte Orlean und von dem zu prüfenden Orlean wiegt man gleiche Mengen ab und bereitet daraus mit gleichviel Wasser und Pottasche, zwei Farbebäder; in jedem derselben färbt man eine gleiche Menge baumwollenes Garn, und zwar so, dass man zu gleicher Zeit aus beiden Bädern die Garnmenge wieder entfernt; nach dem Trocknen der letzteren ergiebt sich durch den Vergleich der erhaltenen Farben der Werth des zu prüfenden Orlean.

Im Handel kommen namentlich zwei Arten von Orlean vor, der o s t i n d i s c h e und der a m e r i k a n i s c h e O r l e a n, letzterer auch spanischer genannt; der ostindische wird vorzüglich in Bengalen bereitet und hat die Gestalt von dünnen Kuchen; er ist trocken, geruchlos, von orangerother Farbe und farbstoffreicher als der amerikanische; Verpakkung in Kisten und Körben; kommt nicht häufig nach Europa.

Der amerikanische Orlean kommt theils teigartig, in Form von Broten und in Schilfblätter eingeschlagen, in Oxhoften, theils ziemlich fest in Körbe verpackt zu uns; ersterer kommt namentlich aus Cayenne, letzterer aus Brasilien. Auf der Ueberfahrt aber schwindet der Orlean, namentlich der teigartige, so beträchtlich, dass sein Gewichtsverlust gegen $15^0/_0$ beträgt; auf dem Lager sucht man diesem Verluste durch Anfeuchten mit ammoniakalischem Wasser oder verdünntem Urin wieder auszugleichen; der hierdurch entstehende üble Geruch wird noch durch die theilweise und freiwillige Zersetzung der Farbewaare vermehrt. Der festere amerikanische Orlean bildet 3—4 Pfund schwere Brote, von schmuzigbraunrother Farbe, die aber auf der frischen Bruchfläche eine lebhaft rothe Farbe zeigen; in England führt solcher Orlean den Namen *roll annatto*, im allgemeinen Handel nennt man ihn, da er aus Brasilien kommt, b r a s i l i a n i s c h e n O r l e a n; unter A c h i o t versteht man eine Art festen amerikanischen Orlean, der in der kolumbischen Republik Neugranada namentlich in der Umgegend von St. Fe. de Bogota mit vieler Sorgfalt dargestellt wird. In Form von Kuchen. Guadeloupe und Antillenorlean; von gleicher Verpackung wie Cayenne aber von geringerer Güte kommen seltener vor.

Der Haupthandel mit amerikanischem Orlean geht aus Brasilien über Lissabon, von Cayenne über die französischen Hafenstädte Havre, Bordeaux, Marseille nach Europa; Cayenne selbst zählt über· 100 Orleanfabriken.

Wir lassen, erläuternd und ergänzend, am Schluss unserer Abhandlung, die interessante Beschreibung der Kultur der Ernte und Gewinnung des Orleans, von einem Orleansfabrikanten Namens Peckolt in Cantagallo (Brasilien) folgen, die wir den Spalten der polytechnischen Centralhalle entnommen haben.

Der Orleanbaum, welcher hier in der Umgegend von Cantagallo im December und Januar blüht und Ende April oder Mai reife Früchte trägt, wächst in den meisten Provinzen Brasiliens uncultivirt, obwohl er bei der gehörigen Sorgfalt und Aufmerksamkeit mehr Rechnung machen würde, als viele der anderen Naturerzeugnisse, welche cultivirt werden und den Pflanzern mehr Mühe verursachen und Arbeitskräfte erfordern. Von allen brasilianischen Provinzen ist es Parà, welche diesen kostbaren Industriezweig als Handelsartikel cultivirt und für diese fruchtbare Provinz eine der vielen Quellen ihres Reichthums bildet, obgleich der Farbstoff durch Verfälschung, welche von einigen gewissenlosen Fabrikanten vorgenommen wird, im Preise etwas herabgedrückt wird.

Zu häuslichen Zwecken hat er sich eine ausgebreitete Anwendung, sowohl hier, besonders aber in den Vereinigten Staaten und auch in Europa, erworben. Man benutzt ihn zur Färbung der Butter und um dem Käse eine angenehme Farbe zu geben, so wie auch hier und in den ersteren Staaten zur Würzung und Verschönerung verschiedener Speisen. Seine Anwendung als Arznei, obwohl in Europa wenig, hat ihm doch in Brasilien einen kleinen Ruf gegründet, als Farbmaterial fast unentbehrlich gemacht.

Die Pflanzung des Orleanbaumes geschieht auf folgende Weise: Das Terrain wird zu derselben Jahreszeit und auf eben die Art und Weise zubereitet, wie zur Pflanzung der Baumwollstaude. Man öffnet Löcher oder Furchen, jede von einander in Distanz von 8 bis 10 Fuss, und in jedes Loch legt man 2 oder 3 Saamenkörner; es ist nöthig, dieselben einige Zeit vorher in Wasser zu legen. Nach einiger Zeit muss nachgesehen werden, im Falle den Körnern in einigen Löchern die Keimkraft gefehlt, um das Fehlende nachzupflanzen. Nach 3 Monaten muss die Pflanzung capinirt (vom Unkraute gereinigt) werden, zu gleicher Zeit werden die überflüssigen Pflanzen ansgerissen, wo mehr als ein Saamenkorn gekeimt, so dass in jedem Loche nur eine Pflanze zur Cultur stehen bleibt. Nachdem diese leichte Arbeit beendigt, gedeiht die Pflanzung ohne jede weitere Zubereitung. Sollte das Unkraut doch zu üppig überhand nehmen, so kann man später leicht eine oberflächliche Reinigung vornehmen, ohne besondere Sorgfalt anzuwenden.

Nach 8—10 Monaten sind die Saamenkapseln reif, aber das Sammeln darf nicht eher den Anfang nehmen, als bis dieselben eine röthliche Farbe angenommen und mehrere der Kapseln anfangen aufzuspringen. Die Aeste mit den Saamenkapseln werden abgebrochen, auf diese Art ein Beschneiden des Bäumchens ausübend, welches bezweckt, dass der Baum üppiger, ertraggebender und weniger in die Höhe wachsend wird; dieses Letztere ist besonders zweckmässig zur Erleichterung des Sammelns der Saamenkapseln. Nachdem die Kapseln gesammelt, werden sie auf Esteiras (Matten) oder auf Tüchern an der Sonne ausgebreitet und sehr oft umgekehrt, nachdem sie gehörig trocken sind, welches bei 3—4 Tagen Sonnenschein in hinreichendem Maasse geschieht, werden sie auf Haufen gelegt und mit grossen Knitteln geschlagen oder gedroschen, bis sämmtliche Saamenkörner von der Kapselhülle getrennt sind, dann entfernt man die gröbsten Kapselhüllen und durch Ventiladores oder auch durch Blasen und Schütteln der Siebe von sämmtlichen Hülsenschalen vollkommen gereinigt, so dass der Saame vollständig von jeden sich vorfindenden fremdartigen Stoffen befreit wird.

Zur Bereitung des Farbstoffs werden folgende Utensilien benutzt. Eine aus eisernen aufrechtstehenden Cylindern bestehende Maschine, welche durch irgend eine Kraft bewegt wird und so eingerichtet ist, dass die Cylinder enger und weiter geschraubt werden können, um die Saamenkörner zu zerquetschen, oder auch durch Mahlen auf Mühlsteinen, ferner drei grosse hölzerne Wasserbehälter, wovon der eine in zwei Theile durch eine Bretterwand getrennt ist, (noch praktischer wäre ein hoher Kasten, welcher in der Mitte durch ein feines Sieb getrennt) eine Presse, wie sie gewöhnlich zur Bereitung des Mandioccamehls benutzt wird, (also noch sehr unvollkommen und durch eine gute Keilpresse praktischer ersetzt) zwei grosse kupferne Kessel, mehrere Holzwannen (Gamellas) u. s. w.

Die Nacht vor dem Anfange der Orleanfabrikation werden die Saamenkörner in einen der grossen Wasserbehälter eingeweicht, so viel Wasser, dass die Saamen vollständig vom Wasser bedeckt sind, gewöhnlich zu 2 Alqueiras Saamen 20 Töpfe Wasser, der zweite Wasserbehälter wird mit reinem Wasser gefüllt, um solches stets zur Hand zu haben und dann auch später die gebrauchten Utensilien etc. einzuweichen und abzuwaschen, um den noch vorhandenen Farbstoff zu profitiren. · Am nächsten Morgen werden kleine Portionen von den eingeweichten Saamenkörnern herausgenommen und in den Händen tüchtig gerieben und kräftig an den Seiten der Wanne gescheuert, ab und zu ein wenig von dem Wasser hinzufügend, worin die Saamen eingeweicht waren; nachdem sie gut von dem anhängenden Farbstoffe abgerieben und die Flüssigkeit ganz roth gefärbt, wird sie auf ein Sieb oder Durchschlag geschüttet, welches auf der einen Abtheilung des getheilten Wasserbehälters befindlich ist, die durchgelaufene Farbeflüssigkeit wird dann aus der ersten Abtheilung durch ein feines Sieb (*Urupema*) in die zweite Abtheilung colirt. Nachdem die Saamen in dem ersten Siebe gut abgerieben und die Farbeflüssigkeit gänzlich abgelaufen, werden die Saamenkörner sogleich nach der Maschine gebracht, nachdem sie leicht gequetscht, werden sie in kleinen Portionen in den vorigen Gamella gethan und wie vorher mit dem Einweichwasser auf dieselbe Weise gerieben, ausgewaschen, in das erste Sieb mit den Händen ausgedrückt und dann durch das feine Sieb zu der vorigen Flüssigkeit hinzugefügt. Die sämmtlichen durch das feine Sieb colirten Farbeflüssigkeiten der ersten und zweiten Waschung werden in einer grossen Gamella zum Absetzen gegossen, nach circa 8 Stunden hat sich am Boden ein Sediment gebildet, welches man hier *Tapiocca de Urucú* nennt. Die mit den Händen ausgedrückte Saamenmasse wird zum zweiten Male in die Maschine gebracht und auf eben dieselbe Weise, nachdem sie mehr zerquetscht, durch Waschen, Reiben, Ausdrücken und Coliren wie vorher verfahren, welche Procedur zum dritten Male wiederholt wird, und zuletzt in die Presse gebracht, um sämmtliche Flüssigkeit zu trennnen.

Beim ersten Male der Zerquetschung müssen die Cylinder der Maschine sich nicht sehr enge zusammen befinden, damit nur eine leichte Quetschung hervorgebracht wird, mehr Reibung als Zerreissung; doch beim zweiten Male und noch mehr beim dritten Male werden die Cylinder immer mehr verengert, so dass zuletzt eine vollkommene Zermalmung der Saamenkörner hervorgebracht wird. Die Farbeflüssigkeiten der zweiten und dritten Quetschung werden sogleich, nachdem sie auf bekannte Weise colirt, in die Kessel zur Abdampfung gegossen. Der erste Bodensatz in den Gamella (*Tapiocca de Urucú*) wird nach und nach mit grosser Vorsicht vom überstehenden Wasser getrennt, bis nur noch das Sediment zurückbleibt. Das vom Sediment abgegossene Wasser hat noch immer ein wenig Farbstoff und wird längere Zeit bei Seite gestellt, um den sich vielleicht bildenden Bodensatz später zu benutzen. Wenn die in den Kesseln befindliche Farbeflüssigkeit anfängt dicklich zu werden, ungefähr von Syrups-consistenz, fügt man nach und nach das Sediment der beiden ersten Waschungen, also die sogenannte *Tapiocca de Urucú* unter fortwährendem Umrühren hinzu. Das Feuer muss jetzt gelinde unterhalten und mit der grössten Behutsamkeit regulirt werden; ein beständiges Umrühren muss bis zur Beendigung der Arbeit unablässig fortgesetzt werden. Wenn die Masse von der Consistenz eines dicken Extracts wird, nimmt man den Kessel vom Feuer und rührt bis zum vollständigen Erkalten.

Die kalte Masse wird in Stücken, die man mit zwei Händen fassen kann, aus dem Kessel genommen und in eine mit Bananen- oder Palmenblättern ausgefütterte Kiste geworfen. Die Hände werden jedesmal leicht mit *Ageite de Mammono (Oleum Ricini impurum)* eingerieben, um nicht anzukleben.

19. Bablah. (Indianische Galläpfel.) *Bablah. Bablah.*

Es sind dies die unreifen Hülsen von *Acacia nilotica L.* und von *Acacia cineraria L. s. Dichrostachys cineraria Dec.* Wahrscheinlich ist es, dass mit dem Namen Bablah die Früchte auch noch anderer mit den genannten Gewächsen verwandter Pflanzen bezeichnet werden; so stammt die sogenannte Bali-Bablah (*grains de Cassien*) von *Acacia Sophora R. Brown* auf Van-Diemensland ab. Wir halten *Acacia cineraria* für den Baum, der uns die ostindische und *Acacia nilotica* für den Baum, der uns die afrikanische Bablah liefert.

Diese Bäume, deren Vaterland Ostindien und Afrika ist, gehören zur Familie der Mimosaceen und zur Gattung *Acacia*; ihre äusseren Merkmale sind: Vielgestaltige Bäume oder Sträucher, Dornen nebenblattständig, gepaart, selten zerstreut; Blätter gepaart oder doppelt gefiedert. Blüthen kopfig oder ährig, polygamisch, Blumenblätter 4—5. Hülse marklos, 2klappig. Die äusseren Kennzeichen der Species *Acacia cineraria* sind: ästiger dorniger Strauch, 8—10, 12—15paarig gefiederte kleine weichhaarige Blätter, gelbe unten rosenrothe überhängende Blüthen, lineal-sichelförmige Aehren. In Ostindien.

Acacia nilotica: ansehnlicher Baum, mit geraden und gepaarten Dornen. 6—8paarig gefiederte Blätter. Blüthen gelb. Hülsen dunkelbraun. Die Bablahschoten enthalten Gallussäure und Gerbstoff, nächstdem einen röthlichen Farbstoff, welche insgesammt diese Früchte befähigen, auf mit Thonerde- oder Eisenmordant oder mit einem Gemisch von beiden imprägnirten Stoffen beliebte Modefarben zu erzielen. Gleichwohl haben sie für die Zwecke der Färberei gegenwärtig eine ausgedehnte Anwendung nicht gefunden; sie beschränkt sich auf Erzeugung einiger besonderer Modetöne in Grau auf Garne und Stoffe, die an Festigkeit und Klarheit wenig zu wünschen übrig lassen. Nach Beiers Mittheilungen ist die Bablah mit gutem Erfolg zum Gerben von Leder benutzt worden, auch soll sie sich zur Darstellung von Tinte eignen und in dieser Beziehung die Galläpfel ersetzen; daher mag es kommen, dass man die Bablahschote auch indianische Galläpfel genannt hat. In der Bablah ist der Gehalt an Gerbstoff geringer als in den guten Gallen, denn aus gleichen Gewichtsmengen Bablah und Gallus zieht kochendes Wasser 57 und 70(?) Th. Gerbsäure aus. Auch Sumach ist bisweilen reicher an Gerbstoff. In der indischen Bablah fand Beier:

Faserstoff der Schoten	=	0,644
Gerbstoffsäure	=	0,162
Gallussäure . .	=	0,041
Extractivstoff (Farbstoff)	=	0,092
harzige Substanz	=	0,031
Salze und Verlust .	=	0,030
		1,000

Eine Abkochung von Bablah riecht auffallend nach Galläpfelabkochung, schmeckt aber weit weniger zusammenziehend, als diese; in ihr erzeugt

Alaunauflösung . einen rosafarbigen Niederschlag,
Zinnsalz (Zinnchlorür) . . einen gleichfarbigen „
Bleizucker (essigs. Bleizucker) einen graulich fleischfarbigen „
Grünspan (essigs. Kupferoxyd) einen chokoladenbraunen „
schwefelsaures Eisenoxyd einen röthlich blaugrauen „
Essigsäure . . . . macht die Farbe der Abkochung heller.

Es kommt nur die eine Sorte von dieser Waare zu uns, nämlich die ostindische Bablah (Java-Bablah). Sie hat die Gestalt plattgedrückter Schoten, welche 5—6 Saamenkörner enthalten, und die Länge von 3—4 Zoll und die Breite von $\frac{1}{2}$ Zoll haben. Im Umkreis der Saamen sind sie erweitert, dazwischen jedoch zusammengeschnürt Die Farbe ist graubraun und diese wie mit einem Staub bedeckt; der Saame erscheint glänzend braun gefärbt mit einer gelblichen Kreislinie. Im Handel kommen sie meist in Bruchstücken von 1—2 Zoll Länge vor. Verpackung in Ballen von beliebigem Gewicht. Versendung von Calcutta aus über London und Hamburg. Die Nachfrage nach diesen Artikel ist sehr gering.

20. Dividivi. *Dividivi. Divi-Divi.*

Dieselbe wird gegenwärtig für die Zwecke der Färberei noch weniger in Anwendung gebracht, als Bablah und Seerose, (s. w. unten), und kommt desshalb auch seltner im Handel vor. Früher brauchte man sie namentlich zum Graufärben, insbesondere zur Darstellung von eigenthümlichen sogenannten Steinfarben, die man aber ebenso schön jetzt durch Benutzung von Sumach, Querzitron, wenn man sich der gehörigen Mordantmischung bedient, erzeugen kann. Die Dividivischote ist reich an Gerbstoff und man kann sich deren desshalb auch zum Gerben bedient; ausserdem enthält sie noch einen fahlen Farbstoff. Sie stammt von *Caesalpinia Coriaria*, einem Baume des tropischen Amerika, und kommt über Karthagena zu uns nach Europa. Die Schote ist flach gedrückt, S förmig, doppelt nach der Seite gebogen und ausgehöhlt, ungefähr 2—3 Zoll lang, $\frac{1}{2}$ bis $\frac{3}{4}$ Zoll breit und 1 Linie dick, glänzend braunroth bis schwarzbraun, innen ockergelb und 3—5 saamig. Geschmack herbe, Geruch schwach. Verpackung in Ballen.

F. Farbstoffe in den Wurzeln.

21. Krapp. *Garance. Madder.*

Die zur Gattung *Rubia* gehörende Species *Rubia tinctorum* unterscheidet sich namentlich auch dadurch von anderen Species derselben Gattung, dass ihre Wurzel einen Farbstoff enthält, welcher, mit Eisen- oder Thonerdemordant, oder mit einer Mischung von beiden zusammengebracht, schwarze, rothe und braune Farbetöne in den mannichfaltigsten Nüancen von bemerkenswerther Schönheit und Festigkeit erzeugt; Baumwollenstoffe, auf welche man jene Mordants zuvor aufdruckt, erscheinen, nachdem man sie in einem wässrigen Auszug der Wurzel von *Rubia tinctorum* in erhöhter Temperatur behandelt hat, zugleich schwarz, roth und braun gefärbt. Der grosse Bedarf an dieser Wurzel in den Färbereien und Baumwolldruck-Fabriken, hat die ausgebreitetste Kultur dieser Pflanze bereits zur Folge gehabt. Man schickt die Wurzel entweder pulverisirt oder auch ganz in den Handel (letzteres geschieht namentlich mit der levantischen bisweilen auch mit der avignoner) und nennt sie im ersteren Fall Krapp, im letzteren häufig Alizari oder Lizari, in Uebereinstimmung mit dem Namen des in dem Krapp enthaltenen rothen Farbstoffs, Alizarin. *Rubia tinctorum* ist eine ausdauernde Pflanze, d. h. ihre in der Erde liegende Wurzel lebt eine Reihe von Jahren fort, indem sie alljährlich einen neuen Stengel, der Blüthen und keimfähigen Saamen entwickelt, hervorbringt; sie ist ferner eine Kalkpflanze, und gedeihet folglich nur da, wo der Boden vorherrschend kalkhaltig ist. Wild wächst sie in allen südeuropäischen Ländern z. B. in den südlichen Gegenden Deutschlands, Frankreichs, in Spanien, Italien, Griechenland, in der Türkei, im südlichen Russland an Hecken und Zäunen. Der Stengel erreicht die Höhe von 2—4 Fuss, wird von einer in der Erde horizontal liegenden Wurzel getragen, ist behaart und mit fast lanzettförmigen Blättern, die zu 3 bis zu 6 im Kreise herumstehen, bewachsen; aus den Blattwinkeln stehen die Blüthenstiele mit ihren in Trugdolden gruppirten grüngelben Blüthen hervor; die oft nur einfächrigen Früchte sind rundlich, kahl, zuerst röthlich, und wenn sie reif sind, schwarz. Die Blüthezeit fällt in die Monate Juni und Juli.

Kultivirt wird *Rubia tinctorum* gegenwärtig in Frankreich in der Umgegend von Montpellier und Avignon, im Elsass namentlich um Hageuau und Mühlhausen, in der Normandie; ferner in der belgischen Provinz Limburg, in Holland in der Provinz Zeeland und auf der Insel Schouven, in Deutschland besonders in der baierschen Pfalz z. B. in der Umgebung von Zweibrücken, Speyer, Neustadt an der Hardt u. a., in Schlesien, im preussischen Herzogthum Sachsen, in Brandenburg, ebenso in Baden in der Nähe von Grötzingen, Weingarten, Ettlingen, Mannheim, Heidelberg und Ladenburg, in Württemberg, in den österreichischen Kronländern, Böhmen, Mähren, Steyermark, Kärnthen, Ungarn, im Banat, in Griechenland, auf den Inseln, in der Türkei, in Thessalien, im russischen Transkaukasien, bei Derbend und einigen anderen Orten, in Kleinasien u. s. w.

Das Wesentliche der Krappkultur aber besteht, wenn man von Einzelheiten absieht, durch welche sie in den verschiedenen Ländern, bald mehr bald weniger abweicht, in Folgendem: Nachdem die zum Krappanbau bestimmten Felder im Herbst gedüngt und durch wiederholtes Pflügen gut aufgelockert worden sind, verpflanzt man im Frühjahr des darauf folgenden Jahres die jungen Krappflanzen, die man auf Krappbeeten das Jahr vorher aus den einer grossen Anzahl Mutterpflanzen abgenommenen Stecklingen gezogen hat, auf diese Felder. Ist der Boden schwer und fett, so bedarf er reichlicher Düngung, ist er kalkarm, so ist ein Zusatz von gepulvertem Kalkmergel unerlässlich nothwendig, wenn anders die Entwickelung der Krapppflanze in normalem und günstigem Verhältniss von statten gehen soll. Vor dem Legen der Wurzeln wird der Boden noch einmal mit der Hacke bearbeitet, in Beete von 12 bis 16 Fuss Länge getheilt und nun die Löcher, für welche die Pflanzen bestimmt sind, so angebracht, dass sie, etwas mehr als Fingerbreite von einander abstehend, mehrere Reihen hinter einander bilden. Bei trockner Witterung muss die junge Anpflanzung stark mit Wasser begossen werden, damit sobald als möglich die zarten Wurzelfasern mit dem Erdreich verwachsen. Vier Wochen darnach, wenn die Stengel etwa bis zu 6—8 Zoll über die Erde in die Höhe stehen, werden die Pflannen mit einer so hohen Schicht von Ackerboden überlegt, dass von den Stengeln höchstens nur 2 Zoll sichtbar bleiben; dies geschieht in der Absicht, möglichst grosse und starke Wurzeln zu erhalten; Ausroden des Unkrautes, fleissiges Begiessen, wenn im Sommer die Witterung anhaltend heiss und trocken ist, und Belegen der Beete mit einer Düngerdecke, wenn im Winter die Kälte zu hart zu werden droht, sind die einzigen Arbeiten, welche die junge Anpflanzung bis zum nächsten Frühjahr nöthig macht und gleichzeitig unabweisbare Bedingungen einer erfolgreichen Erndte. Im Frühjahr des zweiten Jahres wird die Düngerdecke, wo sie nothwendig war, entfernt, jedes Beet sorgfältig gesäubert und von Neuem mit einer zwei Zoll dicken Erdschicht überworfen. Sorgt man nun auch in diesem zweiten Jahr für hinreichende Feuchtigkeit, wenn anhaltende Trockenheit und grosse Wärme mit Schaden droht und im darauf folgenden Winter für Erwärmung durch Auflegung einer Düngerdecke, wenn hohe Kältegrade das Erfrieren der Krapppflanzen befürchten lassen, so ist nach Verlauf des dritten Sommers die Zeit der Erndte endlich gekommen, die um so befriedigender ausfallen muss, je günstiger der Entwickelung der Krapppflanzen die Boden- und Witterungsverhältnisse waren und mit je grösserer Sorgfalt und genauerer Sachkenntniss von den Pflanzern Alles vermieden worden ist, was Erfahrung und Theorie als unverträglich mit dem Wesen einer guten Krappkultur erscheinen lässt. Es fehlt nicht an Landleuten, z. B. in der Levante, in Frankreich, Holland, im Elsass, welche die Erndte der Krappwurzeln noch bis auf das nächste Jahr verschieben, so dass sie nicht eher an dieselbe gehen, bis nicht die Wurzeln drei volle Jahre in der Erde gelegen haben. In Schlesien ist für Krapp die 3jährige, für Röthe aber die 1jährige Krappkultur zu Hause und man sammelt die Wurzeln theils im Sommer theils später im Herbst. Wurzeln von dreijährigem Alter enthalten eine grössere Menge Farbstoff als zweijährige und gleichzeitig auch, was selbstverständlich nicht unterschätzt werden darf, einen Farbstoff von besserer Qualität, der auf den Zeugen um so reinere, lebhaftere und festere Farben hervorbringt In einer dreijährigen Wurzel ist das Fleisch, welches dreimal mehr Farbstoff als der Holzkörper enthält, bis fast zur Hälfte ihres Halbdurchmessers angewachsen, ein Unterschied aber zwischen dem Farbstoff im Fleisch und den im Holzkörper findet nicht statt. — Die Schale der Wurzel enthält keinen Farbstoff. Die Wurzel selbst ist knotig und gegliedert, einige Zoll lang und von der Stärke einer dicken Federspuhle, selten des kleinen Fingers; von aussen mit einer röthlich braunen Oberhaut bedeckt, liegt unter dieser der dunkelfarbige fleischige Theil, und unter diesen wiederum der lichtfarbige holzige Kern; die Wurzel ist von bitterem Geschmack und färbt beim Kauen den Speichel röthlich. Nachdem man zuvor von den Stengeln die erforderliche Anzahl von Ausläufern, um sie als Stecklinge für die neu herzurichtenden Beete zu benutzen, abgeschnitten hat, gräbt man die Wurzeln heraus, trennt von ihnen die Stengel und trocknet sie, nachdem ihre Reinigung von Erde vorausgegangen ist, zuerst an der Luft, und dann in besonders dazu eingerichteten Trockenöfen, um sie hierauf der weiteren technischen Behandlung auf der Tenne, den Siebapparaten und in der Krappmühle zu unterwerfen.

-Durch das Reinigen und Trocknen verlieren die Wurzeln durchschnittlich an Gewicht 60%, so dass 100 ℔ grüne Wurzeln etwa 40 · ℔ getrocknete geben. Eine gut getrocknete Wurzel soll auf ihrer Bruchfläche glatt erscheinen, und die zum Trocknen angewendete Wärme $+ 40^0$ nicht überschreiten; so vorbereitet, werden die Wurzeln, um von ihnen die sie umgebenden Schalen zu trennen, leicht auf der Tenne gedroschen und hierauf gesiebt, was zur Folge hat, dass die zertrümmerten Schaaltheilchen und noch etwaige Reste von Erde, die mechanisch an der Rinde hängen geblieben sind, durch die Maschen des Siebes hindurchfallen, während gereinigt die Wurzeln auf dem Siebe zurückbleiben; so sind sie sehr wohl geeignet, nach Grösse und guter Beschaffenheit sortirt und dem Krappfabrikanten zum Verkaufe angeboten zu werden, der nach Abschluss des Geschäftes in den meisten Fällen sich veranlasst findet, die von den Landleuten mit den Krappwurzeln bereits vorgenommenen Arbeiten noch einmal zu wiederholen, weil der beabsichtigte Zweck von ihnen nicht vollkommen erreicht worden ist. Von praktischer Einrichtung ist in den Krappmühlen der Siebapparat; er besteht nämlich aus mehreren in kleinen Entfernungen über einander aufgestellten, und an einer gemeinschaftlichen Stange befestigten Sieben, die mit derartigen Maschen versehen sind, dass sie mit jedem Siebe von oben nach unten immer enger werden und folglich auf dem untersten die grösste Enge, hingegen auf dem obersten die grösste Weite zeigen; es ist ersichtlich, dass, wenn der Apparat in rüttelnde Bewegung versetzt wird die grössten Wurzeln auf der obersten Etage liegen bleiben, die kleineren hingegen sowie die Wurzelstücke, Schaalen und die erdigen Theile die darunter befindlichen Etagen so passiren, dass erstere nach Maasgabe ihrer Grösse bald weiter oben bald weiter unten liegen bleiben und nur die Schaale sowie die Bruchstückchen kleiner Wurzeln, und die wenige Erde in Form von Staub durch die unterste Etage heraus in den Sammelkasten fallen. Diese Abgänglinge sind im Handel unter dem Namen Mullkrapp bekannt. Aus Wurzeln, die auf diese Weise ihrer Schaalen beraubt worden sind, gemahlener Krapp, nennt man beraubten Krapp, aus nur gereinigten Wurzeln gemahlenen hingegen, die folglich ihrer Schaalen nicht beraubt worden sind, unberaubten Krapp. Das Mahlen der nun vollständig gereinigten und sorgfältig sortirten Wurzeln geschieht in besonderen Krappmühlen, deren Organismus in Folgendem besteht: Durch eine in horizontaler Richtung um ihre eigene Axe sich drehende Welle werden vertikal in Paare zusammengestellte Stampen so in Bewegung gesetzt, dass während sie von jedem Paare die eine hebt, die andere dafür fallen lässt und zwar in abwechselnder Aufeinanderfolge dergestalt, dass durch eine Umdrehung der Welle jede Stampe zwei bis dreimal gehoben wird und jede auch zwei bis dreimal fällt; unter je einem solchen Paar Stampen ist allemal ein Trog angebracht, auf dessen Boden die herabfallende Stampe auftrifft; jede derselben trägt auf ihrer unteren Querfläche ein aus 8 stählernen, wellenförmig gebogenen Strahlen, die sämmtlich aus einem gemeinschaftlichen Mittelpunkte auslaufen, zusammengesetztes Messer; wird nun der Trog mit Wurzeln gefüllt, so werden diese von den Stampen zerschnitten und es hängt ganz von der Zeit, wie lange man die Wurzeln in den Trögen lässt, ab, welchen Grad der Feinheit das Krapppulver erhalten soll. Durch einen Siebapparat, der mit Ausnahme feinerer Maschen dem bereits oben beschriebenen ganz entspricht, wirft man den zerschnittenen Inhalt der Tröge und bewirkt dadurch die Trennung des hinreichend fein geschnittenen Krapppulvers von dem noch nicht hinreichend zerkleinerten, damit gleichzeitig es möglich ist, das letztere noch einmal in die Tröge aufzuschütten und der Einwirkung der Messer noch auf einige Zeit zu überlassen. Einen höheren Grad von Feinheit erhält das Krapppulver, wenn man dasselbe, nachdem es die Tröge verlassen hat, zwischen Mühlsteine aufschüttet. Bezüglich der Qualität ist das erhaltene Krapppulver in demselben Verhältniss verschieden, als es aus den nach ihrer Güte sorgfältig sortirten Wurzeln gewonnen worden ist. **100 Pfund** getrocknete gute Wurzeln geben:

  80—85 Pfd. gemahlenen Krapp erster Sorte,
  3—6 Pfd. gemahlenen Krapp Mittelsorte und gegen 5 Pfd. Mullkrapp (s. oben).

Der gemahlene Krapp wird zum Theil in Fässer, zum Theil in Säcke möglichst dicht verpackt.

Von den in der Krappwurzel enthaltenen Farbstoffen nennen wir zunächst das Alizarin, Rubein auch Krapproth genannt, welches auf folgende Weise gewonnen wird; man behandelt Krapp so lange in der Siedehitze mit Wasser, bis er seine Farbstoffe an dasselbe abgegeben hat; zu diesen Farbstoffen aber gehört ausser dem Alizarin noch das Rubiazin und Xantin; die erhaltene Lösung der gemischten Farbstoffe wird hierauf mit Schwefelsäure gemengt, welche sofort die Abscheidung der beiden ersteren aus der Auflösung und ihre Ablagerung auf dem Boden des Gefässes in Form eines gelblichrothen voluminösen Niederschlages bewirkt. Der Niederschlag wird auf dem Filtrum sorgfältig ausgewaschen und mit Thonerdehydrat, welches man vorher in verdünntem Ammoniak aufgelöst hat, behandelt, wodurch die Verbindung des Alizarins und Rubiazins (ein unlöslicher Lack) mit dem Thonerdehydrat erzielt wird; kocht man hierauf diese Verbindungen mit einer konzentrirten Auflösung von kohlensaurem Natron so löst sich die Verbindung des Rubiazins mit der Thonerde wieder auf, während die des Alizarins ungelöst zurückbleibt; nachdem aus dieser mittels Aether die ihr anhängenden Spuren von Harz entfernt worden sind, bewerkstelligt man ihre Zersetzung in Thonerdehydrat und Alizarin durch Anwendung von Salzsäure bei gelinder Wärme, wovon das Hydrat mit der angewendeten Säure zu einer löslichen Verbindung zusammentritt, während der Farbstoff unlöslich zu Boden fällt. Derselbe wird hierauf sorgfältig ausgewaschen, dann in kochendem Weingeist aufgelöst und durch Verdunstung des Weingeistes zum Krystallisiren gebracht. Durch wiederholte Auflösung im Weingeist und darauf folgende Verdunstung desselben wird endlich das Alizarin wasserhaltig in Gestalt von kleinen, glänzenden, dem Musivgolde ähnlichen Schuppen gewonnen $= C_{20}H_6O_6 + 4HO$: nach Schunk $= C_{14}H_5O_4 + 3HO$. Nach Vilmorin stellt man mittels Schwefelkohlenstoff das Alizarin auf folgende Weise dar: man behandelt das käufliche Garancin (s. unten) in der Wärme zwei bis drei Mal mit einer Auflösung von sehr reinem Ammoniakalaun in Wasser, indem man halb soviel Alaun als Garancin anwendet; die Flüssigkeit zeigt nach dem Filtriren eine sehr schöne ins Orange übergehende Scharlachfarbe; man dampft sie ab und rührt dabei fleissig um, damit der Alaun nur kleine Krystalle bilden kann, welche mit amorphen Alizarin bekrustet sind. Dieses Produkt wird ausgetrocknet, dann zerrieben und im Wasserbade mit kochendem Schwefelkohlenstoff behandelt, welcher bloss das Alizarin auflöst und den Alaun hinterlässt, der dann zu einer neuen Operation verwendbar ist. Die Auflösung des Alizarins in Schwefelkohlenstoff ist glänzend goldgelb; man filtrirt sie sofort und sieht, dass beim Erkalten die Wände des Glases, in welches sie filtrirt wurde, sich mit sternförmigen Gruppen seidenglänzender Nadeln überziehen. So erhält man auf nassem Weg vollkommen krystallisirtes Alizarin. Anstatt des Schwefelkohlenstoffes kann man auch kochenden absoluten Alkohol benutzen. (Verhandlung des niederöster. Gewerbe-Vereins April 1859.) Unter dem besonderen Namen *Alizari du commere* kommt von Frankreich aus ein Krapppräparat im Handel vor, welches nach Pincoffs und Schunk (*Monit. ind.* 1858 deutsch durchs *pol. Journ. B.* 149) auf folgende Weise dargestellt wird: Erste Methode. Man benutzt dazu einen kupfernen Behälter von solcher Stärke, das er einem beträchtlichen inneren Druck widerstehen kann und der so konstruirt ist, dass er sich leicht öffnen und schliessen lässt. In diesen Behälter giebt man eine gewisse Menge Krapp, welchen man, wenn er sehr trocken ist, vorher mit ein wenig Wasser befeuchtet; die geringe Menge hygroscopischen Wassers, welche der Krapp in der Regel enthält, liefert jedoch schon Dampf genug zu dem beabsichtigten Zweck; den Behälter muss man inwendig mit Holz füttern, damit der Krapp mit dem Metall nicht in Berührung kommen kann. Nachdem der Krapp eingebracht ist, verschliesst man den Behälter und erhitzt mittels direkten Feuers dessen Inhalt stufenweise, bis er eine Temperatur über 100° C. erreicht; dann muss die Temperatur allmählig auf ungefähr 148° C. gesteigert und auf diesem Grade mehrere Stunden lang unterhalten werden. Die Dauer dieser Zeit und der erforderliche Temperaturgrad hängen von der Beschaffenheit des zu verarbeitenden Krapps oder des beabsichtigten Produktes ab und müssen durch vorläufige Versuche bestimmt werden. Nachdem die erforderliche Zeit des Erhitzens verstrichen ist, lässt man den Behälter erkalten, dann öffnet man ihn und nimmt den Inhalt heraus, welcher mit kaltem Wasser gewaschen und hernach gepresst wird, worauf er zum Färben verwendet werden kann. Zweite Methode. Man benutzt einen stark kupfernen Behälter mit durchlöchertem Doppelboden, auf welchen der Krapp gelegt wird; nahe am Boden des Behälters befindet sich ein kleiner Hahn, um das Wasser ablassen zu können und oben und unten sind Röhren zum Einleiten des Dampfes angebracht. Nachdem der Krapp auf dem Doppelboden gelegt ist, verschliesst man den Behälter und öffnet ein Ventil, um Dampf, dessen Spannung 2 Kilo auf dem Quadratcentimeter beträgt, einströmen zu lassen; derselbe zieht durch den zu behandelnden Krapp und entweicht nach einiger Zeit durch den unteren Hahn; man schliesst zuvor denselben und lässt den Dampf so lange als es nothwendig ist, auf den Inhalt des Behälters wirken; hernach unterbricht man den Dampfstrom, öffnet den Behälter und nimmt den Inhalt heraus, welchen man erkalten lässt; derselbe wird dann mit kaltem Wasser gewaschen und hierauf gepresst, wonach er verwendet werden kann. Mit diesem Produkt färbt man Zeuge, ohne dass es nöthig ist, diese nach dem Färbebade in einem Seifenbade behufs der Reinigung ihres weissen Bodens zu behandeln; auch kann man in diesem Produkt die Zeuge kochend färben, ohne dass der Fond erheblich einfärbt, zwei allerdings sehr wesentliche Vortheile, welche dieses Fabrikat bietet. Ein anderes Krapppräparat, unter dem Namen Krappblumen (*Fleuxes de Gar.*) bekannt, wird von Julian und Roquer auf die Weise dargestellt, dass gepulverter Krapp mit Wasser, dem man durch eine Säure den Kalk entzogen hat, anrührt und nun das Gemisch auf Filtrirkufen bringt, wo die überschüssige Flüssigkeit dann abläuft. Auf der Filtrirkufe bleibt die Krappmasse 5—6 Tage liegen, um sie der Gährung auszusetzen, welchen Zweck man besser erreicht, wen man dem Wasser Bierhefen zusetzt. Nach Verlauf dieser Zeit wird der Krapp gepresst, in Trockenstuben getrocknet, dann zerrieben und in Fässer verpackt. So erhaltene Krappblumen bringen Ersparniss beim Färben und geben ächte und lebhafte Farben. Das wasserfreie Alizarin, $= C_{14}H_5O_4$, hat eine gelblichrothe Farbe, die aber nach der Dicke der Krystalle bald mehr bald weniger sich ins Gelbliche hinüberzieht. In kaltem Wasser ist es wenig lölich, mehr hingegen in kochendem, vollständig aber und leicht in Alkohol und Aether und zwar mit gelber Farbe; durch eine Spur von Alkalien wird die tiefgelbe Auflösung des Alizarins im Wasser sofort roth gefärbt; wie es denn von Alkalien (Kali- und Natronlauge) leicht, und sind sie konzentrirt, mit tief purpurrother Farbe aufgelöst wird, welche Auflösung aber im reflectirten Licht blau erscheint; die kohlensauren Alkalien lösen das Alizarin ebenfalls auf, ebenso eine siedende Alaunauflösung. In Schwefelsäure löst es sich mit blutrother Farbe ohne Zersetzung auf, wird aber durch Zusatz von Wasser aus dieser Auflösung wieder präcipitirt; essigsaures Bleioxyd erzeugt in Alizarinauflösung einen purpurnen Niederschlag; durch Behandlung mit Salpetersäure von 1,2 sp. Gw. wird Alizarin in Oxalsäure und Phtalsäure umgewandelt und mit Thonerde oder Eisenmordant imprägnirte Stoffe werden von ihm wie von Krapp, nur voller und glänzender gefärbt. In erhöhter Temperatur sublimirt es in orangerothen Nadeln, erleidet aber dadurch selbst eine theilweise Zersetzung. Behandelt man reines Alizarin in einer Retorte mit Salpetersäure von 1,20 sp. Gw. so lange als rothbraune Dämpfe aufsteigen, so nimmt das Gemisch eine rothgelbe Farbe an, indem gleichzeitig das Alizarin in Alizarinsäure übergeht. Das Fluidum filtrirt man ab und bringt durch vorsichtiges Abdampfen die Alizarinsäure zur Krystallisation; die erhaltene krystallinische Masse enthält aber gleichzeitig noch Oxalsäure, wesshalb man die erstere wieder auflöst und ihr bis zum Verschwinden der sauren Reaction Kalk zusetzt. Die von dem oxalsauren Kalk abfiltrirte Flüssigkeit wird mit Salzsäure versetzt und zur Krystallisation abgedampft. Man bekommt eine gelbe Masse, aus welcher das Chlorkalzium durch kaltes Wasser ausgewaschen wird. Es wird nun der Rückstand abermals in kochendem Wasser aufgelöst und die gelbe Lösung durch Behandlung mit Kohle entfärbt. Man dampft ab, wobei die Alzarinsäure in grossen Krystallen anschiesst. Durchsichtige, farblose, platte, rhombische Tafeln, deren Auflösung sauer schmeckt und Lakmuspapier röthet. Leicht löslich in Alkohol, in kaustischen und kohlensauren Alkalien, in kochendem Wasser. Auf Platinblech erhitzt, schmilzt sie und brennt mit rusender Flamme; in einer Glasröhre erhitzt, schmilzt sie und verflüchtigt sich ohne einen Rückstand zu lassen. Eisenchlorid erzeugt in Alizarinsäure einen gelben, Bleizucker einen weissen und essigsaures Kupferoxyd einen hellblauen Niederschlag. Die Salze der Alizarinsäure sind meist in Wasser löslich. Nach Schunck besteht die Alizarinsäure aus 14 Aequivalenten Kohlenstoff, 5 Aeq. Wasserstoff und 7 Aeq. Sauerstoff. Bei der Einwirkung von Salpetersäure auf Alizarin nimmt dasselbe daher 3 Aequiv. Sauerstoff auf, ohne Wasserstoff zu verlieren. $C_{14}H_5O_4 + 3O = C_{14}H_5O_7$.

Der zweite Farbstoff ist das Rubiazin (Purpurin, Krapppurpur). Es ist bereits erwähnt worden, dass die Verbindung des Rubiazins mit Thonerde in der konzentrirten Auflösung von kohlensaurem Natron nicht ausgefällt worden ist, sondern im aufgelösten Zustande verharrte, während die Verbindung des Alizarins mit Thonerde durch das Alkali gefällt wurde. Aus dieser Auflösung kann nun das Rubiazin gewonnen werden, nachdem man vorher durch Filtration die Alizarinverbindung entfernt hat; dieselbe wird zunächst mit Salzsäure bei gelinder Wärme behandelt, wodurch die Trennung des Rubiazins von der Thonerde und die Abscheidung des ersteren als Niederschlag erfolgt; der Niederschlag wird abfiltrirt und das Rubiazin durch Auflösung in Weingeist oder Aether uud darauf folgender Verdunstung gereinigt und in Form von Krystalle erhalten. Wolff und Strecker schlugen, um Rubiazin darzustellen, folgenden Weg ein: sie versetzten Krapp mittels Wasser und Hefe in Gährung, wuschen ihn hierauf mit Wasser aus und kochten ihn mit konzentrirter Alaunauflösung, wodurch diese stark roth gefärbt wurde. Sie überliessen dieselbe nun der Abkühlung, während welcher dunkelrothe Flocken sich abschieden, deren Menge durch Zusatz von Schwefelsäure vergrössert wurde. Indem sie diese nach vorausgegangener Filtration mit verdünnter Salzsäure in der Siedehitze behandelten, entfernten sie durch Auflösung die Thonerde, und reinigten das Präcipitat (das Rubiazin) durch Krystallisation aus Alkohol oder Aether. — Die Zusammensetzung des wasserfreien Rubiazins entspricht, in Aequivalenzzahlen ausgedrückt, der Formel $C_{18}H_6O_6$; das wasserhaltige der Formel $C_{18}H_6O_6 + HO$. Aus konzentrirter alkoholischer Auflösung erhalten, bildet das Rubiazin hochrothe, hingegen orangefarbige, feinere und weichere Nadeln, wenn man es aus verdünnter alkoholischer Auflösung darstellt; erstere sind frei von Krystallwasser, letztere enthalten Krystallwasser, wovon sie durch Erwärmung bis zu $+100^0$ getrennt werden können. In erhöhter Temperatur schmilzt es und sublimirt unter Hinterlassung von Kohle. Im Wasser ist es leichter als das Alizarin löslich, ebenfalls ziemlich leicht in siedender Alaunauflösung, aus der es sich auch während der Abkühlung nur zum kleinsten Theil wieder abscheidet und leicht auch in Alkohol und Aether, indem es gleichzeitig beide Lösungsmittel ungleich intensiver roth als das Alizarin färbt; von Kaliauflösung wird es mit kirschrother Farbe aufgenommen, und in Ammoniak aufgelöst, erzeugt es mit Kalk-, Blei- und Barytsalzen purpurrothe Niederschläge. In einer konzentrirten Auflösung von kohlensaurem Natron ist es nur unter Mitanwendung von Siedehitze löslich, aus der abgekühlten scheidet es sich wieder aus. Eisensesquichlorid bildet Rubiacinsäure, indem Rubiazin 1 Aequivalent Wasserstoff verliert und dafür 6 Aequivalent Sauerstoff aufnimmt (Schunk). Nach demselben Chemiker bedient man sich zur Darstellung dieser Säure des rubiazinsauren Kali, indem man dieses mit irgend einer starken Säure z. B. mit Salzsäure behandelt, was die Ausscheidung der Säure in Gestalt eines citronengelben Pulvers zur Folge hat. Krystallisirt kann die Säure nicht erhalten werden. Wenig löslich in kochendem Wasser, ebenso in kochendem Alkohol; von schwachem Geschmack und schwachsaurer Reaction auf Lakmus. Auf Platinblech erhitzt, schmilzt sie und verbrennt ohne Rückstand mit heller Flamme; in einer Proberöhre erhitzt, schmilzt sie auch und entwickelt Dämpfe, die zu einem Oel sich verdichten. Konzentrirte Salpetersäure bewirkt anfänglich die Lösung der Säure mit gelber Farbe, später aber unter Entwicklung von rothen Dämpfen die gänzliche Zersetzung derselben; ebenso bewirkt konzentrirte Schwefelsäure eine gelb gefärbte Lösung, aus der aber durch Zusatz von Wasser die Rubiazinsäure unverändert wieder ausgefällt wird. Durch Einwirkung von Schwefelwasserstoff geht die Auflösung der Rubiazinsäure in Alkalien wieder in Rubiazin über.

Der dritte Farbstoff ist das Xantin. Higgins hat es auf folgende Weise erhalten (Erdm. J. f. p. Ch. B. 46 H. 1): nach Entfernung des Alizarins aus ihrer wässrigen Auflösung mittels Schwefelsäure, wurde das Filtrat, welches neben einigen Spuren von Alizarin und Rubiazin sämmtliches Xantin enthielt, mit kohlensaurem Natron neutralisirt, hierauf demselben eine kleine Menge Thonerdehydrat hinzugesetzt, dann ungefähr eine halbe Stunde lang bei $+55^0$ digerirt und nun filtrirt; auf diese Weise wurden die Spuren von Rubiazin und Alizarin durch Ausfällung entfernt, während das Xantin gelöst zurückblieb. Zu dem Filtrat wurde Barytwasser gesetzt, um die Phosphor- und Schwefelsäure zu entfernen und nach Abscheidung der Barytsalze eine hinreichende Menge von basisch essigsaurem Bleioxyd hinzugefügt. um das Xantin auszuscheiden; der erhaltene Niederschlag eine Verbindung des Xantins mit Bleioxyd, wurde mit Wasser ausgewaschen, darauf in vielem Wasser zertheilt und nun durch dasselbe ein Strom von Schwefelwasserstoffgas geleitet, welcher die Ausfällung des Xantins sammt dem entstandenen Schwefelblei zur Folge hatte; der Niederschlag wurde auf einem Filter gesammelt, mit kaltem Wasser ausgewaschen und in siedendem Wasser behandelt, welches das Xantin mit schöner gelber Farbe auflöste; nach Entfernung des Schwefelbleies von der Auflösung durch Filtration wurde die letztere, das Filtrat, allmählig bis zur Trockne abgedampft und das zurückgebliebene Xantin durch Auflösung in Weingeist und durch nachfolgende Verdunstung dieselben erhalten. Das auf diese Weise erhaltene Xantin bildet eine dunkelbraune, gummiartige zerfliessliche Masse, die sich im Wasser vollständig auflöst; die Lösung ist bei hinreichender Verdünnung von sehr schöner gelber Farbe, von eigenthümlich bitterem Geschmack, ist leicht in Alkohol, schwerer in Alkalien und zwar mit purpurrother Farbe löslich. Alaun und Ammoniak scheidet aus der Auflösung einen dunkelrothen Lack ab, welchen man auch erhalten kann, wenn zu der wässrigen Auflösung eine hinreichende Menge von Thonerdehydrat gesetzt wird. Säuren machen die Auflösung etwas heller und bewirken keinen Niederschlag. Wird die Xantinauflösung mit etwas Schwefelsäure oder Chlorwasserstoffsäure bis zum Sieden erhitzt, so fällt ein grünes Pulver nieder, eine Eigenschaft, an welcher das Xantin charakteristisch zu erkennen ist; trocknes Xantin löst sich in konzentrirter Schwefelsäure mit schöner orangegelber Farbe auf, die aber beim Erhitzen ins Karmoisinrothe übergeht; auf Zusatz von Wasser schlägt sich der Farbstoff in gelben Flocken nieder, die sich in Ammoniak auflösen; diese Lösung ist von schöner karmoisinrother Farbe und weit schöner als die der Auflösung des ursprünglichen Xantins in Ammoniak; wird diese Auflösung in Schwefelsäure ungefähr eine Stunde erhitzt, so wird sie braun und es fällt auf Zusatz von Wasser ein braunes Pulver zu Boden, das sich nicht in Ammoniak löst und durch dasselbe auch nicht gefärbt wird. Beim Erhitzen schmilzt das Xantin, schwärzt sich und bläht sich zu einer voluminösen Kohle auf, welche, ohne Rückstand zu hinterlassen, verbrennt. Mit Alaun mordancirte Stoffe in einer Xantinauflösung entsprechend behandelt, zeigen einen fahlen und glanzlosen Farbeton; bei Anwendung von xantinreichen Krapp zur Färbung mordancirter Stoffe ist daher ein Zusatz von Kreide nützlich, indem sie das Xantin bindet und daher abhält mit den Alizarin zugleich den Stoff zu färben. Durch Einwirkung von Säuren auf das Xantin entstehen folgende Zersetzungsprodukte 1) das Verantin $= C_{14}H_5O_3$, röthlichbraunes, in Alkalien mit braunrother Farbe sich auflösendes Pulver; 2) Rubiretrin $= C_{14}H_6O_4$, braungefärbte, harzige in Alkalien und Schwefelsäure leicht, im Wasser und Alkohol aber schwer lösliche Masse 3) Rubianin $= C_{28}H_{11}O_{13}$, zitronengelbe, seidenartig glänzende, im Wasser leicht in Alkohol aber schwer lösliche Nadeln und 4) durch Alkalien und Säuren Krappzucker.

Bei Beantwortung der Frage, ob diese Farbstoffe gleichzeitig und in immer gleicher Menge in der Wurzel der Pflanze, sie mag ein Alter haben, welches sie wolle, enthalten sind oder ob nur ein Farbstoff als ursprünglich in ihr vorhanden angenommen werden dürfe, aus welchem die anderen nach Maassgabe der allmählig fortschreitenden Entwickelung der Pflanze sich so bilden, dass durch Umsetzung aus dem früheren der spätere, hervorgehe, dürfte die letztere Ansicht als die richtige zu bezeichnen sein, denn fürs Erste stimmt mit ihr die Erfahrung überein, dass aus 3- und 4jährigen Wurzeln gewonnener Krapp entschieden reicher an Alizarin und Rubiazin und ärmer an fahlem Farbstoff ist, als der aus jüngeren Wurzeln gewonnene, in welchem umgekehrt die Menge des fahlen Farbstoffs vorherrscht, und fürs Zweite hat Higgins durch Versuche, deren Resultate in dem oben genannten Journal niedergelegt sind, die Entstehung des Rubiazins und Alizarins aus dem Xantin durch Stoffumwandlung direkt nachgewiesen; man ist daher zu der Schlussfolgerung berechtigt, dass auch in der Krapppflanze während ihres Wachsthums eine gleiche Umsetzung des einen Farbstoffs in den andern stattfinden müsse. Als der eine solche Einwirkung veranlassende Faktor aber ist der alkalische Kalk zu betrachten; oder wie wollte man sonst erklären, dass die Krappsorten *Palus*, *Rosé* und *Jaune*, welche von einer und derselben Pflanze abstammen, die bei Avignon im Umkreise von wenigen Meilen angebaut wird, die gleiche Pflege und gleiches Klima hat, so sehr von einander verschieden sind? Die Analyse des Bodens weist nach, dass dieser keineswegs überall gleich reich an Kalksalzen ist, sie weist nach, dass der Boden, auf welchem der *Palus* wächst, die meisten Kalksalze, gegen 90%, dass der Boden, auf welchem der *Rosé* wächst, gegen 38% und dass der Boden, auf welchem der *Jaune* wächst, die wenigsten Kalksalze, gegen 7%, enthält; und in der That ist *Palus* die alizarinreichste, beste Krappsorte und *Jaune* die alizarinärmste und geringste. Von dieser eigenthümlichen und charakteristischen Einwirkung des Kalkes auf die Entwickelung des Alizarins und Rubiazins auf Kosten des Xantins hat Schlumberger, Chemiker in der Fabrik der Herren Gbrd. Köchlin in Mülhausen, durch folgenden Versuch praktisches Zeugniss abgelegt: Früher konnte man im Elsass nicht begreifen, warum der Elsasser Krapp weder so intensiv, noch so fest färbte, wie der von Avignon, wiewohl man sich doch bewusst war, dass im Elsass die grösste Sorgfalt auf die Krappkultur verwendet wurde; endlich fand der genannte Chemiker durch die chemische Analyse, dass der avignoner Krapp reich an Kalk, der elsasser hingegen arm an Kalk war; mit der Thatsache bekannt, dass gerade der Distrikt *Palus* bei Avignon, der den intensivsten avignoner Krapp liefert, aus hellgrauem Muschelkalk besteht und dass er, wie bereits erwähnt, gegen 90% Kalk enthält, liess er Erde aus dem Distrikt *Palus* nach Mühlhausen kommen, um mit dieser die dasigen Felder zu bestellen. Man richtete dreierlei Felder vor: das erste erhielt die Erde von *Palus*, dem andern setzte man $50\text{—}80\%$ kohlensauren Kalk zu und auf dem dritten, in unmittelbarer Nähe, liess man den elsasser Boden ganz unverändert. Auf diese Felder nun pflanzte man im Monat März junge elsasser Pflanzen und zog im November des darauf folgenden Jahres einen Theil davon aus der Erde, um Färbeversuche damit anzustellen; der Erfolg war den erwarteten Resultaten vollkommen entsprechend, denn die von den beiden ersten Feldern gewonnenen Wurzeln färbten gleich schön und dauerhaft, die aber, welche von dem dritten Feld geerntet worden waren, erzeugten Farben, die weder so lebhaft und voll wie jene erschienen, noch in den Avivagebädern der Seife in gleichem Grade widerstanden. Vortheilhafter noch stellte sich dieses Resultat bei den Färbeversuchen mit denjenigen Wurzeln heraus, die man 3 Jahr in der Erde gelassen hatte. Ist aber in dem einen Falle die vorwiegende Menge des Alizarins und Rubiazins die Ursache der guten Beschaffenheit der erhaltenen Krappwurzeln, in dem anderen Fall aber der Mangel an diesem die Ursache der entgegengesetzten Eigenschaft, so muss der Impuls zur Umbildung des Xantins in Rubiazin und Alizarin lediglich dem Einfluss des Kalkes zugeschrieben werden, in ganz gleichem Verhältniss wie sie unterblieben ist, da wo der Kalk fehlte. Decaisne betrachtet in seiner Abhandlung über die holländische Krappkultur (*Comptes rendus* März 1847) selbst den Einfluss des Klimas gegenüber dem des Kalkes als untergeordnet; — wirklich, fährt er unter Anderem fort, besteht der auf den kalkhaltigen Poltern Zeelands gebaute Krapp erfolgreich die Konkurrenz mit dem guten avignoner Krapp auf den Märkten der vorzüglichsten Fabrikstädte Europas und der vereinigten Staaten; er erfordert beim Färben keinen Zusatz von Kalk, sondern liefert auch ohne denselben ebenso dauerhafte als schöne Farben. Wollte man einwerfen, dass nicht aller zeeländische Krapp die angegebene Eigenschaft besitze, so ist darauf zu erwiedern, dass diese Ausnahmen, wenn sie stattfinden, lediglich ihren Grund in der chemischen Zusammensetzung des Erdreichs haben; so enthält nach der Analyse des von Beaumont das Erdreich mancher Polter 75% Kieselerde und besitzt folglich die für eine gute Krappkultur nothwendige Menge von Kalk nicht. Wird nun noch der Ansicht Raum gegeben, dass die oben erwähnte Einwirkung resp. Umsetzung des Xantins in Rubiazin und Alizarin, auch in dem bereits in Fässer verpackten Krapp unter

Einfluss von Feuchtigkeit durch die Gegenwart von Kalk veranlasst werden kann, so ist es dann nicht mehr zweifelhaft, was in dem Krapp vorgeht, wenn er während seiner Lagerung in Fässern durch das sogenannte Wachsen (s. Sorten unter holl. Krapp) zum Färben immer besser und tauglicher wird, und warum den Fabrikanten nicht anzurathen ist, frisch verpackten Krapp in ihren Färbereien in Gebrauch zu nehmen.

Ausser den 3 genannten Farbstoffen enthält der Krapp ferner Bitterstoff, von Schunk Rubian genannt. Nach ihm bildet er einen Theil des durch Säuren in der Krappabkochung erzeugten braunen Niederschlages, welcher ersterer sich nach Entfernung des Säureüberschusses in kaltem Wasser neben der Pektinsäure (s. weiter unten) auflöst. Durch Behandlung mit Alkohol nach vorher erfolgter Abdampfung, lassen sich beide Stoffe trennen, indem nur das Rubian in Auflösung übergeht. Dasselbe besitzt folgende Eigenschaften: In dünnen Schichten ist es vollkommen durchsichtig und von gelber Farbe, in dickeren Massen erscheint es dunkelbraun; die wässrige Auflösung ist gelb und von intensiv bitterem Geschmack. Beim Erhitzen auf dem Platinblech schmilzt das Rubian, bläht sich ausserordentlich auf und hinterlässt einen kohligen Rückstand, der bei stärkerem Glühen vollständig verschwindet. Erhitzt man es in einer Proberöhre, so schmilzt es unter Entwicklung gelber Dämpfe, die sich zu Krystallen kondensiren. In konzentrirter Schwefelsäure löst sich Rubian mit rother Farbe auf; durch Salpetersäure wird es zersetzt. Die wässrige Rubianlösung gibt mit allen Säuren flockige gelbe Niederschläge, mit Kalk- und Barytwasser rothe flockige Niederschläge, mit Eisenchlorid eine dunkel rothbraune Fällung, mit Bleizucker braune Flocken, mit Sublimat, Galläpfeltinktur und Leimlösung aber keine Fällung. Alkalien röthen die Lösung und beim Kochen mit Kalilauge entwickelt sich Ammoniak, ein Beweis, dass Rubian Stickstoff enthält. Wird eine wässrige Auflösung von Rubian bei Luftzutritt in der Wärme abgedampft, so scheidet sich eine dunkelbraune Substanz ab, welche in harzigen Tropfen zu Boden sinkt, so dass der Rückstand nach dem Verdampfen des Wassers nicht wieder vollständig aufgelöst werden kann; bei abermaliger Verdampfung der filtrirten Flüssigkeit wiederholt sich diese Abscheidung, sowie es bei Extractivtoffen der Fall ist. Diese dunkelbraune Substanz schmilzt in kochendem Wasser zu Tropfen, die beim Erkalten spröde sind. Ueberhaupt zeigt dieselbe grosse Aehnlichkeit mit dem Körper, der als Alphaharz unten aufgeführt ist. Indessen scheint dieselbe mehr als aus einer Substanz zu bestehen, denn beim Erhitzen in einer Glasröhre gibt sie ein reichliches Sublimat, das aus Krystallen besteht, die grosse Aehnlichkeit mit Rubiazin haben. Wird das Sublimat mit einer kochenden Lösung von Eisenchlorid behandelt, so wird die Flüssigkeit rothbraun und gibt nach dem Filtriren mit Säuren einen gelben Niederschlag, woraus folgt, dass es entweder Alphaharz oder Rubiazin oder beide enthält.

Alphaharz. Es besitzt eine dunkelbraune oder röthlichbraune Farbe. In der Kälte ist es spröde und pulverisirbar; bei $+ 65^0$ wird es weich und schmilzt gegen 100^0 zu dunkelbraunen Tropfen. In kochendem Wasser ist es wenig löslich; in Alkohol löst es sich mit Orangefarbe auf, in konzentrirter Schwefelsäure mit dunkel Orangefarbe und in kaustischen wie kohlensauren Alkalien mit purpurrother Farbe auf. Leitet man Chlorgas in eine alkalische Lösung des Harzes, so wird sie entfärbt. Die ammoniakalische Lösung verliert beim Kochen kein Ammoniak, aber der durch Abdampfen erhaltene Rückstand enthält nur wenig Ammoniak; die ammoniakalische Lösung gibt mit Chlorbarium und Chlorcalcium purpurne, mit Alaun und mit salpetersaurem Silberoxyd schmuzigrothe Niederschläge. In Eisenchlorid löst sich das Harz mit dunkelrothbrauner Farbe auf und wird durch Säuren wieder in gelben Flocken daraus gefällt.

Betaharz. Dieses Harz wird aus der alkoholischen Lösung während des Erkaltens als hellbraunes Pulver abgesetzt. Bei der Temperatur des siedenden Wassers schmilzt es kaum, sondern wird weich und zusammenhängend. Auf Platinblech erhitzt schmilzt es und verbrennt mit Hinterlassung wenig rother Asche. In siedendem Wasser löst es sich mit gelber Farbe auf, in Alkohol mit dunkelgelber Farbe, welche Lösung Lakmuspapier röthet. Die Auflösung dieses Harzes in konzentrirter Schwefelsäure ist dunkelbraun und wird durch Wasser aus dieser Auflösung wieder gefällt. In kaustischen und kohlensauren Alkalien löst es sich mit schmuzigrother Farbe auf; die ammoniakalische Lösung gibt mit Chlorbaryum und Chlorcalcium schmuziggelbe Niederschläge.

Pektinsäure. Man gewinnt sie durch Behandlung einer wässrigen Krapp-Abkochung mit Schwefelsäure und fernere Behandlung des erhaltenen Niederschlags mit Alkohol, was dabei unlöslich zurückbleibt, ist die Pektinsäure (s. Rubian). Sie is tim Wasser löslich; damft man die wässrige Auflösung ab, so scheidet sie sich allmählig in bräunlichen Schuppen an der Oberfläbhe der Flüssigkeit aus. Beim Verbrennen hinterlässt sie ziemlich viel Asche. Die Reaction der wässrigen Auflösung ist sauer; mit allen Säuren gibt sie flockige helle Niederschläge; durch Alkohol wird sie gallerartig ausgefällt; fast alle Alkaliensalze erzeugen in ihrer Lösung flockige Niederschläge, Kalk- und Barytwasser rosenrothe Fällungen. In kaustischen und kohlensauren Alkalien scwillt Pektinsäure ausserordentlich auf und löst sich beim Kochen (Annal. der Chemie und Phys. Pharm. B. LXVI. H. 2). Dr. Paul Schützenberger hat sie quantitativ im avignoner Krapp bestimmt, indem er denselben erst mit Natronlauge, dann mit salzsäurehaltigem Wasser und darauf wieder mit Natronlauge behandelte; in Folge dieser Behandlungsweise wurde die in den beiden alkalischen Flüssigkeiten aufgelöste Pektinsäure durch die Salzsäure ausgefällt, worauf sie mit Holzgeist und Ammoniak gereinigt und bei + 100° C. getrocknet wurde. Im Mittel wurden bei sechs angestellten Analysen 9,5% Pektinsäure gefunden. Endlich enthält nach demselben Chemiker der Krapp noch Péktose, einen Körper, der durch geeignete Behandlung des Krapps als Pektin gewonnen wird; Pektin an und für sich enthält nach Schützenberger der Krapp nicht; in einer von ihm untersuchten Krappsorte von Avignon fand er 2,3% Pektose; er erachtet Pektose und Pektin von gleicher Zusammensetzung und nimmt an, dass Pektose durch die Einwirkung von Alkalien in Pektinsäure übergeht. — Stellen wir die in Krapp enthaltenen Bestandtheile zusammen, so sind sie folgende: Alizarin, Rubiazin, Xantin, Alpha- und Bethaharz, Pektose, Pektinsäure,? ätherisches Oel, Rubian, Zucker, mineralische Bestandtheile als: Kieselerde, kohlenseurer, phosphorsaurer, schwefelsaurer Kalk, Chlorkalium, pektinsaures Kali etc. Von Mineralischen Bestandtheilen fand Chevreul:

im levantischen Krapp	8%,
im elsasser Krapp	9,9%,
im elsasser Krapp (andere Sorte)	12%,
im elsasser Krapp (noch andere Sorte)	13%,

und Persoz:

im avignoner Krapp (*Palus*)	9—10%,
im avignoner Krapp (*Rosé.*)	8%,
im elsasser Krapp	6,3%.

Aus dem bisher Gesagten aber ergiebt sich, dass auf gute Beschaffenheit des Krapps folgende Umstände von dem wesentlichsten Einfluss sind: kalkreicher Boden, günstige Witterungsverhältnisse, sorgfältige Kultur, das rechte Alter der Wurzeln, und gewissenhafte Trennung der ausgewachsenen grossen und gesunden Wurzeln von den kleinen und kränklichen, sowie von der Schale und den erdigen Theilen. Ein guter Krapp empfiehlt sich durch Intensität und Lebhaftigkeit seiner Farbe, durch stark bemerkbaren, bittersüsslichen, zusammenziehenden, Geschmack, durch Aroma, durch Reinheit seines Pulvers von schaligen und erdigen Theilen und, beim Probefärben, durch Ausgiebigkeit und durch die Dauerhaftigkeit und Schönheit der mit ihm dargestellten Farben.

Die im Handel am häufigsten vorkommenden Krappsorten, sind folgende; 1) der levantische Krapp, vorzüglich in 3 Sortimenten bekannt, der von Smyrna, von Cypern und von Poja, von denen der erstere vor den beiden übrigen den Vorzug verdient, obwohl auch der von Cypern und namentlich der von Poja nicht selten dem Smyrnaischen gleichgestellt wird. Die auf dem Bruch röthliche Wurzel verdient vor der gelben den Vorzug. Schon ist es erwähnt worden, dass der levantische Krapp im Handel den Namen Alizari führt und nicht gemahlen sondern in Wurzeln zum Verkauf ausgeführt wird; Farbe der Wurzel ist theils roth, theils röthlichgelb; die rothfarbigen sind die geschätzteren. Obwohl der levantische Krapp unter allen Krappsorten der ausgiebigste ist und mit ihm auf Stoffen erzeugten Farben an Festigkeit nichts zu wünschen übrig lassen, so wird er in Deutschland doch nur in geringer Menge verwendet, dafür aber in um so grösserer Menge in England und Frankreich. Versendung über Triest und Venedig, in Ballen verpackt. Die anerkannte Güte der levantischen Krappwurzel mag ihren Grund namentlich mit darin haben, dass man in der Levante oder wo sie sonst kultivirt wird, die Wurzeln unter 5—6 Jahren nicht aus der Erde hervorzieht, folglich ihr hinreichende Zeit zur Entwickelung des Rubiazins und Alizarins lässt. Die französischen und englischen Färber und Fabrikanten überliefern die Wurzeln den dasigen Krappmüllern, von denen sie jene in Gestalt von Krapppulver zurückerhalten. Dass hierbei die Krappmüller nicht immer ganz reell zu Werke gehen mögen, ergiebt sich aus folgendem vom „Technologiste" erzählten Vorfall: Ein zu Maronne wohnender Fabrikant erhielt, als er sich des Krapppulvers bediente, wozu er die Wurzeln geliefert hatte, so schlechte Farben, dass er auf die Vermuthung kam, das Krapppulver müsse verfälscht sein, worin ihn noch besonders der Umstand bestärkte, dass mehrere seiner Collegen, welche dieselben Krappwurzeln anwendeten, die aber anderwärts gemahlen worden waren, befriedigende Resultate erhielten. In Folge von Seiten des Fabrikanten erhaltener Klage wurde von dem Handelsgerichte in Rouen eine Untersuchungscommission niedergesetzt, welche den Professor der Chemie Girardin mit der Untersuchung des muthmasslich verfälschten Krapppulvers betraute. Er erhielt 3 verschiedene Proben von Krapppulver. Die eine war aus den Ballen genommmen, die bereits in das Haus des Fabrikanten zurückgeschickt waren, die zweite aus den Ballen, die noch in dem Hause des Krappmüllers sich befanden und die dritte war unter Aufsicht der Commission erst gemahlen worden. Während der Untersuchung ergab es sich, dass das frisch gemahlene Krapppulver wenigstens um die Hälfte besser war, als das aus den Ballen entnommene, und dass die Verschlechterung der letzteren durch Beimischung von bereits ausgefärbtem und werthlosem Krapppulver erfolgt war, in Folge dessen die Schiedsrichter auf Betrug erkannten und den Müller mit einer Gefängnissstrafe von 6 Monaten belegten. Den Weg, welchen Girardin bei seiner Untersuchung einschlug, war aber folgender: er prüfte den zu untersuchenden Krapp zunächst durch Zerkauen im Munde auf seinen Farbstoffgehalt, wobei er fand, dass der Speichel kaum geröthet wurde. Diese Armuth an Farbstoff fand er mit seinem magern und matten äusseren Ansehen, sowie mit den durch Probefärben erhaltenen schlechten Farben im vollsten Einklang; zweitens prüfte er ihn auf Verfälschung mittels wohlfeilen Farbholzsorten durch Reagentien und drittens auf seinen Gehalt an Sand und mineralischen Bestandtheilen durch Schlemmen und Verbrennung. Die quantitative Analyse wies bezüglich des dritten Punktes in dem verfälschten Krapp eine ungleich grössere Menge von mineralischen Bestandtheilen nach, als in dem frisch gemahlenen Krappe, welches Resultat, in Verbindung mit seinem schlechten äusseren Ansehen und seiner Farbstoffarmuth, Girardins Verdacht der Verfälschung bestätigte. — Verpackung der Krappwurzeln in Säcken, Ballen und Fässern. (s. oben)

2) **D e r   a v i g n o n e r   K r a p p.** Von angenehmem, weniger durchdringendem Geruch, bitterlichsüssem Geschmack, braunrother oder rosarother Farbe; fein gemahlen, trocken im Angriff, weniger Feuchtigkeit aus der Luft als die anderen Sorten anziehend; er wächst auch auf den Lager und färbt sich dunkler, backt aber nicht so fest wie die andern Sorten zusammen; dass die Gährung eine geringere ist, hat darin seinen Grund, dass er weit weniger schleimige Bestandtheile als der holländer und elsasser Krapp enthält. Erfahrungsmässig gewinnt er durch mehrjähriges Lagern in Fässern an Güte. Bekannt sind die Sorten *Palus*, *Rosé* und *Jaune*. Das erstere Sortiment ist von braunrother Farbe, reich an Alizarin, dagen ärmer an Rubiazin und Xantin; mit ihr erhält man die dauerhaftesten Farben, wesshalb sie auch überall da angewendet wird, wo durch Seifen- und Säurebäder die Farben, um sie zu schönen, angegriffen werden. Das zweite Sortiment ist der Rosé; in ihm waltet das Rubiazin vor. Für die Zwecke der Färberei ist Rosé allein nicht praktisch anwendbar, fast immer kommt er daher mit dem Palus vermengt im Handel vor; die Verhältnisse, nach welchen diese beiden Sorten mit einander vermischt werden, sind sehr verschieden und üben auf die Qualität des Gemisches einen wesentlichen Einflus aus, daher sie durch besondere Zeichen, welche man auf die Fässer einbrennt, besonders ausgedrückt werden; so versteht man z. B. unter PP reinen Palus, unter RPP ein Gemisch von 1 Rosé und 2 Palus, unter RRP ein Gemisch aus 2 Rosé und 1 Palus u. s. w. Früher kannte man nur Mittelkrapp = 0, Fein Fein = FF, Superfein = SF und Superfeinfein = SFF. Für Palus und Rosé hat man gegenwärtig folgende Sortimentsbezeichnungen: FF, SF, SFF, SFF, EXTF, EXTSF, EXTSFF etc. Verpackung in Fässern von weichem Holz bis 900 Kilogr., die inwendig mit dickem Papier ausgelegt sind, um den Zutritt der Luft abzuhalten. Verfälscht wird er durch ein- und zweijährige Wurzeln, durch elsasser Mullgrapp, durch die gelbe avignoner Krappwurzel, durch Bolus u. a. m. Obige Bezeichnungen beziehen sich ebensowohl auf den Grad der Reinheit und Feinheit des Krapppulvers, als auf die Beschaffenheit der Krappwurzel, aus welcher dasselbe dargestellt worden ist. Da die Erfahrung nachgewiesen hat dass das Rubiazin ganz besonders bei Darstellung von Neapelroth, von Rosa, zur Schönheit der Farbe wesentlich beiträgt, so ist die oben bezeichnete Mischung von Palus mit Rosé eine durch den praktischen Bedarf gebotene und wird zumeist in den Krappmühlen selbst nach gegebener Vorschrift vollzogen. Grob gestampfter Krapp heisst *gar. en paille*, und aufs feinste gemahlener *gar. grappée*. Das dritte Sortiment ist der Jaune; in ihm waltet das Xantin vor, daher ist seine Farbe auffallend gelb; in den Färbereien findet er wohl **kaum**

Anwendung, da die mit ihm erzeugten Farben weder schön noch haltbar sind. Verpackung in Fässern von unterschiedlicher Grösse und Schwere.

3) Der holländische Krapp; das Pulver der guten Sorten steht an Feinheit dem avignoner Krapp kaum nach, dasselbe lässt sich auch vom Geruch und Geschmack sagen; stark aromatisch, bittersüss; im Angriff ist es ebenfalls etwas feucht und in Klumpen zusammengebacken, wenn es aus den Fässern herausgehauen wird; die Farbe ändert ab vom Orangeroth bis ins Braunroth, die geringeren Sorten erscheinen gröber gemahlen, weil die Arbeit häufig von den Landleuten selbst nach ihrer alt hergebrachten Gewohnheit verrichtet wird. In Bezug auf Ausgiebigkeit und gute Beschaffenheit des Farbstoffes giebt man der dunkelrothen Sorte den Vorzug vor der orangerothen, denn die erstere ist die ältere, die letztere die jüngere; der allmählige Uebergang der orangerothen Farbe in die braunrothe, hat aber ihren Grund in einer eigenthümlichen Veränderung des Krapps, welche er, in Fässer luftdicht verpackt, im Verlaufe der ersten 5 Jahre seines Alters erleidet; diese Veränderung ist unter dem Namen „das Wachsen des Krapps‟ bekannt, s. oben unter „Bestandtheile‟. So veränderten Krapp nennt man gewachsenen Krapp, der nicht nur fester und schöner, sondern auch in dem Verhältniss reichlicher färbt, dass $^3/_4$ Pfd. gewachsener Krapp 1 Pfd. ungewachsenen ersetzt. Es ist selbstverständlich, dass die nach beendigtem Wachsthum beobachtete kompakte Beschaffenheit und der grössere Umfang der Masse , ihr starkes Aroma und ihr eigenthümlicher Krappgeschmack lediglich als die Folgen dieses inneren chemischen Prozesses angesehen werden müssen. Hieraus ergiebt sich der Nachtheil, den der Gebrauch von noch nicht völlig ausgewachsenem holländischen Krapp für den Färber und Fabrikanten nach sich zieht, aber auch andererseits der Vortheil für sie, wenn sie nach dem Ankauf holländischen Krapp noch 1—2 Jahre lagern lassen. Indess ist es für sie nicht möglich, den Zeitpunkt genau anzugeben, wenn irgend eine im Fasse lagernde Krappmasse vollkommen ausgewachsen ist, weil diese Leute weder das bereits in den Fässern zurückgelegte Alter desselben kennen, noch überhaupt die Beobachtung des Wachsthums in seinen Uebergängen von Stadium zu Stadium sich dem Auge wahrnehmbar darstellt; genug, wenn also die Farbeveränderung und der Erfolg beim Probefärben anzeigt, dass das Wachsthum in erwünschtem Maasse bereits stattgefunden hat; ihn aber dann noch länger lagern lassen, ist um so weniger räthlich, je mehr er der Gefahr ausgesetzt ist zu verderben, wenn einmal das Wachsthum seine Grenze erreicht hat. Von den häufiger im Handel vorkommenden Sorten, des holländischen Krapps sind zu nennen: 1) Der beraubte Krapp oder der feine oder Korkkrapp; sorgfältig gemahlenes und von Rindensubstanz befreites Pulver, an Güte gleich dem SF Elsasser. 2) Der weniger beraubte Krapp, ein von Rindensubstanz nicht gänzlich freies aber gleichwohl mit Sorgfalt gemahlenes Pulver = dem FF Elsasser Krapp. 3) Der unberaubte Krapp, ein aus der Wurzel sammt der ganzen Rindensubstanz und mit weniger Sorgfalt zusammengemahlenes Pulver. 4) Zwei und Eins d. h. ein aus $^2/_3$ beraubter und $^1/_3$ unberaubter Krappwurzel zusammengemahlenes Pulver. 5) Eins und Eins d. h. ein aus $^1/_2$ beraubter und $^1/_2$ unberaubter Krappwurzel zusammengemahlenes Pulver. 6) Der Mull-, Staub- oder kurze Krapp ein aus dem Abfall, der bei der technischen Zubereitung der Wurzel gewonnen worden ist, gemahlenes Pulver, sehr unrein (s. oben). 7) Der übergestampfte Krapp d. h. der noch einmal gestampfte Mullkrapp und 8) der Mühlenkehricht d. h. der in den Krappmühlen durch Zusammenkehren des Abfalls gewonnene Krapp; in Fässer verpackt, wird er für sich allein verkauft. Holländer Krapp ist auch sortirt in Mullkrapp, feinen Traubenkrapp.

superfeinen Traubenkrapp. Erzeugt bleichfeste Farben, färbt aber dafür stark ein. Zu Folge einer schon im Jahr 1813 erlassenen Verordnung dürfen die Krappfässer nicht aus weichem Holz verfertigt werden, weil durch die Poren desselben zu viel Feuchtigkeit aus dem Krapp entweichen und derselbe theilweise in seinem Wachsthum dadurch beeinträchtigt werden würde; das Material zu den Fässern soll Eichenholz sein; laut einer Verordnung vom Jahr 1808, über deren noch jetzige Geltung wir aber nicht unterrichtet sind, durften unter 100 Pfd. feinem Krapp nicht über 2 Pfd. Abfall und unter 100 Pfd. unberaubten nicht über 8 Pfd. Abfall sich befinden. Die Gegenden, in welchen man die schönsten Krappplantagen in Holland antrifft und woher auch zum grössten Theil der holländische Krapp stammt, sind die drei zeeländischen Inseln Schouwen, Walcheren und Zuyd-Beveland; nach einer Mittheilung von Decaisne in den *Comptes rendus*, der diese Inseln besucht hat, ist das ihren Polter ausmachende Erdreich ungemein kalkhaltig und nähert sich bezüglich seiner chemischen Zusammensetzung auffallend dem Erdreich, in welchem der Palus wächst und so vortrefflich gedeihet; der Torfmoor, auf welchem am berühmten Wilhelmina-Polder der Krappboden liegt, gehört einer Süsswasserformation an und es lässt die grosse Menge von *Sphagnum*, welches einen Bestandtheil dieses Torfes ausmacht, darüber keinen Zweifel. Was die gegenwärtige Krappkultur auf Zeeland betrifft, so hat sie nach Decaisne in der neueren Zeit um so wesentlichere Verbesserung erfahren und um so grössere Fortschritte gemacht, je vernachlässigter sie früher war; daher der Werth und die Bedeutung des holländischen Krapps in der jetzigen Zeit; so haben die Landleute, von der Erfahrung ausgehend, dass Krapp um so farbstoffreicher ist, wenn die Wurzel statt 2 Jahr 3 Jahr in der Erde liegt, allenthalben, wo immer die Eintheilung des Bodens in Schläge es gestattet, die zweijährige Kultur verlassen und die dreijährige Bewirthschaftung eingeführt; die Folge davon ist, dass gegenwärtig z. B. auf der Wilhelminapolter das mittlere Erträgniss von jeder Hektare Landes in einem Jahr fast gleichkommt dem einer Hektare in der Umgegend von Avignon. Nachdem Decaisne erkannt hatte, dass die Farbstoffe auch in der Rinde des Stengels, soweit dieser unter der Erde liegt, sich entwickeln, wurde das Anhäufen der Erde um die Pflanzen als das wirksamste Mittel eingeführt, um diese Entwickelung in jenen Stengeltheilen zu befördern — eine Operation, die früher fast gänzlich vernachlässigt wurde. Verpackung wie der vorige.

4) Der elsasser Krapp; von minder starkem und durchdringenden Geruch als der holländer Krapp, ebenso bitter als dieser aber weniger zuckerig; von brauner bis lebhaft gelber Farbe, ziemlich grob gemahlen, doch feiner als der holländer, zieht an der Luft sehr leicht Wasser an, dunkelt während des Lagerns nach, jung nicht anwendbar, dafür aber schon im zweiten Jahr seines Alters von grosser Kraft; in den Fässern wächst er, backt fest zusammen und ist schwer aus den Fässern heraus zu bringen; kommt unter den Benennungen beraubter und unberaubter Krapp nicht vor. In eichenen Fässern bis zu 600 Kil., ferner in Halben und Vierteln. Die mit elsasser Krapp erzeugten Farben vertragen Licht und Seife gut, wenn das Wasser kalkhaftig ist, und der Krapp selbst färbt wenig ein. Mit dieser Veränderung ist, ebenfalls wie bei dem holländischen Krapp, eine Verbesserung dieses Farbematerials verbunden; elsasser Krapp im Alter von 3—5 Jahren dürfte den Färbern am Besten zu empfehlen sein. Geruch uud Geschmack des elsasser Krapp, nachdem er gewachsen, erinnern an den avignoner. Von den Sortimenten sind folgende zu nennen:

SSF — sehr fein gemahlen, wegen seiner Güte sehr hoch im Preis, wird wenig verlangt, daher nur auf Bestellungen dargestellt

SF — wie der vorige ebenfalls sehr fein gemahlen

FF — ist diejenige Sorte, welche am meisten verlangt wird

MF — aus kleinen Wurzeln und weniger fein gemahlen

CF — noch geringer als der vorhergehende und

O oder Mullkrapp; aus den Abgänglingen gewonnen und grob gemahlen.

5) **Schlesischer Krapp und schlesische Röthe.** Man baut in Schlesien Krapp, indem man die Krappwurzel, nachdem sie das dritte Jahr erreicht hat, aus dem gekalkten Boden herausnimmt. Würde mehr Sorgfalt auf seine Kultur verwendet, würde er dem elsasser Krapp ganz gleich kommen; allein die Landleute vermengen zwei- und einjährige Wurzeln mit den dreijährigen, und bringen dadurch dem Krapp grossen Nachtheil; breslauer Krapp giebt ein lebhaftes Roth, schönes Violett und gegen Zinn- und Seifenavivagen ziemlich feste Farben, sodass er mit Vortheil mit dem avignoner Krapp vermischt werden kann. Fein gemahlen, gelbroth, angenehmer Geruch, bitterlichsüsser Geschmack. Die schlesiche oder breslauer Röthe ist von sehr fein gemahlener Beschaffenheit, aber von wenig lebhafter, fast schmuzigbraunrother Farbe, von wenig angenehmem aromatischem Geruch und kaum an den avignoner oder holländischen Krapp erinnerndem Geschmack; sie ist ausgiebig in der Färberei, indess sind die Farben weder im Seifenbad dauernd, noch zeichnen sie sich durch Lebhaftigkeit aus; gleichwohl wird die breslauer Röthe theils rein theils mit besseren Krappsorten vermischt in Fabriken und Färbereien nicht gern vermisst. In Fässer verpackt, unterliegt sie ebenfalls dem Wachsthum, infolge dessen sie dann nicht mehr als Pulver, sondern als in Klumpen zusammengebackene Masse von lebhafterer braunrother Farbe erscheint. Es kommt im Handel theils Sommerröthe, theils Herbströthe vor; die erstere wird aus Wurzeln gemahlen, die man im Sommer geerndtet hat, und die letztere aus Wurzeln, die im Herbst aus der Erde gegraben worden sind; zwischen Beiden macht der Färber keinen wesentlichen Unterschied, obgleich er im Allgemeinen der Sommerröthe, da auf die Auswahl der Wurzeln und deren technische Zubereitung grössere Sorgfalt verwendet werden mag, den Vorzug giebt. Das Hauptdepot für die breslauer Röthe ist Breslau, von woaus denn auch die meisten Versendungen nach anderen deutschen Ländern, nach England, Holland, Belgien, Italien, Russland u. a. effektuirt werden. Der Krapp und die Röthe wird in Breslau unter besonderer Aufsicht eines sogenannten Röthamtes feilgeboten, welches die Verpackung der Waare in besondere Fässer oder Säcke, sowie deren richtige Stempelung überwacht; so erhalten z. B. die untadelhafte Keimröthe, die gute neue Herbströthe, Keimröthe mit Herbströthe vermischt, fehlerhaft bearbeite Keimröthe, durch fremdartige Stoffe verunreinigte Herbströthe etc. ihre besonderen Stempel, die erstere: WJ, die Krone und ihr genaues Jahresalter; die zweite W mit C, E oder M, die Anfangsbuchstaben der drei jährlichen Märkte: Crucis, Elisabeth und Mitfasten und ebenfalls der Alterszahl; ferner Keimröthe, welche mit Herbströthe vermischt oder fehlerhaft bearbeitet worden ist, oder deren Wurzel durch Nässe oder Frost gelitten haben, ein blosses W. mit der Jahreszahl aber ohne Krone, u. s. f. Mit einem + wird die Sommerröthe und auch die Herbströthe bezeichnet, wenn man sie mit fremdartigen, nicht färbenden Stoffen und zwar auf den Stein mit 3 und 4 Pfd. vermischt hat. Die breslauer Röthe wird theils in Fässern à 15 Centner, in halben à 9 Centner und Viertelfässern à 4 Centner, häufiger aber in Säcken von $1^1/_4$—$1^1/_2$ Centner und darüber verkauft.

Von geringerer Wichtigkeit sind folgende Krappsorten: der pfälzer Krapp, etwa in gleichem Werth mit einer guten Mittelsorte elsasser Krapp; der ungarische oder banater Krapp, dem vorhergehenden nur wenig nachstehend macht er gleichwohl den übrigen

Krappsorten in Deutschland keine Konkurrenz; der englische Krapp kommt ebenfalls dem elsasser ziemlich gleich, wird aber in eigenem Vaterlande in so geringer Menge angebaut, dass fast der ganze Bedarf an Krapp vom Auslande bezogen wird; der russische Krapp oder die kisslärsche Röthe; die technische Zubereitung ist folgende: die im Frühjahr ausgegrabenen und gereinigten Wurzeln werden in warme Gruben, in denen man zu diesem Zweck vorher Holz verbrennt hat, eingeschichtet und hierauf zugedeckt; schon nach einigen Stunden fangen sie an zu schwitzen; man lässt sie in den Gruben, so lange dieser Zustand andauert; ist er vorüber, so werden sie herausgenommen, zu groben Pulver gemahlen, in Säcke verpackt und nach Kistlär geschickt, das Hauptdepot für den russischen Krapp, von woaus sie über Astrachan dann weiter in den Handel gelangen. Der Bedarf an Krapp wird in Russland durch den Import aus dem Ausland gedeckt; gleichwohl ist in diesem Lande die Krappkultur gegenwärtig, wenn auch nur sehr allmählig, doch im Fortschritt begriffen und es fehlt nicht an Fabriken, welche das inländische Fabrikat in ansehnlicher Menge verbrauchen, freilich vor der Hand meistens nur als Zusatz zu den ausländischen Krappsorten für Artikel der niederen und ärmeren Kundschaft. Gegenwärtig soll gleichwohl Russland auch einen ganz vorzüglichen Krapp erzeugen, *Marina - Derbent* und *Chiwa* im Handel genannt, der verglichen mit gutem französischen Krapp, denselben um das Zweifache mindestens übertrifft. Kommt dieser Krapp gleichwohl im deutschen Krapphandel wenig oder gar nicht vor, so liegt die Schuld an seinem hohen Preis, nicht zu erwähnen, dass auch die Franzosen ein Produkt, Krappblume (*fleures de Garence* genannt), in den Handel bringen, welches dem russischen Krapp nicht nachsteht, sondern ihn ersetzt.

Verfälscht wird der Krapp mit feingemahlenem Rothholz, mit Röthel, feinem Ziegelmehl, Santelholz, Eichen- und Birkenrinde u. a. m. Schlumberger schlägt vor, den Krapp auf seine Verfälschung mittels Eichen- und Birkenrinde, Rothholz und Santelholz auf folgende Weise zu prüfen: Mit einer abgewogenen Menge des zu untersuchenden Krapps färbt man ein Stück mordanzirtes Zeug von bestimmter Grösse, avivirt die Farbe und vergleicht sie mit der Musterkarte, zu deren stufenweiser Farbeverschiedenheit verschiedene Krappmengen von bekannter Güte verwendet worden sind. Die Musterkarte bereitet sich Schlumberger so, dass er ein Stück Kattun mit Thonerdemordant imprägnirt, der stets, wenn er verbraucht worden ist, auf ganz gleiche Weise wieder dargestellt werden muss. Nachdem jenes Kattunstückchen im Reinigungsbade behandelt worden ist, theilt er es etwa in 15 Stückchen und bringt deren jedes in ein besonderes Glas, von welchen das erste Glas 1 Gramm das 15. Glas aber 15 Gramm guten Krapp nebst einer gleich grossen Menge von destillirtem Wasser enthält. Sämmtliche Gläser werden in einen mit etwas Wasser angefüllten Kessel gesetzt und die Feuerung unter denselben so regulirt, dass binnen einer halben Stunde das Wasser in den Gläsern in völligem Sieden begriffen ist. Nach Verlauf einer halben Stunde, während welcher man das Kochen andauern lässt, nimmt er die Fleckchen heraus, reinigt sie im Wasser, schneidet von jedem Etwas ab, und wiederholt, während er diese 15 Abschnitte trocknet und in die Musterkarte einträgt, mit den übrigen Proben das Färben auf ganz gleiche Weise zum zweiten Male, aber nur unter Anwendung von halb soviel Krapp. Nach Beendigung der zweiten Färbung erfolgt wiederum Reinigung und Abschneiden von Probefleckchen, welche ebenfalls in die Musterkarte eingetragen werden. Die übrig gebliebenen fünfzehn Abschnitte werden, um sie auf die Festigkeit ihrer Farbe zu prüfen, den Avivagen unterworfen, zn welchem Zweck

Schlumberger, wenn er Dunkel- oder Hellroth gefärbt hat, diese 15 Proben in einen kleinen kupfernen Kessel hineingibt, welcher in 4 Liter Wasser von + 60° Wärme 10 Grm. Seife aufgelöst enthält, nach Verlanf aber von einer halben Stunde wieder herausnimmt, um sie auszuspühlen und hierauf in ein Sauerbad von gleichen Wärmegraden zu bringen, das aus 8 Pfd. Wasser und 5 Gramm Salpetersäure von 1,32 sp. Gewicht besteht. Nachdem auch dieses Bad eine halbe Stunde angedauert hat, unterzieht er die Fleckchen nach vorheriger guter Reinigung noch einer dritten Avivage, die in einem zweiten Seifenbad besteht, das auf gleiche Weise wie das erste Mal ausgeführt wird, nur mit dem Unterschied, dass die Temperatur dieses zweiten Bades nicht + 60° sondern + 80° beträgt. Nach Beendiguzg desselben werden die Proben gut gewaschen, getrocknet und ebenfalls in die Musterkarte eingetragen. Es enthält demnach die Musterkarte drei Reihen von Proben; jede Reihe zählt deren 15 und zwar so, dass die Nummer der Probe allemal der Anzahl der Gramme des angewendeten Krapps entspricht. Um nun irgend einen Krapp auf seine Färbungsfähigkeit zu prüfen, wiegt man von demselben z. B. 10 Gramm ab, imprägnirt ein gleiches Stück Kattun wie in der Musterkarte und zwar mit ganz dem gleichen Mordant und färbt es genau so, wie die Probefleckchen in der Musterkarte gefärbt worden sind. Reinigt und trocknet man es nach der ersten Färbung und findet z. B. durch Vergleichung, dass der erhaltene Farbeton der Nummer 12 in der ersten Reihe entspricht, so verhält sich die Färbungsfähigkeit des fraglichen Krapps zu der des Normalkrapps wie 12 : 10, ist mithin grösser und würde in hundert Theilen ausgedrückt 20% mehr betragen. Ist man hierdurch sehr wohl in den Stand gesetzt, nachzuweisen, ob eine gute Krappsorte etwa mit einer schlechten verfälscht worden ist, so bietet dieses Verfahren gleichzeitig auch die Mittel an die Hand, die Verfälschungen mittels der oben genannten Rinden und Hölzer zu entdecken, indem schon geringe Mengen davon hinreichen, ein Roth auf der Probe hervorzubringen, das sich wesentlich von dem der Musterkarte unterscheidet, ganz abgesehen davon, dass derartige rothe Farben in den Avivagebädern nicht stehen sondern fahl werden. — Auf Verfälschungen mittels Ziegelmehl, rothen Sand, Ocker u. s. w. untersucht man den Krapp, indem man eine Probe davon zwischen die Zähne nimmt; knirscht sie auffallend stark, so ist die Verfälschung nicht zweifelhaft; oder man rührt eine andere Probe mit Wasser an und giesst nach kurzem Stehenlassen das Wasser mit den schwimmenden Krapptheilchen ab; wird der im Glas zurückgebliebene Bodensatz getrocknet und findet man, dass er unverhältnissmässig mehr sandige Theile enthält als dies bei einer anerkannt guten Krappsorte der Fall ist, so kann man ebenfalls mit Grund auf Verfälschung schliessen; oder man trocknet eine abgewogene Menge des zu prüfenden Krapps in 100° heissem Sande und verbrennt sie hierauf zu vollständiger Asche; ist das Gewicht der Asche um ein Bedeutendes höher, als in einer gleich grossen Menge eines anerkannt guten Krapps, so ist ebenfalls die Vermuthung, dass eine Verfälschung vorliegt, vollkommen gerechtfertigt. Ausser den genannten Verfälschungen, die sämmtlich die Gewichtsvergrösserung zum Zweck haben, giebt es auch ein chemisches Verfahren, welches die künstliche Nachahmung der beliebten Palusfarbe im Auge hat; es kann dieses Ziel allerdings auch mechanisch durch die oben genannten Zusätze erreicht werden, z. B. durch Zusatz von Rothholz, Ocker, Birkenrinde u. a.; allein es ist auch dadurch erreichbar, dass man die frisch geernteten Wurzeln bei möglichst gelinder Temperatur trocknet und hierauf in Haufen legt, was in dem Krapp den alsbaldigen Eintritt des bereits oben unter „Krappbestandtheile" erörterten chemischen Processes sowie das Schwitzen der

Wurzeln zur Folge hat und zwar unter Entwickelung höherer Temperaturgrade, als sie gewöhnlich beim Trocknen der Wurzel in den Trockenstuben angewendet werden; es ist ersichtlich, dass in diesem Falle die Ursache der Farbenveränderung in der Entwickelung des Alizarins liegt. Man kann das Verfahren auch auf diese Weise abändern, dass man gemahlenen Krapp mit höchst verdünntem, flüssigem Kalkhydrat auf das innigste zusammenmengt und beide, so lange es nöthig erscheint, in Haufen geschaufelt mit einander in Berührung lässt; die Entwicklung des Alizarins erfolgt hier auch unter Eintritt erhöhter Temperatur aber durch die Gegenwart der alkalischen Erde speciell beeinflusst (s. unter Krappbestandtheile); ist der Kulminationspunkt der gegenseitigen Einwirkung eingetreten, so werden die Haufen schnell auseinander geschaufelt, gekühlt, getrocknet und in Fässer verpackt. Ein Verfahren, den Krapp (auch Garancin) auf Verfälschung mit Farbehölzern und farbstoffhaltigen Substanzen zu untersuchen, stammt von T. Pirand in Avignon und ist in dem 150. B. des pol. Journ. auf folgende Weise beschrieben: die Verfahrungsarten, welche bisher zur Prüfung des Krapps und Garancins auf beigemengte Pflanzenfarbstoffe gebräuchlich waren, erheischen meistens zu ihrer Ausführung die Kenntniss der chemischen Manipulationen und selbst darin geübten Personen wird es manchmal sehr schwierig, mittels jener Verfahrungsarten die Natur der zugesetzten Substanzen sicher zu ermitteln, besonders wenn zur Verfälschung ein Gemenge verschiedener Farbhölzer angewandt wurde. Anstatt einer chemischen Analyse, deren Ausführung überdies viel Zeit beansprucht, ist folgendes Mittel anwendbar, welches die Natur jeder dem Krapp oder Garancin zugesetzten Pflanzensubstanz schnell und auf sichere Weise zu bestimmen gestattet: — Die Pflanzenpulver oder ihre Extracte, welche zur Verfälschung des Krapps und des Garancins verwendet werden können, lassen sich nämlich in 2 Klassen abtheilen; die erste Klasse umfasst alle Farbhölzer, welche mit der Thonerde und dem Eisenoxyd gefärbte Verbindungen eingehen, wie das Brasilienholz, Campecheholz, Cubaholz etc. In die zweite Klasse gehören alle Substanzen, welche eine mehr oder weniger grosse Qualität Gerbstoff enthalten, aber keinen Farbstoff, oder solchen nur in geringer Menge; sie unterscheidet sich ven der ersten Klasse dadurch, dass die Substanzen, welche sie umfasst, mit der Thonerde keine gefärbten Verbindungen geben, während sie schwarze oder braune Niederschläge erzeugen, mit dem Eisenoxyd sich verbindend. Die Rolle dieser Substanzen scheint sich darauf zu beschränken, dass sie die Verwandtschaft des Krapp-Farbstoffes zu den Metalloxyden (Beizen) erhöhen. In diese zweite Klasse gehören gewisse Rinden, die Galläpfel, der Sumach etc. Um nun im Krapp oder Garancin den Zusatz einer kleinen Menge verschiedener Farbehölzer, welche in die erste Kategorie gehören, zu erkennen, braucht man nur ein Blatt weisses Schreibpapier von 10—15 Quadratcentimeter eine Minute lang in ein vorher filtrirtes Bad von saurem Zinnchlorid (10 Th. Zinn, 25 Th. Salpetersäure, 55 Th. Salzsäure, das Ganze für den Gebrauch mit dem doppelten Volumen Wasser verdünnt) zu tauchen, es dann auf eine Glasplatte oder einen Porzellanteller zu legen und mittelst eines Siebes ein oder zwei Gramme des zu prüfenden Pulvers darüber zu streuen. Nach Verlauf von einer halben Stunde bemerkt man auf denjenigen Stellen des Papiers, wo sich Theilchen von Farbhölzern befanden, folgende Färbungen: karmoisinrothe Punkte von dem Brasilienholz, violette Flecke vom Kampecheholz, gelbe Färbung vom Kuba etc., während die dem Krapppulver oder Garancin entsprechenden Stellen des Papiers nur eine schwache gelbe Farbe annehmen. Man verfährt auf dieselbe Weise, um die in die zweite Klasse gehörenden Substanzen zu erkennen, nämlich diejenigen, welche eine mehr oder weniger grosse Menge Gerbstoff enthalten. Nur wendet man zum Befeuchten des Papierblattes statt des Zinnchlorid eine filtrirte Auflösung von käuflichem Eisenvitriol an; alle Stellen des Papiers, wo sich Theilchen des dem Krapp zugesetzten Pulvers befinden, färben sich blauschwarz, um so stärker, je mehr Gerbstoff die zugesetzte Substanz enthält. — Gewisse Substanzen von harziger Natur, z. B. die Frucht und die Rinde der Fichte, obgleich sie Gerbstoff in ansehnlicher Menge enthalten, bringen in ihrer Vermengung mit Krapp oder Garancin die charakteristische blauschwarze Färbung nicht hervor. Da man dieses abweichende Resultat nur dem Umstand zuschreiben kann, dass sich das Harz der Vereinigung des Gerbstoffs mit dem Eisen widersetzt, so ist die wässrige Auflösung des Eisenvitriols durch eine Flüssigkeit zu ersetzen, welche aus einem mit Eisenvitriol gesättigten Gemisch von gleichen Theilen destillirtem Wasser und Alkohol von 87—88 Volumenprozenten besteht. Bei Anwendung einer solchen Lösung wird der harzige Bestandtheil in Alkohol aufgelöst und der in demselben enthaltene Gerbstoff in Freiheit gesetzt, daher er dem Papier unmittelbar jene charakteristische Färbung ertheilt. Dasselbe Resultat erreicht man, wenn man in eine Auflösung von oxydhaltigem Eisenvitriol ein Blatt weisses Schreibpapier taucht, welches man dann an der Luft oder am Feuer trocknen lässt; hernach giesst man auf dieses Papier eine kleine Menge Alkohol von der oben bemerkten Stärke; das so präparirte Papierblatt legt man auf eine Glastafel und streut nun mittels eines feinen Siebes das zu prüfende Pulver darauf; nach Verlauf einer Viertelstunde bemerkt man die blauschwarzen Flecke der Verfälschungen in die licht rostgelben Flecke des Garancin und Krapp.

Prüfung des Krapps durchs Kolorimeter. Man bestimmt das Färbevermögen einer Krappsorte mittels des Kolorimeters, indem man den Normalkrapp und den zu untersuchenden bei $+ 100^0$ C. austrocknet und hierauf die resp. Mengen des darin enthaltenen hygroscopischen Wassers berechnet. — Hierauf nimmt man 25 Grm. von jedem Muster und rührt sie mit 250 Grm. Wasser von 16^0 R. an, nach dreistündigem Stehen bringt man das Ganze auf ein Tuch; macerirt zum zweiten Male mit eben so viel Wasser und eben so lang, wäscht hierauf den Krapp mit 250 Grm. kalten Wasser aus und trocknet bei $+ 100^0$ C., wägt ihn alsdann, um die Menge der auflöslichen, zuckerigen und schleimigen Theile zn erfahren, welche der Krapp durch die vorausgehenden Waschungen verlor und die nur eine unbedeutende Menge Farbstoff mit sich fortreissen. — Man nimmt nun 5 Grm. von jedem der beiden Krappe, bringt sie in kleine Glaskolben mit 40 Theilen Wasser und 6 Theilen sehr reinem Alaun, lässt eine Viertelstunde lang kochen, filtrirt die noch siedendheisse Flüssigkeit und wäscht den Rückstand mit 2 Theilen heissen Wassers aus. Man macht noch zwei ähnliche Abkochungen und wäscht den Rückstand jedesmal mit 2 Theilen heissen Wassers aus, giesst die Flüssigkeiten zusammen und vergleicht nun durchs Kolorimeter die von den beiden Krappmustern erhaltenen Flüssigkeiten bezüglich ihrer Farbenintensität (s. unter Blauholz).

Pr. Girardin bedient sich schon seit langer Zeit folgenden Verfahrens, um den Krapp auf seinen procentischen Gehalt an Farbstoff zu prüfen: Man nimmt 50 Grm. Krapp und rührt daran 50 Grm. konzentrirte Schwefelsäure, lässt das Gemisch einige Stunden stehen unter Vermeidung einer zu starken Erhitzung, zerrührt dann die erhaltene Kohle in Wasser und bringt Alles auf das Filter. Man wäscht die Kohle so lange aus, bis das Wasser ganz geschmacklos abläuft und trocknet sie bei $+ 100^0$ C. Diese Kohle zerreibt man nun zu einem feinen Pulver und lässt dasselbe 2 Stunden lang und zu wiederholten Malen mit kaltem Alkohol maceriren, dem man etwas Aether zugiebt um ihr eine darin zurückbleibende fette Substanz zu entziehen. Endlich kocht man das Pulver in Alkohol von $36^0/_0$ dreimal aus, wozu man jedesmal ungefähr 250 Grm. Alkohol nimmt. Wird dieser durch das Kochen über dem Pulver nicht mehr gefärbt, so vereinigt man alle alkoholischen Flüssigkeiten, destillirt sie in einer kleinen Glasretorte bis zur Syrupskonsistenz ab und dampft dann die Flüssigkeit in einer tarirten Porzellanschale im Wasserbade vollends ab. Ist das Extract ganz trocken, so wägt man es. Dasselbe repräsentirt den Gehalt des Krapps an rothem Farbstoff. Verfährt man bei dieser Probe vergleichend, so kann man bei ihr, ob das Verfahren auch nicht genaue absolute Resultate gibt, doch auf hinlängliche Annäherung an die Wahrheit rechnen. (Girandins „Technologie des Krapps.")

Krappextract.

E. Schwarz in Mühlhausen schlägt vor auf folgende Weise es zu bereiten: Man vermische zunächst 7 Pfd. Schwefelsäure von 66^0 B. mit Wasser, bis das Gewicht der Schwefelsäure bis auf 60^0 B. herabgesunken ist; man setze hierauf, ist das Gemisch vollständig erkaltet, 400 Grm. besten Krapp zu, welcher vorher in Wasser gewaschen worden ist; nach Verlauf $^1/_2$ Stunde filtrirt man; man erhält ein orangegelb gefärbtes Filtrat, in welches 4 Pfd. Wasser gegossen wird, um den im Filtrat aufgelösten Farbstoff auszufällen; denn durch den Zusatz von Wasser sinkt das Gewicht der Säure bis auf 35^0 B. herab und verliert dadurch die Eigenschaft, den Krappfarbstoff aufgelöst zu erhalten. Man sammelt den Farbstoff auf einen Filter und wäscht ihn mit reinem Wasser so lange aus, bis das Waschwasser vollkommen neutral abläuft; hierauf wird er getrocknet. Das erhaltene Extract soll nun zwar in den Färbereien vor dem Garancin Nichts voraushaben, allein als Dampffarbe auf gebeizten Kattun aufgedruckt, ebenso schöne Farben liefern als das mittels Weingeist dargestellte und ungleich theuere Extract. Nach der Ansicht des Erfinders würde die Wohlfeilheit seines Verfahrens namentlich dadurch erhöht werden, wenn es im Grossen möglich ist, die 35 grädige Schwefelsäure wieder bis auf 65^0 B. ohne zu erhebliche Kosten einzudampfen, um sie bei jeder neuen Operation immer wieder brauchen zu können.

Ein anderes Verfahren, Krappextract darzustellen, ist das von F. A. Verdeil und Edm. Michel zu Puteaux in Frankreich erfundene, dessen Princip darauf beruht, dass man fein gemahlenen Krapp in ein zwei- bis viergrädiges Aetznatronbad 48 Stunden lang einweicht und hierauf auspresst, indem man gleichzeitig die Flüssigkeiten, in welchen der Farbstoff aufgelöst ist, sammelt. Mittels Schwefelsäure, die nun in hinreichender Menge zugesetzt wird, fällt man den Farbstoff aus seiner Auflösung, sammelt ihn auf einem Filter, wäscht ihn gut aus, trocknet und löst ihn in kochendem Weingeiste oder in Holzgeiste wieder auf. Man filtrirt und bringt das klare Filtrat auf einen Destillirapparat, wo in der Blase der Farbstoff zurückbleibt, während der Weingeist übergeht, der dann später wieder gebraucht werden kann; dieses Extract eignet sich zum Färben wie zum Bedrucken baumwollener Stoffe gleich vortrefflich. Woolpert in Brüssel macerirt 1 Kilo Krapppulver 24 Stunden lang in einer Flüssigkeit, die aus 1 Kilo Aetzammoniak von 22^0 B. und 10 Grm. Alkohol besteht; mit 1 Kilo Wasser verdünnt wird es 10 Minuten mässig erhitzt; man setzt noch einmal 100 Grm. Alkohol zu und giesst das Flüssige durch einen leinenen Sack, während der ausgezogene Krapp im Sack zurückbleibt. Die Behandlung der Flüssigkeit, in welcher der Farbstoff aufgelöst ist, ist dieselbe wie die vorige.

Garancin. Dasselbe enthält den ächt und schön färbenden Farbstoff des Krapps in um so grösserer Menge, als die fremdartigen in dem Krapppulver enthalten gewesenen Stoffe entfernt worden sind; es ist von sehr feinpulvriger Beschaffenheit, von dunkelbrauner Farbe, ohne hervortretenden Geschmack und Geruch und besitzt eine dreimal grössere Färbungsfähigkeit als der Krapp, so dass sich die des Garancins zu der des Krapps verhält wie 3 : 1 und man mit 1 Pfd. Garancin ebensoviel Zeug als mit 3 Pfd. Krapp färben kann. Da Farbe und die übrige Beschaffenheit des Pulvers ein zuverlässiges Moment für die Güte des Garancins nicht sein kann, so ist die beste Probe auf die Brauchbarkeit desselben das Probefärben. Doch stellt sich das oben angegebene Verhältniss der Färbungsfähigkeit des Garancins zum Krapp nicht immer auf dieselbe Weise heraus, es kommt vielmehr auch Garancin im Handel vor, dessen Färbungsfähigkeit um $30-40\%$ geringer ist, was eines Theils aus der grossen Verschiedenheit selbst einer und derselben Krappsorte, theils auch aus der Mangelhaftigkeit, mit welcher die Darstellungsmanipulationen mitunter geleitet werden mögen, erklärlich erscheint. Selbstverständlich schliesst dies die absichtliche Verfälschung des Garancins nicht aus. Bei der Darstellung von Garancin geht man aber auf folgende Weise zu Werke: zunächst wird Krapp in Wasser sorgfältig eingeweicht, tüchtig von Zeit zu Zeit umgerührt, dann von diesem Waschwasser durch Abseihen getrennt und hierauf noch einmal diesem Waschprozess unterworfen; hierdurch hat man alle löslichen Stoffe, namentlich auch das Xantin, zum grössten Theil entfernt; ist der Brei durch wiederholtes Abseihen und Auspressen vom Wasser getrennt, so vermischt man ihn mit verdünnter Schwefelsäure, gibt bis zu $+ 80^0$ Hitze und überlässt beide, Säure und Krapp, so lange der gegenseitigen Einwirkung, bis erfahrungsmässig ein längeres Zusammenbleiben für das beabsichtigte Produkt von Nachtheil sein würde. Ist der rechte Zeitpunkt gekommen, so schreitet man schnell zur Auswässerung des Breies, presst ihn aus und trocknet ihn. — Zweck der Anwendung der Schwefelsäure ist, die fremdartigen Stoffe als Gummi, Harz, Bitterstoff, Oele u. a. durch Verkohlung zu entfernen und dadurch den Farbstoff zu konzentriren; es liegt auf der Hand, dass dieser Zweck nicht vollständig erreicht werden kann, wenn man die Schwefelsäure zu bald von dem Krapp wieder trennt, dass er aber auch andrerseits über seine Grenzen hinaus auf die Zerztörung des guten Farbstoffs sich ausdehnt, wenn man die Säure zu lange mit dem Krapp in Berührung lässt; der rechte Zeitpunkt diese aufzuheben, bleibt der praktischen Erfahrung überlassen. Simon Pinkoffs, Chemiker in Manchester, beschreibt ein anderes von ihm selbst erfundenes Verfahren auf folgende Weise: „Ich versetze Krapp, welcher vorher gewaschen worden ist, mit einer Seifenauflösung, deren Seifegehalt den zehnten Theil vom Gewicht des Krapps vor dem Waschen desselben beträgt. Nachdem ich diese Mischung 10—15 Minuten umgerührt habe, erhitze ich das Ganze auf beiläufig 68^0 R. im Verlauf einer Stunde. Dann lasse ich das Ganze erkalten, worauf ich langsam Salzsäure zusetze, bis eine entschieden saure Reaktion eingetreten ist; alsdann setze ich eine Quantität Wasser zu und lasse absetzen; ich ziehe nun so viel Flüssigkeit, wie möglich ab, und giesse wieder Wasser zu, um das Gemisch auf 66^0 R. zu erhitzen. Während einiger Zeit lasse ich abkühlen und ziehe wiederum eine möglichst grosse Menge von der Flüssigkeit ab. Den auf solche Art behandelten Krapp benutze ich zur Gewinnung von Garancin auf die bekannte Weise; das aus solchem, durch Seifen- und Sauerbäder vorbereitetem Krapp erhaltene Garancin, erzeugt namentlich mit Thonerdemordant festere und schönere Farben." (*Dingl. p. J.* 147 B.) Schunk und Pinkoffs schlagen folgendes Verfahren vor, um ebenfalls besseres Garancin zu erhalten:

In einen kupfernen Behälter bringt man eine gewisse Menge Krapp, der vorher mit verdünnter Schwefelsäure vermischt worden ist. Nachdem man den Behälter verschlossen, lässt man einen Dampfstrom eintreten, dessen Spannung gleich kommt dem Druck von 2 Kilo auf den Quadrat-Centimeter und deu man einige Stunden auf das Gemisch einwirken lässt; die Zeitdauer der Einwirkung des über 100^0 heissen Wasserdampfes macht man von dem beabsichtigten Erfolg abhängig, sodass z. B. eine 14 stündige Einwirkung nöthig ist, um ein Garancin zu erhalten, welches ein schönes Lilla erzeugen soll. Hat man nach Verlauf der erforderlichen Zeit den Behälter geöffnet, so nimmt man den Inhalt heraus und wäscht ihn mit kaltem Wasser vollständig aus, bis die letzten Spuren von Säure verschwunden sind. Der ausgewaschene Krapp wird gepresst, getrocknet und zu feinem Pulver vermahlen. Der Nutzen, welchen das Garancin in der Färberei gewährt, bezieht sich auf die grössere Klarheit der durch dasselbe erzeugten Farben sowie auf die sehr wesentliche Ersparniss der sonst nothweudigen Reinigungsbäder im Krapp gefärbter Stoffe. Bekanntlich enthält das Garancin immer noch eine erhebliche Menge fremder Körper z. B. Pektinsäure, Harze, welche nicht nur der Klarheit der Farben, sondern auch dem Weiss der unbedruckten Stellen Eintrag thun. Nach Higgins in Manchester werden dem Garancin diese Stoffe dadurch entzogen, dass man dasselbe eine Stunde lang in einem Bade von arsenigsaurem Natron kochen lässt; nach ihm soll man eine gut ausgewaschene Menge von Garancin, welche 5 Centner trocknen Krapp entspricht, mit 2000 Pfd. Wasser anrühren, dem man vorher eine durch die Erfahrung zu bestimmende Menge von arsenigsaurem Natron zugesetzt hat. Nach dem Kochen wird das Garancin ausgewaschen und kann nun sofort zum Färben benutzt werden. Bereitung des arsenigsauren Natrons: 17 Pfund krystallisirte Soda werden in Wasser aufgelöst und mit überschüssiger arseniger Säure eine halbe Stunde gekocht; man filtrirt und benutzt das klare ablaufende Filtrat. — Garancinfabriken in Frankreich, Holland, in Deuscland, im Elsass, überhaupt wo Krappkultur zu Hause ist und der Krapp zur Darstellung von Garancin sich eignet. Garancin wird in grosser Menge in chemischen Fabriken, die mit Darstellung von Farbewaaren sich beschäftigen, erzeugt. Verpackung in Fässern von beliebiger Grösse. Um den Farbstoffwerth des Garancin quantitativ zu bestimmen, empfiehlt sich nach den Mitth. d. Allgem. Ztg. für National-Industrie folgendes Verfahren als praktisch: Eine 14—16 Zoll lange, $^1/_4$ Zoll weite Glasröhre zieht man sich an einem Ende in eine feine Spitze aus; dieses Ende der Röhre steckt man dann durch einen gut anschliessenden Kork, sodass die Spitze derselben 1—2 Zoll durch diesen vorsteht; Kork und Röhre passt man hierauf in den unteren Theil eines gewöhnlichen Lampencylinders. Man befestigt diesen Deplacirungsapparat mittels eines Statives, oder setzt ihn unmittelbar auf ein passendes Glasgefäss. Wenn dieser Apparat so vorgerichtet ist, wiegt man sich von dem zu untersuchenden Garancin genau 2,5 Gramm ab, schüttet diese in die enge Röhre, deren Spitze man durch etwas Baumwolle verstopft hat, und füllt die Röhre selbst mit reinem Aether an; durch einen kleinen Kork verschliesst man die obere weite Oeffnung derselben, den leeren Raum zwischen Röhre und Cylinder umgibt man mit heissem Streusand; der Aether kommt ins Kochen und löst den Farbstoff des Garancin auf, sich in dem untergestellten Glase sammelnd. Man wiederholt die Operation, so lange noch der Aether gefärbt abläuft.

Die erhaltenen Auszüge von orangegelber Farbe verdampft mag am besten gleich in demselben Glase, in welchem man sie aufgefangen hat, zur Trockne, giesst dann auf den Rückstand 2 Lth. destillirtes Wasser, in welchem man 5 Grm. kaustisches Kali oder Natron gelöst hat. Der Farbstoff löst sich in dieser schnell mit intensivvioletter Farbe auf; wenn Alles gelöst ist, setzt man tropfenweise Salzsäure zu, bis diese etwa vorwaltet; der Farbstoff schlägt sich dadurch iu orangefarbigen Flocken wieder nieder. Man sammelt nun den Niederschlag auf einem gewogenen Filter, süsst ihn gut aus, trocknet und wiegt ihn. Das Uebergewicht des Filters ist, wenn man vorsichtig arbeitet, reiner Krappfarbstoff, Alizarin, von dessen Menge die Güte des Garancins abhängig ist. Das Auflösen des ätherischen Auszugs in kaustischem Alkali ist nothwendig, da man nur so im Stande ist, das Alizarin trocken oder wägbar zu erhalten; man darf nur die einzige Vorsicht nicht versäumen, es aus dieser Lösung sofort durch Säuren zu fällen. Da jedoch das Alizarin in dieser grossen Vertheilung in angesäuertem Wasser etwas löslicher als in reinem Wasser ist, so muss man, um der Wahrheit ganz nahe zu kommen, für je 1000 Grm. der abfiltrirten Flüssigkeit 2 Milligramme der gefundenen Menge Alizarin zurechnen. Solches Alizarin wird von konzentrirter Schwefelsäure vollständig zerstört, von Salpetersäure in Kohlenstickstoffsäure verwandelt, ferner von Ammoniak mit schön violetter Farbe aufgelöst, desgleichen von kaustischem Kali und Natron, aber unter allmähliger Zersetzung, wenn Luft dazu tritt, so dass Säuren den Farbstoff aus der Auflösung nicht mehr orangeroth sondern braun ausfällen.

Gegen Auflösungsmittel verhält sich Garancin wie folgt:

Kaltes destillirtes Wasser auf Garancin gegossen	färbt sich nach einiger Zeit schwach gelblich.
Kochendes destillirtes Wasser .	färbt sich nach einiger Zeit schwach röthlichgelb.
Kaltes kalkhaltiges Wasser	färbt sich schwächer als kaltes destillirtes Wasser.
Kochendes kalkhaltiges Wasser	färbt sich schwächer sls kochendes destillirtes Wasser.
Kaltes Kalkwasser	färbt sich selbst nach 24 Stunden weniger stark als kochendes destill. und koch. kalkh. Wasser.
Mit Schwefelsäure angesäuertes Wasser	färbt sich nach einigen Stunden schwach gelbgrünlich.
Mit Salzsäure angesäuertes Wasser . .	färbt sich dunkler.
Kaltes destillirtes und mit Salpetersäure angesäuertes Wasser .	färbt sich auch dunkler; das Garancinpulver nimmt eine bräunlichrothe Farbe an und ist dem durch die Zeit gebräunten Krapp an Farbe gleich.
Kaltes destillirtes und mit Essigsäure angesäuertes Wasser . . ,	färbt sich sehr blassgelb.
Essigsäure von 10° B.	färbt sich nach einiger Zeit schön röthlichgelb.
Kaustisches Ammoniak (Aetzammoniak)	nimmt augenblicklich eine rothe Farbe an, die nach 24 Stunden zu einer solchen Intensität angewachsen ist, dass sie kaum mehr durchsichtig erscheint.

Schwach ammoniakalisches Wasser .   färbt sich sofort weinroth.
Kaustisches Natron (Aetznatron)   nimmt eine dunkel braunrothe Farbe an.
Sodaauflösung .   .   .   .   färbt sich sofort hell weinroth.
Verdünnte kalte Alaunauflösung   .   färbt sich augenblicklich chromroth.
Verdünnte kochende Alaunauflösung   färbt sich sofort dunkel chromroth und setzt beim Erkalten blassrothe Flocken ab.

33% Alkohol .   .   färbt sich rasch hell röthlichgelb.
Weingeist (absoluter)   .   .   .   .   .   ebenso.

Eine andere Art Krappextract bereitet man aus schon gebrauchtem Krapp theils in Färbereien selbst, theils in chem. Fabriken; das Extract hat mit dem Garancin volle Aehnlichkeit und ist unter dem Namen Garanceux bekannt. Die Zweckmässigkeit der Benutzung eines schon gebrauchten Krapps zu solchem Zweck bewährt sich namentlich an solchen, mittels welchen man bei niederen Temperaturen Zeuge gefärbt hat und welcher gewöhnlich als unbrauchbar bei Seite geworfen wird, ob er gleich noch guten Farbstoff in namhafter Menge enthält. Dr. Wydler, Kolorist und Chemiker in Aarau in der Schweiz hat im allgemeinen Interesse in Bolleys schweizerischem Gewerbeblatt sein von ihm selbst erfundenes Verfahren speziell beschrieben und bekannt gemacht; nach ihm erfolgt die Bereitungsweise des Garanceux also: Um die Krappüberreste zu sammeln, macht man entweder für grössere Mengen Gruben in die Erde, die leicht ausgemauert sind, damit das Wasser langsam wegsickern kann und man so nach und nach einen etwas kompakten Satz erhält, oder man lässt die Farbekufen in Fässer oder Kisten auslaufen, die nicht vollkommen schliessen, dafür aber inwendig mit grober Packleinwand ausgeschlagen und unten mit einer oder mehreren verschliessbaren ebenfalls mit Packleinwand überzogenen Oeffnungen versehen sind, um durch sie das Wasser abzulassen und den Krapp zurück zu halten. Wenn nun das Wasser so vollständig als möglich von dem Satz abgelaufen ist, presst man denselben, in ein Packtuch geschlagen, in einer beliebigen Presse aus. Nach dem Auspressen wird der Krapp so fein als möglich zerstampft und mit Schwefelsäure von 60° B. nach und nach vermischt; man rechnet auf 100 Pfd. trocknen Krapp etwa 50 Pfd. Schwefelsäure. (Stark ausgepresster Krapp enthält durchschnittlich 10% Wasser.) Gründliche Durchmischung des Krapps mit der Schwefelsäure ist wichtig. Der Krapp mit 50% Schwefelsäure vermischt, wird dann in ein Fass gebracht, das etwa 4—6 Zoll über dem eigentlichen unteren Boden noch einen durchlöcherten Boden hat und in welches von der Seite durch eine Bleiröhre heisser Wasserdampf eingeleitet werden kann; das Gefäss muss mit einem Deckel verschliessbar sein und dieser mit Tuch, Werg und anderen ähnlichen Stoffen eingezwängt werden können. Ueber die Grösse der Kufe lässt ein genaues Maass sich nicht angeben; die vortheilhafteste dürfte eine solche sein, die circa 3—4 Centner fasst; grösser als diese sind desshalb nicht zweckmässig, weil die Masse beim Dämpfen sich nicht leicht umrühren lässt; kleinere hingegen födern zu wenig, es geht mehr Dampf und Arbeit unnütz verloren und vertheuert sich auf diese Weise das Produkt. Etwa eine Stunde lang lässt man einen starken Dampfstrom eintreten und rührt während dessen die Krappmasse wiederholt tüchtig um, damit jeder Theil derselben gleichmässig vom Dampf getroffen werde; die Zeit des Dämpfens lässt sich im Allgemeinen nicht genau bestimmen, sie ist selbstverständlich abhängig von der Menge des Krapps und von der Stärke des Dampfstroms und folglich für jeden besonderen Fall nur durch die praktische Erfahrung bestimmbar, so dass es dem Arbeiter, der hinreichende Sachkenntniss besitzt, überlassen bleiben muss, wenn er mit Dämpfen aufhören soll; erscheint die Krappmasse recht gleichmässig breiartig und durch und durch fast schwarzbraun, so dürfte der Zeitpunkt, den Dampfstrom zu unterbrechen, gekommen sein. Der Krapp wird aus dem Gefäss herausgenommen und mit reinem kalten Wasser sorgfältig ausgewaschen, eine Arbeit, auf welche die grösste Sorgfalt zu verwenden ist, da von ihr die Brauchbarkeit des Produktes abhängt. Das Auswaschen geschieht am besten in gebrauchten Krappfässern oder auf die Seite gestellten Farbekufen, die das Wasser durch feine Risse hindurchlassen, die aber, um das Pulver zurückzuhalten, zuvor mit grober Sackleinwand ausgeschlagen sind; in denselben bringt man in gewissen Höhen übereinander mehrere mit Zapfen verschliessbare Löcher an, um durch sie in dem Verhältniss, wie das Pulver sich zu Boden setzt, das Wasser allmählig abzulassen; mit Aufgiessen von immer neuem Wasser wird aber so lange fortgefahren, bis in dasselbe eingetauchtes Lakmuspapier nicht mehr geröthet erscheint und folglich die Schwefelsänre aus dem Pulver gänzlich entfernt ist. Wo dieses Produkt, das wie schon oben erwähnt worden ist, Garanceux genannt wird, sofort in den Färbereien zur Verwendung kommt, verzichtet man auf das Trocknen desselben, man begnügt sich mit gleichmässigem möglichst starkem Auspressen, wo hingegen das Garanceux längere Zeit aufbewahrt werden soll, um verkauft zu werden, ist vollständiges Trocknen desselben unerlässlich. Verpackung in Fässern.

Eine nahmhafte Verwendung des Krapps ist die zu Krapplack, eine lebhafte, reine dunkel, helldunkel oder hellrothe Malerfarbe, zur Oel- oder Wassermalerei gleich brauchbar und desshalb von Malern geschätzt; sie besteht aus einer Verbindung des rothen Krappfarbstoffes mit Thonerde, und wird dadurch gewonnen, dass man Krapp in dem vierfachen seines Gewichtes Wasser 10 Minuten einweicht, dann auspresst, hierauf noch zwei Mal wie das erste Mal behandelt und nun mit 6 Theilen Wasser und $\frac{1}{2}$ Alaun im Wasserbade 2—3 Stunden lang digerirt, worauf man zur Filtration schreitet, um die aufgelöste Farbstoffverbindung von den unlöslichen Krapprückständen zu trennen, und aus dem Filtrat durch Zusatz von kohlensaurem Alkali die Lackfarbe, d. h. die Verbindung der Thonerde mit dem Farbstoff auszufällen. Man pflegt das kohlensaure Salz nicht auf einmal, sondern in verschiedenen Absätzen dem Filtrate zuzusetzen, weil man hierdurch Farbenniederschläge von verschiedener Farbenintensität erhält, von denen namentlich der erstere der dunkelste ist (Krappkarmin). Die Erscheinung, dass nicht alle Krapplacke gleiche Reinheit und gleiches Lustre zeigen, mag ihren Grund theils in der Beschaffenheit des Farbematerials, welches man anwendet, theils in der Darstellungsweise (denn der Vorschriften zur Fabrikation von Krapplack giebt es sehr viele) in gewissem Grade vielleicht auch in der Beschaffenheit des Wassers haben, wie denn überhaupt auf den Erfolg entscheidend einwirkende Vortheile als Geheimnisse der Fabriken betrachtet werden und es daher nicht Wunder nehmen darf, wenn z. B. in Wien oder Paris, München fabrizirter Krapplack, aus verschiedenen Fabriken bezogen, durchgehends eine derartige Verschiedenheit zeigt, dass immer die eine Sorte vor der andern den Vorzug verdient. Kommt es bei der Darstellung von Krapplack vorzugsweise darauf an, nur das Alizarin und Purpurin nicht aber die anderen fahlen Krappfarbstoffe zugleich mit an die Thonerde zu binden, so gebührt der Firma Schweighäuser und Cauth die Anerkennung, dieses Ziel zuerst und zwar vollständig erreicht zu haben. Später ist dasselbe Fabrikat auch von Anderen, namentlich von Runge, Kurer, Döbereiner, Persoz u. a. schön und preiswürdig dargestellt worden. Das polytechnische Centralblatt (1859) theilt ein Verfahren mit, mittels dessen es Dr. Joseph Khittel in Prag gelungen ist, Purpurlack (Krappkarmin) von sehr berfriedigender Qualität darzustellen; darin heisst es unter Anderen: Als erster Anhaltungspunkt bei der Bereitung eines Lackes muss jedes directe Kochen des Krapps oder einer seiner Lösungen unterlassen werden, indem sich sonst Zersetzungsprodukte bilden und die Lacke selbst bei der sonst noch so vorsichtigen Bereitung eine matte und wenig feurige Farbe erhalten. Als Lösungsmittel des Farbstoffes bedient man sich mit Recht im Allgemeinen des Alauns, darf aber unter keiner Bedingung mit demselben gekocht werden. Es ist dieselbe Sorte Garancin, das eine Mal mit heisser Alaunauflösung übergossen, das andere Mal mit einer Alaunauflösung direct gekocht worden, und jedesmal nach dem Kochen ein Lack erhalten worden, welcher dem nach der ersten Behandlung erhaltenen in jeder Beziehung bedeutend nachstand. Der zweite Fehler ist die Anwendung einer zu grossen Menge von Alaun; das beste Verhältniss ist, so viel Alaun zu nehmen, als man Krapp oder Garancin verwendet. Soda, Pottasche und überhaupt Alkalien, wodurch die Thonerde als Hydrat gefällt wird, sind ganz zu verwerfen. Persoz hat einen schönen Lack erhalten, indem er die Alaunauflösung mit Bleizuckerauflösung versetzte, filtrirte und kochte. Dieses Verfahren ist als das beste erkannt worden und hat nur folgende Modifikationen erhalten: Zunächst wird das Garancin, um es zu reinigen, mit einer gewissen Menge glaubersalzhaltigem Wasser kalt angerührt und 12 Stunden lang stehen gelassen. Folgendes Verhältniss erwies sich als geeignet: 1 Pfd. Garancin, 1 Pfd. krystallisirtes Glaubersalz und 12 Maass Wasser. Nach 12 stündigem Stehen wird das so behandelte Garancin durchgeseihet, ausgepresst, wieder in reinem kalten Wasser vertheilt, dann filtrirt und ausgepresst, welches Waschen mit reinem Wasser so lange wiederholt wird bis alles Glaubersalz wieder entfernt ist. Eine der Menge des angewendeten Garancins entsprechende Quantität Alaun wird in dem 10—12 fachen Gewicht Wasser kochend aufgelöst und das gewaschene Garancin der heissen Alaunauflösung zugesetzt. (1 Pfd. Alaun $+$ 6 Maass Wasser auf 1 Pfd. Garancin): Nach 15—20 Minuten langem Stehen wird filtrirt, indem man den Garancinrückstand mit heissem Wasser auswäscht; ist die Temperatur des alaunhaltigen filtrirten Farbstoffextractes etwa auf 40° R. gesunken, so wird die Lösung mit einer der Menge des Alauns gleichen Quantität Bleizucker versetzt und so lange gerührt, bis aller Bleizucker gelöst und vollständig in schwefelsaures Bleioxyd verwandelt ist. Die tief roth gefärbte Flüssigkeit wird von dem schweren Bleiniederschlag durch Dekantiren getrennt. Wird nun erstere so lange bis nahe zum Sieden erhitzt, dass ein purpurrother Niederschlag sich abscheidet, so erhält man denselben nach dem Filtriren und Erkalten als einen Lack, wie es noch keine andere Methode in Bezug auf Intensität und Feuer der Farbe darzustellen möglich war. Schlecht aussehenden Krapplack sucht man durch einen Zusatz von Kochenillekarmin eine bessere Farbe zu geben, indess verträgt so aufgeputzter Krapplack auf längere Zeit die Einwirkung des Sonnenlichtes nicht, vielmehr verbleicht er bald und lässt die ächte aber matte und unreine Farbe deutlich erkennen.

Conto finto über Krapp von Amsterdam pr. Bahn.

			Fl.	
1	Fass holländ. Krapp Nr. 510			
	Brutto 560 Kil. Th. 39 Kil.			
	„ 50 „ Ggw. 11 „ à 2^0/$_0$			
	Netto 510 Kil. à 33 Fl. pr. 50 Kil.	Fl.	336	60
	ab 2^0/$_0$	„	6	73
		Fl.	329	87
	pr. Fass	„	3	—
		Fl.	332	87
	Courtage ^{1}/$_2$^{0}/$_0$ & Siegel	„	3	62
		Fl.	336	49
	Versandspesen Fl. 2 25.			
	Wechselspesen & Porto „ — 65.			
	Assecuranz von Fl. 400 — à 1^1/$_4$^{0}/$_0$ „ — 50.			
	Police „ — 20.	„	3	60
		Fl.	340	9
	Provision 1^1/$_2$^{0}/$_0$	„	5	14
		Fl.	345	23

Statistik von Avignon.

Im Jahr 1858 sind an Krappwurzeln annähernd 400,000 Kil. und an gemahlenem Krapp vom Jahr 1857 ungefar 100,000 Kil., zusammen also gegen 500,000 Kil. Krapp umgesetzt worden; im Jahr 1859 gegen 512.000 Kil. Der Konsum ist in letzterer Zeit so bedeutend gewesen, dass zu Anfang der Ernte 1859 von der Ernte 1858 weder an Wurzeln noch an gemahlenem Krapp etwas mehr übrig war. Der Import fremder Wurzeln z. B. neapolitaner, smyrnaer und auch holländer von Seiten Avignons ist in dem Verhältniss im Steigen, als der Artikel Garancin immer mehr an Wichtigkeit gewinnt; es fabriziren nämlich aus den genannten Wurzeln die Franzosen einen grossen Theil ihres Garancins. Von der Wichtigkeit dieses Industriezweiges überzeugt, hat die französische Regierung den betreffenden Garancinfabrikanten steuerfreie Einfuhr und steuerfreies Lager in Marseille und Avignon gestattet, vorausgesetzt, dass sie alljährlich eine solche Menge Garancin ausführen, als dem Import der steuerfreien Wurzeln entspricht.

22. Berberis. *Vinétier. Pipperidge-bush.*

Darunter hat man die Rinde des Stammes und der Wurzel des Berberisstrauches oder des Sauerdorns zu verstehen; man gewinnt sie, indem man die Schaale von der Rinde trennt und hierauf die Rinde von dem Holze schält. In ihr ist zunächst das Berberin enthalten, ein gelber Farbstoff. Man gewinnt ihn, indem man die Pflanzentheile mit Wasser extrahirt, das filtrirte Dekokt zur Extractdicke eindünstet und nun dasselbe mit dem 10 fachen Volumen rektifiz. Alkohol auskockt, filtrirt; den Weingeist abdestillirt, und den syrupsdicken Rückstand stehen lässt; Berberinkrystalle scheiden sich aus; diese werden mit kaltem Weingeist gewaschen, aus siedendem Alkohol umkrystallisirt, noch einmal gelöst, die Lösung mit Thierkohle behandelt und aus dieser durch Verdunstung die Krystalle rein gewonnen.

Berberberin $= C_{42}H_{18}NO_9 + 12\ HO$, feine seidenglänzende Nadeln, schön gelb, geruchlos, stark bitter, im Wasser, Alkohol und Alkalien lösl. mit gelber oder rothgelber Farbe, unlöslich in Aether; bei 100° verliert es nur 10 Theile Krystallwasser, 2 Theile sind unaustreibbar, dann $= C_{42}H_{18}NO_9 + 2\,HO$; schmilzt zu einer harzigen Masse, die bei $+\,200$ nach angebranntem Horn riecht und dann Kohle zurücklässt. Schwefelsäure löst Berberin mit olivgrüner Farbe auf und Salpetersäure verwandelt es in Oxalsäure und eine gelbe knetbare und im Weingeist auflösliche Masse. Chlor zerstört es; es reagirt nicht alkalisch, lässt sich aber leicht mit Säuren, Chloriden etc. zu neutralen, gelben, im Wasser löslichen Salzen vereinigen.

Verhalten einer Berberinauflösung gegen Reagentien:

Kali-, Natron- und Ammoniakflüssigkeit verursachen eine braunrothe Färbung

Kalkwasser keine dergleichen

Zinnsalze	erzeugen	gelbe Niederschläge
Kupfersalze	„	grüne Niederschläge
Eisenoxydulsalze	„	pommeranzengelbe Niederschläge
Eisenoxydsalze	„	keine Niederschläge
Bleioxydsalze	„	ebenfalls keine Niederschläge

Zinksalze desgleichen.

Ausser dem Berberin enthält die Rinde Extractivstoff, Gummi, Harz, Fett, flüchtiges Oel, mineral- und pflanzensaure Salze und Holzfaser.

Die Rinde stammt von *Berberis vulgaris L.* einem Strauch aus der Familie der Berberideen. Aeussere Kennzeichen der Gattung: Sträucher mit in ästigen Dornen umgewandelten primären Blättchen, in deren Achseln ein Büschel sekundärer aber vollkommner Blätter sich entwickelt. Blüthen traubig, gehäuft, einzeln. Blumenblätter, 6 mit 3 Deckblättchen. Beere 2—3 saamig. Merkmale der Species *Berberis vulgaris:* 6—10 Fuss hoher Strauch mit langen weissgrauen, zahlreichen Aesten, die abstehend öfters tief 3 theilige Dornen tragen; die Blätter sind kurzgestielt, verkehrt eirund, stumpf gesägt und an den Sägezähnen mit steifen Borsten besetzt, Blätter stehen theils einzeln, theils in Büscheln beisammen. Aus der Mitte der Blätterbüschel entwickeln sich die langen vielblüthigen hängenden Trauben mit je einem scharf zugespitzten Deckblättchen am Grunde des Blüthenstieles, die Kelchblätter sind von grünlich gelber Farbe, von denen die drei inneren länger und runder sind; die Blumenkronenblätter sind gelb, stark riechend, aufrecht abstehend, ovallänglich. Die Frucht ist eine Beere von fast walzenrunder Gestalt, anfangs grün, später schön roth mit schwarzem Nabel; sie hat nur zwei Saamenkörner und schmeckt sehr sauer. Blüthezeit: Mai bis Juni; häufig an Zäunen, in Gebüschen und Wäldern wildwachsend; in Gartenanlagen zur Zierde angepflanzt.

Obwohl die Berberisrinde wegen des in ihr enthaltenen gelben Farbstoffs befähigt ist, mit Thonerdemordant imprägnirte Stoffe gelb zu färben, so findet sie doch zu diesem Zwecke, weil das Gelb nicht schön ist, keine Anwendung; häufiger wird sie in der Lederfärberei zu Gelb und Grün angewendet, so z. B. in Polen zum Färben des Saffians. Ausserdem dient auch die Berberisrinde zum Gelbfärben von Drechsler- und Spielwaaren, zum Gelbbeizen verschiedener Hölzer, welche von den Tischlern verarbeitet werden. Ferner benutzt man die etwas eingekochte und mit schwefelsaurem Indigo vermischte wässrige Abkochung von Berberis als grüne Streichfarbe auf Leder. Das Holz wird von Tischlern und Drechslern zu allerlei kleinen Geräthschaften verarbeitet, die schlanken Ruthen zu Pfeifenröhren und Stöcken.

23. Seerosenwurzel. *Nénuphar. Nenuphar.*

Die Wurzel der weissen und gelben Seerose enthält Gerb- und Gallussäure, sowie einen fahlen Farbstoff; die mit ihr auf Stoffen und Garnen erzeugten Farben sind dauerhaft und stehen den Galläpfelfarben an Schönheit nicht wesentlich nach; es würde daher Seerosenwurzel ein willkommnes Surrogat für die Galläpfel sein, wäre sie minder theuer; so aber bedient man sich statt ihrer des ungleich wohlfeileren Sumach und wird nur dann angewendet, um gewisse steingraue Farben, die mit anderen Farbstoffen nicht darstellbar sind, hervorzubringen.

Die Wurzel stammt theils von *Nymphaea alba* theils von *Nuphar luteum L.*; beide gehören zur Familie der Nymphäaceen und zu den Gattungen *Nymphaea* und *Nuphar*; äussere Kennzeichen von *Nymphaea*: 4—5blättriger Kelch, viele Kronenblätter und Staubgefässe, die mit dem kuglichen Fruchtknoten verwachsen sind. Narbe sternförmig, strahlig; Kapsel beerenartig, Saamen mit einem Mantel umgeben. Aeussere Kennzeichen der weissen Seerose: Wurzelstock armsdick, wagerecht, warzig, knotig, mit unterseits gelbweissen, dicken, langen Fasern; die Blätter sind gross, fast fusslang, herzförmig bis kreisrund, oberseits hellgrün glänzend, unterseits matt, blässer, bis röthlichviolett. Kelchblätter aussen grün, inwendig schneeweiss, eirundlänglich, vier·an der Zahl, 20—24 schneeweisse Blumenkronenblätter, länglichlanzettlich, in vier Reihen; Staubfaden blattartig, Frucht beerenartige Kapsel, kuglig; Blüthezeit Juni und Juli; in stehenden oder langsam fliessenden tiefen Gewässern Süd- und Mitteleuropas. Aeussere Kennzeichen der gelben Seerose, *Nuphar luteum*: Zwitterblüthe, Kelch 5—6 blättrig, Blumenkrone gelb, rückseits mit Honiggrübchen, zahlreiche Staubgefässe auf einem Polster, Fruchtkronen 10—20strahlig, ganzrandig, Blätter oval, Basilarausschnitt bis zu $^1/_3$ der Blattlänge emporragend.

Nachdem die Wurzel geerndtet worden ist, reinigt und trocknet man sie und schneidet sie in Scheiben. In solchen Scheiben kommt sie in den Handel; sie sind von der Grösse der Ein- und Halb-Thalerstücken, hart von schmuzigbrauner, auf der frischen Schnittfläche hingegen von gelbbrauner Farbe. Da die Wurzel der weissen Seerose bessere Dienste in den Färbereien leistet als die gelbe, so wird die letztere kaum verlangt. Prüfung auf ihre Güte durch Probefärben. Gute Seerosenwurzel darf nicht in kleinen Scheiben geschnitten erscheinen, muss frisch sein, frei von Moder, Wurmstich und Bruchstücken. Versendung in Säcken.

24. Alkana. *Alcana. Alcana.*

Mit diesem Namen bezeichnet man die Wurzel vom Alkanastrauch, *Alcana tinctoria, Tsch.* welche einen Farbstoff enthält, welcher mit Auflösung von essigsaurer Thonerde imprägnirte Stoffe violett färbt. Diese Farbe ist zwar schön, auch gegen Seifenbäder beständig, allein um so unbeständiger gegen das Sonnenlicht; es bleicht das Alkanaviolett in kurzer Zeit. Ausserdem ist der Farbstoff im Wasser unlöslich; es ist daher nöthig, das Pigment mittelst verdünntem Weingeist aus der Wurzel auszuziehen und in diesem Extracte Garne oder Stoffe zu färben. Unter diesen Umständen ist das Alkanaviolett weder eine durchaus ächte noch auch eine wohlfeile Farbe und daher kommt es, dass Alkana, eine ausgebreitete Anwendung in der Färbekunst nicht gefunden hat. Ausser in der Färberei wird aber Alkana in ansehnlicher Menge zur

Darstellung von gefärbten Tinkturen, Lackfirnissen, Oelen, von Zahnpulver u. a. verbraucht. Im Orient färbt man damit Haut und Nägel.

Die Wurzel ist federkiel- und fingerdick, von einer blättrigen, runzligen, dunkelviolettrothen Schale umgeben, innen weisslich, ohne Geruch und von schwach zusammenziehendem Geschmack. Auf ihre Färbungsfähigkeit prüft man die Alkana durch
Probefärben, indem ein mit essigsaurer Thonerdeauflösung imprägnirtes und alsdann
getrocknetes Stück Kattun in Alkanaextract (s. oben) behandelt wird.

Sie wird aus Frankreich, Spanien, Ungarn bezogen, von woher man sie, in Bündel und Säcke von verschiedener Schwere verpackt, erhält.

Gute Waare ist frisch, gross, von lebhafter Farbe, frei von Wurmstich, Staub und
Bruchstücken, ohne Verfälschung; diese bestand namentlich früher darin, dass man sie
mit der rothgefärbten Wurzel unserer *Anchusa officinalis* vermischte, eine Verfälschung,
die dadurch leicht zu entdecken war, dass die falsche Alkana ihren Farbstoff den Fetten nicht mittheilt, was die ächte aber thut, während die ächte Alkana ihren Farbstoff
dem Wasser nicht mittheilt, was wiederum die unächte thut.

Der in der Alkanawurzel enthaltene Farbstoff ist von John und Pelletier isolirt dargestellt und von ihnen Anchusin genannt worden; sie haben ihn erhalten durch Behandlung der Wurzel mit Alkohol und Aether. Lazage schreibt folgendes Verfahren vor:
Grob gestossene Alkanawurzel wird mit Schwefelkohlenstoff erschöpft, welcher den
Farbstoff derselben vollständig auszieht. Von dem Auszuge wird der grösste Theil
des Menstruums im Wasserbade abdestillirt, der Rückstand in einer Schale einige Zeit
in heisses Wasser gehalten, um den letzten Rest des Schwefelkohlenstoffes zu verja-
gen, dann kalt mit destillirtem Wasser behandelt, welches 2% Aetznatron gelöst enthält. Das Anchusin löst sich darin und ertheilt der Flüssigkeit eine prächtig indigblaue Farbe; im Rückstand bleibt eine grösstentheils aus Fettstoffen bestehende Substanz. Nachdem die blaue Flüssigkeit filtrirt worden, setzt man ihr nach und nach
sehr verdünnte Salzsäure bis zum geringen Ueberschusse zu, wodurch sie getrübt wird
und nach längstens binnen 24 Stunden einen rothbraunen Niederschlag absetzt. Man
wäscht diesen 5—6mal mit destillirtem Wasser aus, sammelt ihn auf starkem Leinen,
presst nach dem Abtropfen gehörig aus und trocknet. (Aus *L'écho méd.*, durchs Ar-
chiv der Pharmacie B. 147.) Das Anchusin ist von dunkelrother Farbe und harzigem
Bruch, unlöslich in Wasser, löslich in Weingeist mit schön karmoisinrother Farbe,
noch leichter löslich in Aether, Terpenthinöl und fetten Oelen; ätzende Alkalien lösen
das Pigment mit blauer Farbe auf, Zinnchlorür erzeugt einen violetten, Zinnchlorid
einen karmoisinrothen, basisch essigs. Bleioxyd einen blauen, Alaun einen purpurnen
und essigsaure Thonerde einen violetten Niederschlag. Anchusin $= C_{11}H_{20}O_4$. Wird
Anchusin mit Alkohol gekocht, so entsteht Alkanagrün $= C_{11}H_{22}O_4$, welches in Alkohol
und Aether löslich ist.

Die Spezies *Alcana tinctoria* gehört zur Familie der Asperifoliaceen und zwar in
die Gattung *Alcana*; Kennzeichen der Gattung: Kelch fünftheilig, Blumenkrone trichterförmig, fünfspaltig, die Röhre in der Mitte durch fünf aufrechte kahle Decklappen
geschlossen, welche von den fünf Staubgefässen überragt werden. Frucht: vier eirunde,
am Grunde etwas ausgehöhlte, mit einem schmalen Rande versehene Nüsschen. Aeussere Merkmale der Spezies *A. tinctoria*: Stengelblätter klein, lineallänglich, abgestumpft, in
die Kelchblätter übergehend, welche länger als der Kelch selbst sind; Blumenkronenröhre
weisslich, nach oben purpurröthlich, am Saume dunkelcyanblau, Nüsschen gelblichbraun;
Wurzel walzenförmig, verästelt, vielköpfig, 4—6 Zoll lang, 1—6 Linien dick; die übri-

gen Eigenschaften sind bereits oben aufgeführt, als innerlich weissgelblich, Rinde dunkelviolettroth, geruchlos, von schwach adstringirenden Geschmack.

25. Kurkuma. *Souchet ou Safran des Indes. Turmerick.*

Die Wurzeln theils von *Curcuma longa L.*, theils von *Curcuma rotunda L.* Die Wurzeln von *Curcuma longa*, lange Gilbwurzel, sind theils einfach, spindelförmig, walzenrund, 1—3 Zoll lang, $^1/_2$ Zoll dick, theils fingerförmige Gebilde von einem Centralknoten auslaufend, von aussen mit einer schmuziggrauen, runzlichen Rinde bedeckt; sie erscheinen auf ihrer Schnittfläche sehr schön safran- oder orangegelb, riechen ingberartig, schmecken gewürzhaft brennend und färben den Speichel auffallend gelb. Von vorzüglicher Lebhaftigkeit zeigt sich das Orange an der gemahlenen Wurzel. — Aus ihr erheben sich bis 1$^1/_2$ Fuss lange Stengel mit breit lanzettlichen Blättern, deren Stiele lang scheideartig sind, ferner der Blüthenschaft, der unten von weisser oben von purpurfarbenen Deckblättern umgeben ist und die 5—6 Zoll lange Blüthenähre trägt. Die Blumen sind von weisslichgelber Farbe, die Nebenkrone dunkler gefärbt. In Ostindien wild wachsend und kultivirt; auch in China, auf Malacca, Java und anderen Inseln des ostindischen Archipels angebaut.

Die Wurzeln von *Curcuma rotunda*, runde Gilbwurz, sind knollig, von der Grösse der welschen Nüsse, mit spindelförmigen in die Erde tief eindringenden Fasern versehen. In ihren übrigen Eigenschaften mit der Wurzel von *Curcuma longa* übereinstimmend.; Blätter gestielt, am Grunde scheideartig, lanzettlich zugespitzt, unterseits weichhaarig. Blüthenähre mehrere Zoll lang, von Blattstielscheiden umgeben, hellbraun mit blassrothen Zipfeln; die oberen eirunden Zipfel der Nebenkrone blassrosa, die lippenförmigen purpurroth, an der Basis heller. Heimisch in China, Ostindien und auf den Inseln des indischen Oceans.

Beide Spezies gehören zur Gattung *Curcuma L.*, Gelbwurzel oder Gilbwurz aus der Familie der *Scitamineen*. Aeussere Kennzeichen der Gattung: dreilappiger Staubfaden, Staubbeutel mit 2 Sporen am mittleren Lappen; mittlerer Nebenkronenlappen (Honiglippe) ausgerandet gelb; zwei fadenförmige, dem Fruchtknoten eingefügte Honiggefässe; Kelch röhrenförmig, dreispaltig, ebenso die Blüthenhülle; Saamen in 3 fächerigen Kapseln eingeschlossen.

Nach Guibourt (*Journ de Chem. med.* 1831) gehören beide Wurzeln einer und derselben Pflanze an und zwar so, dass die runde der Central- oder Mittelknoten der Wurzel, die lange hingegen die von demselben auslaufenden fingerartigen Lateralwurzeln sind.

Zur Zeit der Blüthe werden die Wurzeln gesammelt, gereinigt, getrocknet und sortirt, um die grossen Wurzeln von den kleinen, die gesunden von den kranken zu trennen. Verpackt in Säcken bis zu 100 Pfd. Schwere kommen sie über den Ocean zu uns, wo sie entweder in den europäischen Handels- und Seestädten zu Pulver gemahlen (*Curc. pulv.*) oder als ganze Wurzel weiter versendet werden. (*Curc. crud*).

Die technische Anwendung der Kurkuma zum Färben beruht auf ihrem Gehalt an gelben Farbstoff; Chevreul hat ihn in isolirtem Zustand erhalten und Kurkumin genannt; er ist in der ganzen Wurzelsubstanz enthalten; er pulverte sie fein, kochte sie im Wasser sorgfältig aus, filtrirte das Dekokt und überliess es der Ruhe in wohlverschlossenen Gefässen; während dem setzte sich das Kurkumin als körnig krystallinische Masse ab, die dicht beisammen eine röthlichbraune, in vertheiltem Zustande hingegen gelbe Farbe zeigte. Das Kurkumin ist hygroscopisch und wird demzufolge an der Luft etwas feucht; ist selbst in kochendem Wasser schwer löslich, desto leichter aber in Alkohol und Aether, ebenso in Fetten und ätherischen Oelen; konzentrirte Auflösungen erscheinen braunroth, verdünnte gelb, Auflösungen von Kurkumin in Alkalien braunroth; über $+ 40^{\circ}$ erhitzt schmilzt es. Eine alkalische Kurkumatinctur verhält sich gegen Reagentien wie folgt:

Zinnsalz (Zinnchlorür)   erzeugt einen rothen Niederschlag,

essigsaures Bleioxyd .   .   „   einen rothbraunen Niederschlag,

Silber- und Quecksilbersalze erzeugen einen orangerothen Niederschlag,

schwefelsaures Eisenoxyd . erzeugt eine dunkelbraune Färbung,

konzentrirte Schwefelsäure

konzentrirte Salzsäure . . . . . lösen das Pigment mit bläulichrother Färbung.

desgleichen Phosphor- und Salpetersäure

Verdünnte Säuren machen die Auflösung von Kurkumin hellgelb.

Nach Pelletier enthält die Kurkumawurzel ausser Kurkumin nachfolgende Bestandtheile:

1) Holzsubstanz,

2) Stärkemehl,

3) einen braunen zusammenziehenden Farbstoff,

4) eine kleine Menge Gummi,

5) flüchtiges Oel von scharfem durchdringenden Geruch und

6) pflanzen- und mineralsaure Salze.

Als Farbematerial wird die Kurkuma vorzugsweise von den Seidenfärbern benutzt zur Darstellung von Gelb; die Wollefärber benutzen sie bisweilen als Beimischung zu oliv- und gelbbraunen Farbebädern für wohlfeile Wollstoffe; sehr selten findet sie Anwendung in der Baumwollefärberei; es ist zwar das Kurkumagelb voll und tief aber weniger lebhaft und fest; dem Sonnenlicht ausgesetzt, verbleicht es ziemlich schnell. Man braucht Kurkuma auch zum Färben von Papier, Handschuhleder, zum Gelbbeizen von Holzschnitzwaaren, zur Darstellung gelber Lackfirnisse, von Schüttgelb, von chemischen Reagenspapieren, indem man bezüglich der letzteren Streifen von Postpapier mit Kurkumatinktur so oft überstreicht, bis das Papier sattgelb gefärbt erscheint; man bedient sich ihrer zum Nachweis alkalischer Flüssigkeiten, welche, sobald sie das Papier berühren, dasselbe auch braun färben (s. unter Kurkumin). In den Apotheken bedient man sich der Kurkuma zum Färben von Salben und Oelen; als inneres Mittel wird sie von den Aerzten nicht mehr verordnet; früher wurde sie gegen Wechselfieber und Wassersucht angewendet. Die Indianer bedienen sich der Kurkuma statt des Safrans als Zusatz zu ihren Speisen, weshalb man sie auch i n d i a n i s c h e n S a f r a n nennt.

Eine gute Kurkuma muss folgende Eigenschaften haben:

Farbe der inneren Masse lebhaft orangegelb; bräunliche Farbe deutet auf schlechte Qualität.

Die Masse sei harzartig, frisch, schwer und fest; leichte, lockere, getrocknete Waare ist gering.

Die Kurkuma sei frei von Wurmfrass und Bruchstücken.

Ihr Geruch sei durchdringend aromatisch, ihr Geschmack stark zusammenziehend und die Färbung des Speichels, wenn man sie kaut, intensiv gelb; die hiervon entgegengesetzten Eigenschaften lassen auf geringe Qualitäten schliessen.

Sorten. I. Die chinesische Kurkuma, die beste und theuerste, von gelber bis gelbgrüner Farbe, die auf dem Bruch hochorange erscheint; theils aus Central- theils aus Lateralwurzeln bestehend. II. Ostindische Kurkuma und zwar a) Bengal, aus Lateralwurzeln bestehend, dünn, lang, graulich, dunkelgelb; glatt, inwendig dunkelroth; b) Madras, aus Lateralwurzeln bestehend, lang, gross, mit Längsfalten, inwendig fast wie Gummigutti gefärbt; c) Malabar, meistens aus Lateralwurzeln bestehend, klein, runzlig. III. Java-Kurkuma, äusserlich der chinesischen Kurkuma sehr ähnlich, von gelbgrüner, inwendig rothbrauner Farbe; gerieben hat das Pulver gelbgrüne Farbe. a) Batavia-Kurkuma, meist aus Lateralwurzeln bestehend, von gelblichbrauner Farbe.

Man bezieht die Kurkuma über Amsterdam, Hamburg und London.

Eine Art runde Kurkuma, die vor mehreren Jahren von Batavia aus in den Handel gekommen ist, stammt nach Angabe von Martius von *Curcuma viridiflora*.

Von der Güte der Kurkuma überzeugt sich der Färber durch Probefärben; kürzer stellt er eine andere Probe auf die Weise an, dass er eine geringe Menge von der zu untersuchenden Kurkuma fein pulverisirt, mit wenig Gummiwasser zu einer dünnschleimigen Flüssigkeit zusammenreibt und diese auf ein Stück seidenes Zeug aufdruckt; es ist bekannt, dass der Farbstoff der Kurkuma auch ohne Mordant auf dem seidenen Faden haftet; um nun zu prüfen, ob die Kurkuma verfälscht ist (was namentlich mit der gemahlenen leicht geschehen kann) oder ob der Farbstoff von guter Qualität ist, legt der Färber am folgenden Tag die Probe ins Wasser. Dasselbe weicht den Gummi auf und entfernt ihn vom Faden, aber auch theilweise die Farbe, wenn die Kurkuma mit anderen gelbfärbenden Substanzen verfälscht ist; nur das Kurkumagelb bleibt auf der Seide; das Gelb erscheint mager und geht ins Grauliche über, wenn der Farbstoff von schlechter Beschaffenheit ist.

Conto finto über Kurkuma.

21 Packen, enthaltend:

225 Säcke: 206 Ctr. — Qr. 3 ℔ { Tara 2 ℔ d. S.			.4. —. 2.	
6 „ — „ 3 „ { Ggw. 1 „ „ „			2. —. 1.	
200 Ctr. à 20 s			£ 200. —. — d	
Courtage ¹/₂°/₀			„ 1. —. — „	
Zollangabe, Garantie und Certeficat	£ —. 15. — d			
Ausbessern und Cavelinggeld	„ 1. 4. 6 „			
Schnüren, Werftgeld und Verschiffen	„ 3. 6. 6 „			
Leichterfracht und Wachtgeld	„ 1. 3. 6 „			
Kleine Unkosten und Porto.	„ 1. —. 6 „			
			„ 7. 10. — „	
			£ 208. 10. — d	
Provision 2°/₀			„ 4. 3. 5 „	
Wechsel-Courtage und Stempel ¹/₄°/₀			„ —. 10. 8 „	
			£ 213. 4. 1 d	
à 13 ℳ 12 ß			ℬℳ 2931. 9 ß	
Assecuranz ¹/₂°/₀ (99¹/₂=¹/₂)			„ 14. 12 „	
Fracht, 12s d. 20 Ctr. u. 15°/₀, £ 7. 3. —d à 13 ℳ 10 ß			„ 97. 7 „	
Stader Zoll, 4 ß Spec. d. P. à 150°/₀,	Cℳ 7. 14 ß			
Everführer- und Arbeitslohn	„ 53. — „			
	Cℳ 60. 14 ß		ℬℳ 3043. 12 ß	

	C$\mathcal{M}$ 60. 14 β		$\mathcal{BM}$ 3043. 12 β	
Lagermiethe und kleine Unkosten	„ 14. 2 „			
	C$\mathcal{M}$ 75. — „		$\mathcal{BM}$ 60. — „	
				$\mathcal{BM}$ 3103. 12 β

Eingangszoll, $^1/_2\%$ Crt. à 120% in Bo., $^5/_{12}\%$ ⎫
Versicherung gegen Feuerschaden $^1/_{12}$ „ ⎪ $2^1/_2\%$
Verkaufs-Courtage 1 „ ⎬ $(97^1/_2 = 2^1/_2)$ ⟶ „ 79. 9 „
Decort 1 „ ⎭

$\mathcal{BM}$ 3183. 5 β

1 Ctr. $=$ ca. $103^1/_{16}$ ℔ in Hamburg:
21237 ℔ ⎰ Tara 3 ℔ d. S.   675 ℔
887 „ ⎱ Ggw. 1% 212 „
20350 ℔ à $\mathcal{M}$ $15,^{64}$ d. 100 ℔ $\mathcal{BM}$ 3182. 12 β
Obige Hamburger Gewichte sind die alten.

G. Farbstoffe in Blattauswüchsen.

26. Galläpfel. *Noix de galle.· Nut gall.*

Sie entstehen dadurch, dass das Weibchen der Gallwespe (*Cynips folii quercus, Cynips Gallae tinctoriae*) in den Zweig oder den Blattstiel der Färbereiche (*Quercus infectoria*) mittels ihres Legestachels Löcher bohrt, in welche sie ihre Eier legt; die Wunde übt einen derartigen Reiz auf die nicht verwundeten und benachbarten Theile aus, dass aus denselben die Säfte nach der Oeffnung sich hinziehen, austreten und die Eier in Gestalt einer Kugel umschliessen, die immer umfänglicherwird, in dem Verhältniss als neue konzentrische Lagen von Saft durch den fortwährenden Ausfluss sich über einander ablagern; derselbe hört auf, wenn die Menge der ausgetretenen Säfte den Umfang einer grösseren oder kleineren Flintenkugel erreicht hat, womit dann gleichzeitig völlige Erschöpfung jener Baumtheile eingetreten ist. Die Säfte dienen den ausgekrochenen Larven zur Nahrung; während des Larvenzustandes dieser Geschöpfe sowie während der Verpuppung gewinnt die Masse des ausgetretenen Saftes allmählig an Konsistenz, so dass nach überstandener Verwandlung die vollkommen ausgebildeten Insekten genöthigt sind, um in die Freiheit zu gelangen, jene zu durchbohren, daher die häufigen Löcher in den Galläpfeln, die gewöhnlich mit Wurmfrass verwechselt werden; fehlen diese Löcher, so lässt dies darauf schliessen, dass entweder die Eier gänzlich verkümmert oder die Galläpfel zu früh gesammelt und durch Trocknen gehärtet worden sind, sodass den Insekten das Entweichen nicht mehr möglich war; in diesem Falle schliessen die Galläpfel die jungen Gallwespen noch in sich ein; solchen Galläpfeln gibt man den Vorzug vor den durchbohrten, indem man ihnen einen grösseren Gehalt an Gerbstoff beimessen kann; selten findet man in ihnen leicht erkennbare Spuren von dem, was vorgegangen ist. Wie es kommt, dass manche Sorten von Galläpfeln auf ihrer Oberfläche stachelartige Erhebungen zeigen, während andere Sorten ganz glatte Oberfläche haben, ist nicht genügend erklärt. Die Gattung *Cynips fol. q.* gehört zur Ordnung der Hautflügler und hat folgende Merkmale: schwarz mit gestrichelter Brust, grauen Füssen, unten schwarzen Schenkeln; Weibchen mit einem Legestachel, Flügel wenig aderig. Fühler 16 gliederig; das ganze Thier nicht über $2^1/_2'''$ lang. *Cynips gallae tinctoriae:* blass rothgelb, weisslich und weich behaart, hinten ein glänzender schwarzbrauner Fleck; gerade 10 gliederige Fühler, wenig geaderte Flügel, Weibchen mit Legestachel versehen; das Thier gegen $2^1/_2$ Linie gross. Merkmale der Spezies *Quercus infectoria:* Strauchartiger Baum mit 6 Fuss hohem, krummen Stamme; Blätter kurz gestielt, an den Rändern buchtig, mit stachelspitzigen Zähnen besetzt, etwas herzförmig; Früchte gestielt, länglichwalzig; Blüthen in Kätzchen beisammenstehend. In ganz Kleinasien bis nach Persien. Auch von *Q. Cerris* stammen Galläpfel, die unter dem Namen französische Galläpfel vorkommen. *Quercus Cerris* oder burgundische Eiche ist ein Baum von der Grösse unserer gewöhnlichen Eichen mit länglich buchtigen, fiederspaltigen Blättern, die unterseits flaumhaarig sind; Fruchtbecher halb kugelförmig, igelig; in den Wäldern Südeuropas. Beide Quercusgattungen gehören zur Familie der Kupuliferen.

Nach Guilbert enthalten Galläpfel folgende Bestandtheile, die Mengen in 100 Theilen berechnet:

Gerbsäure .	65,5,
Gallussäure	2,0,
Ellagsäure	2,0,
Chlorophyl und flüchtiges Oel .	0,7,
braunen und harzigen Extractivstoff	2,5,
Gummi .	2,5,
Stärkemehl . .	2,0,
Holzsubstanz . .	10,5,
aufgelöster Zucker	
Eiweiss . . .	
schwefelsaures Kali	
Chlorkalium	1,4,
gerbsaures Kali und gerbs. Kalk	
oxal- und phosphorsauren Kalk	
Wasser	11,4.
	100

Bei geringeren Qualitäten fällt der Gehalt an Gerbstoff bis auf $25^0/_0$ herab. — Um aus Galläpfeln die Gerbsäure zu gewinnen, bedient man sich nach Pelouze einer gläsernen Flasche, in welche eine längere am unteren Ende etwas zusammengezogene Glasröhre passt, die oben mit einem Stöpsel verschlossen wird. In dem zusammengezognen Theil der Röhre wird ein baumwollener Docht eingelegt, in welchen man fein gestossenes Galläpfelpulver hineingedrückt hat; indem man nun darauf gewöhnlichen Schwefeläther giesst, durchzieht er den Docht mit dem gepulverten Gallus und sammelt sich allmählig auf dem Boden der Flasche als eine in zwei Schichten getrennte Flüssigkeit an, von denen die obere dünnflüssig, die untere hingegen syrupartig und schwach gelb gefärbt ist und die Gerbsäure in aufgelöstem Zustand enthält. Mit einem Scheidetrichter trennt man die obere Schicht von der unteren, spühlt die letztere mehrere Male mit Schwefeläther ab und dunstet sie im Vacuo ein. Die Gerbsäure ist nicht krystallisirbar, durchscheinend, farb- und geruchlos, von zusammenziehendem Geschmack, röthet Lakmus, ist nicht hygroscopisch, wird aber an der Luft bald gelb, ist löslich im Wasser, besonders leicht in kochendem Weingeist, in warmen absolutem Alkohol und in Aether, dagegen wenig löslich in fetten und ätherischen Oelen; in erhöhter Temperatur schmilzt sie, bläht sich auf und verbrennt mit stark leuchtender Flamme. Bei $+ 215^0$ entmischt sie sich in Wasser, Kohlensäure, Pyro- und Metagallussäure.

1	Metagallussäure	$= C_{40}H_{20}O_{14}$,
$1^1/_4$	Pyrogallussäure	$= C_{10}H_{10}O_5$,
6	Kohlensäure	$= C_6 \quad O_{12}$,
5	Wasser	$= \quad H_{10}O_5$,

$$C_{56}H_{40}O_{36} = 2 \text{ Gerbsäure oder } 2 \ (C_{28}H_{20}O_{18})$$

Wenn man eine wässrige sehr verdünnte Auflösung von Gerbsäure der Luft aussetzt, so nimmt sie Sauerstoff auf; ein gleiches Volumen von Kohlensäure wird gebildet, während eine graue krystallinische Substanz, die grösstentheils aus Gallussäure $= C_7H_6O_5$ besteht, sich absetzt; gleichzeitig mit der Gallussäure entsteht auch Ellagsäure $= CH_4O_4 + HO$. Eine Auflösung von Gerbsäure von nicht völlig chemischer Reinheit bräunt sich an der Luft; Chlorgas zersetzt sie, ebenso konzentrirte Salpetersäure; konzentrirte Schwefelsäure verwandelt die Gerbsäure in Kohle; Gerbsäure fällt Stärkemehl und Leim aus ihren Auflösungen.

Aus ihrem bedeutenden Gehalt an Gerbsäure ergibt sich, dass Galläpfel in Färbereien und Gerbereien zu gleicher Anwendung geeignet sind wie der Sumach; allein ihr theurer Preis hat es verursacht, dass in den beiden genannten Industriezweigen nur mit Ausnahme einzelner Fälle, durchgehends die gerbstoffhaltigen Rinden verschiedener Bäume z. B. Eichen, Kiefern u. a., ferner die gerbstoffhaltigen Blätter des Sumach, letztere namentlich auch in der Färberei in grosser Menge benutzt werden; früher wurden die Stoffe, die man adrianopelroth färbte, zuvor in Galläpfelabkochung grundirt, ferner wurden baumwollene Garne und Stoffe, um auf sie mannigfache Modefarben namentlich in Grau zu bringen, entweder mit Galläpfel allein, oder im Verein mit anderen Farbstoffen gefärbt; jetzt bedient man sich als Surrogate der ungleich wohlfeileren Knoppern, des Sumachs, auch der Bablahschooten, der Seerosenwurzel u. a. Auch zur Darstellung von schwarzer Tinte, wozu die Galläpfel früher ausschliesslich gebraucht wurden, werden sie gegenwärtig entweder in Vereinigung mit Blauholzextract oder gar nicht mehr verwendet.

In einer Abkochung von Galläpfel erzeugt:

Zinnsalz (Zinnchlorür)	einen isabellgelben	Niederschlag,
Alaunauflösung .	einen gelblichgrauen	„
Bleizuckerauflösung . . .	einen dick gelblichweissen	„
Grünspan, essigsaures Kupferoxyd	einen chokoladebraunen	„
schwefelsaures Eisenoxyd . .	einen blauen	„
Schwefelsäure	einen schmuzig gelblichen	„
Essigsäure	macht die Auflösung klar und	

Lakmuspapier wird von der Galläpfellösung stark geröthet.

Gute Waare ist innerlich nicht hohl und von lichter Farbe, sondern fast ganz mit einem festen und braunen Mark ausgefüllt, schwer, gross, nicht durchstochen, spröde, stachlig und frei von Wurmfrass.

Der Qualität nach kommen die Sorten auf einander wie folgt:

1) die **chinesischen Galläpfel**; eines der gerbstoffreichsten Naturprodukte; hohle Körper in der Länge von 1—6 Zoll und von $^1/_3$—2 Zoll in die Breite; verschiedenartig geformt, meist aber länglichrund oder spindelförmig, gewöhnlich mit unregelmässigen Höckern; glänzendbräunlich bis schwarz; auch mit kurzem, dichtem, gelblichgrauem Filz überzogen; hornartig, spröde. Geschmack rein adstringirend; sie enthalten nach Stein:

69,139 Gerbstoff (Gerbsäure),
 4,000 eines Gemisches von 2—3 Gerbstoffarten, die von dem gewöhnlichen Gerb-
     stoff verschieden sind,
 0,972 grünes verseifbares Fett,
 8,196 Stärkemehl,
 4,898 Holzfaserstoff und
12,960 Wasser.
100,165

Sie stammen nach Reichenbach von einem *Solanum* und kommen über Kanton, London und Hamburg in den Handel. Verpackung in Ballen.

2) die **levantischen Galläpfel**, auch unter dem Namen asiatische oder türkische Galläpfel bekannt. Einsammlung geschieht zu verschiedenen Zeiten, die erst aber allemal dann, wenn der Zeitpunkt am günstigsten ist, d. h. wenn die Gallen am schwersten und grössten, dabei aber noch nicht durchstochen sind, erfolgt. Man sortirt daher auch in Asien die Gallen nach der Einsammlung und nennt die der ersten, welche die besten sind, Jerli, theils von grüner theils von schwarzer Farbe, fest, markig etc. Die der späteren Einsammlungen, sind von hellerer Farbe, bis gelb und weiss, leichter, grösser und schwammiger, meist durchlöchert. Sind letztere von den ersteren getrennt, so führen sie im Handel dem Namen **elegirte** Waare, sind sie noch unter einander, so heissen sie **Gallen in Sorten**. Von den levantischen Gallen kommen folgende im Handel vor: a) **Aleppische Gallen**, von kleiner, runder Gestalt, schwarzer, graulichgrüner bis gelblichweisser Farbe, mit Erhabenheiten auf ihrer Oberfläche. b) **Smyrnaische Gallen**; leichter als die aleppischen Gallen, meistens auch von hellerer Farbe, wenig höckerig. c) **Molussische Gallen**, von schwarzer Farbe, bis ins Grünlichgraue, Gelbgraue oder Weissgraue, schwer und undurchlöchert; stammen aus den Gegenden am Tigris. d) **Morea**, nicht so gross als Haselnüsse, nicht sehr höckerig, röthlich- oder graulichbraun, oft mit einem stumpfen Stachel an der dem Stiele entgegengesetzten Seite. e) **Marmorirte Gallen**; von kleiner runder Gestalt, grauer Farbe und rauhen Erhöhungen; inwendig gelb oder rostfarbig. f) **Dardanellen-Gallen**, mittelgross, schwer, schwarz bis schwarzgrün; anatolische- und Moussoul-Gallen; schwarz bis schwarzgrün und weiss, schwer bis leicht, mittelgross. Verpackung sämmtlicher Sorten in Säcke von verschiedener Grösse.

3) die **istrianischen Galläpfel**, von geringerem Werth als die levantischen; leichter, weniger dicht und kompakt, lichter gefärbt, häufig glatt; sie werden über Triest und Venedig versendet und werden in Oesterreich namentlich zum Ausgärben der Saffiane benutzt. Verpackung in Fässer von verschiedener Grösse.

4) die **ungarischen Gallen**, aus Ungarn und Slavonien, von geringerer Güte als die italienischen; weisslichgelb bis grau, fast ganz glatt; leicht, wenig fest, meistens durchfressen. Gesammelt werden sie vorzugsweise in den grossen Eichenwaldungen Slavoniens. Eine der grössten Niederlagen für dieses Naturprodukt ist Fünfkirchen. Verpackung in Säcken.

5) die **italienischen Galläpfel**; sie zerfallen in folgende Sorten: a) **Puglieser** oder **Marmorin-Galläpfel**, von bräunlichgelber Farbe; finden nur in ihrem Vaterlande Verwendung. b) **Abruzzo-Galläpfel** von schmuzigbrauner Farbe, bis ins Röthliche und Gelbliche; von rundlich birnförmiger Gestalt. Kommen wenig im Handel vor.

Absichtliche Verfälschungen der Galläpfel kommen im Ganzen selten vor, weil ihnen leicht

auf die Spur zu kommen ist. So versucht man die natürliche graue Farbe der besseren
Sorten durch Kunst an den geringeren Sorten nachzuahmen, was einfach dadurch geschieht, dass man die zu färbenden Gallen einige Zeit in eine verdünnte Eisenvitriol-
Auflösung hineinlegt; indem sich auf der Oberfläche solcher Gallen gerbstoffsaures
Eisenoxyd bildet, färben sie sich dunkler; indess erkennt man eine derartige Verfälschung daran, dass warmes Wasser, in welches die verdächtigen Gallen eingeweicht werden, eine grauliche Farbe annimmt und dass sie auf der Wage dem Gewicht einer
gleich grossen, naturell dunkeln Galläpfelmenge erheblich nachstehen. Eine andere Art
der Verfälschung ist die Beimischung der guten Sorten mit geringeren; indess gibt
sich eine solche Vermischung dem geübten Auge leicht durch den Augenschein kund,
da Galläpfelsorten, die durch ihre innere Qualität merklich von einander verschieden
sind, sich auch äusserlich von einander unterscheiden. Eine Art der Verfälschung entzieht
sich aber leicht der unmittelbaren Beobachtung, nämlich die künstliche Ausfüllung der
von den jungen Insekten erzeugten Bohrlöcher und des Wurmfrasses; es erscheinen
solche Gallen in der angeregten Beziehung nicht verdächtig und es kommt erst diese
Verfälschung beim Zerschneiden der verdächtigen Gallen zum Vorschein, indem die
Ausfüllungsmasse nicht das ganze Loch bis in das Innere des Gallapfels ausfüllt, sondern nur die äussere Oeffnung zudeckt. Auch bereits ausgelaugte gute Gallen werden
mit frischen vermischt; die hierdurch entstandene aufallend lichte Färbung pflegt man
durch künstliche Färbung zu decken, allein die Wage weist nach, dass diese Gallen
im Vergleich zu anderen Gallen gleicher Grösse und gleicher Farbe erheblich leichter
sind; das leichtere Gewicht ist aber die Folge des Auslaugens. —

In Konstantinopel handelt man die levantischen Gallen nach Uebereinkunft frei an
Bord, in Triest, Oedenburg, Pesth etc. die ungarischen nach dem Wiener Centner à 100
Pfund. Dasselbe gilt von den Knoppern.

27. Knoppern. *Galles à bonnet. Acorn galls.*

Es sind dies die auf gleiche Weise wie die Galläpfel entstandenen Pflanzen-Aus-
wüchse, jedoch nicht am Blattstiel, sondern an dem Fruchtkelche und zwar von *Quercus pedunculata* (Stieleiche) und von *Quercus Cerris* (Cereiche), erzeugt durch den Stich
von *Cynips Quercus calycis*, einem zur Ordnung der Hautflügler gehörigem Insekt, dessen Eigenschaften im Wesentlichen mit denen von *Cynips Quercus folii* übereinstimmen.
Die Spezies *Q. pedunculata* und *Q. Cerris* gehören zur Familie der Cupuliferen und
haben folgende Eigenschaften: *Q. ped.*: Blätter kurz gestielt, länglich, Blüthen auf 1
bis 3 Zoll langen Blüthenstielen sitzend, Früchte walzlig, lang gestielt, in vielen Gegenden Europas. *Q. Cerris* s. unter Galläpfel.

Wenn jene Gallwespe die Galläpfel dadurch erzeugt, dass sie ihre Stiche auf den
Zweigen und Blattstielen von *Q. infectoria* anbringt, so erzeugt diese Gallwespe die
Knoppern dadurch, dass sie, wie schon angegeben, den Kelch der Blüthen
auf den genannten Eichen mit ihrem Stachel verwundet. Mit der Entwicklung der
Blüthe zur Frucht bildet sich gleichzeitig auch der Auswuchs (die Knopper) an der
Frucht aus, sodass später entweder ersterer aus der Frucht herausgewachsen zu sein
scheint oder dieselbe ganz umschliesst; anfangs ist die Farbe der Knoppern grasgrün,
dann gehen sie ins lauchgrüne über und werden zuletzt, trocken geworden, gelblichbraun. Vaterland der beiden genannten Eichen, des Insektes und folglich der Knoppern selbst sind Ungarn, Slavonien, Krain, Mähren, Griechenland, Korfu, Cephalonia

und andere Inseln des griechischen Archipelagus. In den Monaten September und October fallen die Knoppern von den Bäumen; da werden sie rasch gesammelt; denn bei längerem Liegenlassen werden sie leicht feucht und gar bald braun, mit welcher Farbeveränderung gleichzeitig auch Verschlechterung der Knoppern verbunden ist.

Die Knoppern sind von unregelmässiger Gestalt, grösser als Galläpfel, unförmlich, eckig, stachlig, hart, spröde und gelbbraun. Sie enthalten gegen 25—30% Gerbsäure; ausserdem enthalten sie Gallussäure, einen fahlen Farbstoff, Gummi, Stärkemehl, Extractivstoff und pflanzen- und mineralsaure Kali- und Kalksalze etc. Gegen Reagentien verhält sich eine Abkochung von Knoppern fast ganz so wie Galläpfeldekokt; daher sind die Knoppern in den Färbereien ein willkommenes und wohlfeileres Surrogat für Galläpfel als Seerose und Bablah, und werden theils für sich allein theils in Verbindung mit Blauholz oder Rothholz oder Querzitron gebraucht, um mit Thonerde- oder Eisenmordant imprägnirte Stoffe oder Garne oder mit anderen Beizen angesottene Wollstoffe in den verschiedensten Nüancen in Grau zu färben. Mit gleichem Vortheile werden sie in südeuropäischen Ländern z. B. in Ungarn, Dalmatien, Italien zum Gerben angewendet; zu diesem Zwecke werden sie zuvor auf den sogenannten und eigends dazu eingerichteten Knoppernmühlen bis zur Feinheit des groben Pulvers gemahlen und als Knoppernmehl verkauft; dieses Mehl leistet auch nach seiner Anwendung als Gerbematerial auf dem Feld als Düngemittel sehr gute Dienste. Häufig verfälscht mit Sand.

Von den im Handel vorkommenden Sorten sind nur die ungarischen und levantischen Knoppern genau bekannt, die übrigen ebenfalls nach ihrem Vaterlande benannten Sorten kommen wenig auf den ausländischen Markt, sondern finden ihre Verwerthung im eignen Lande; von ihrer Beschaffenheit lässt sich daher etwas Genaueres mit Bestimmtheit nicht sagen. Gute ungarische Waare ist gross, voll, fleischig, vollkommen trocken, nicht durchbohrt, ohne Moder und Wurmfrass, von egaler brauner Farbe und jung; ältere Waare taxirt man geringer. Auf ihren Gehalt an Gerbstoff prüft man sie entweder auf chemischen Wege oder durch Probefärben; auf ihren Gehalt an fahlen Farbsoff bloss durch Probefärben. Verpackung in Säcke.

In Ungarn betreiben den bedeutendsten Handel mit Knoppern Pesth, Oedenburg und Fünfkirchen. Für den überseeischen Handel ist Triest der Hauptplatz.

Die im Handel vorkommenden levantischen Knoppern sind Ackerdoppen, worunter man die Fruchtschaalen der in der Levante, Spanien, im südl. Frankreich wachsenden Zigenbart- oder Knopperneiche (*Quercus Aegylops*) zu verstehen hat. Sie messen 2 Zoll im Durchmesser, aussen mit grossen, spitzigen, lichtbraunen, glänzenden Schuppen, inwendig mit einer wolligen Substanz überdeckt. Zuweilen enthalten sie auch noch die Eichel, die sie aber dann ganz einschliessen. Sorten sind 1) die smyrnaischen, die weiter a) in *Camota* und b) in *Andante* sortirt sind; erstere kommen sehr selten, letztere öfter im Handel vor; die beste Sorte ist *Camota*. 3) *Morea*, ebenfalls in verschiedenen Qualitäten a) *Braccio di Maina*, dem *Andante* mindestens gleich geschätzt, b) *Missolunghi*, eine weniger geschätzte Qualität. Bezogen über Triest, Livorno, Genua, Marseille. Verpackung in Säcken. Verwendung zum Gerben und Färben.

Knoppernextract.

Eine dunkel aschgraue, harte und spröde Masse von muschligem Bruche und fettigem Glanze, die im heissen Wasser um so leichter sich und ohne Rückstand auflöst, je reiner sie von absichtlich zugesetzen fremdartigen, schwer auflöslichen Körpern ist,

und je grössere Sorgfalt man auf ihre Darstellung verwendet hat; es beruht aber dieselbe ganz auf denselben Principien, wie die Darstellung des Roth- und Blauholz- sowie anderer Extracte, nämlich auf Auskochung der gestossenen Knoppern und Eindam-
pfung des erhaltenen Dekoktes bis zu dem Grade der Konsistenz, dass sie während
der Abkühluug erstarrt. Da durch den Auskochungsprozess auch nicht lösliche Substanzen aus den Knoppern mechanisch in das Extract mit übergehen, so erklärt es
sich, wie es kommt, dass nach Auflösung des Extractes ein Rückstand unlöslich zurückbleibt. Ein praktischeres Verfahren, Knoppernextract darzustellen, hatte sich der Fabrikant E. Lang in Regensburg patentiren lassen und zwar für den Bereich des König-
reichs Baiern; im Kunst- und Gewerbeblatt für Baiern ist es auf folgende Weise beschrieben: die rohen Knoppern werden zu nicht zu feinem Mehl gemahlen, mit heissem Wasser tüchtig besprengt, so zwar, dass die Flüssigkeit abzulaufen droht. Um
der Feuchtigkeit mehr Eingang zu verschaffen, ist es nöthig, das aufgeschüttete Knoppernmehl nach jedem Uebersguss wieder umzuschlagen. Ist dies nun geschehen, so
bleibt die Masse **30—36** Stunden liegen, um die Feuchtigkeit recht an sich zu ziehen
und um den Gerb- und Farbstoff aufzulösen. Hierauf wird das so beschaffene Mehl
auf eine hydraulische Presse gebracht und durch die Kraft dieser Maschine der sämmtliche Farbstoff ausgepresst. Das ausgepresste Produkt kommt nun auf den Kessel, in
welchem es bis zu dem Grad eingedickt wird, dass alle wässrigen Theile entfernt sind.
Diese sehr einfache Manipulation schliesst mit der Trocknung des Extractes auf mit
Matten, Stroh und Leinwand bedeckten Stellagen, wo die Waare so lange liegen bleibt,
bis sie sich von selbst in kleine Stückchen zerbröckelt, in welcher Form dieselbe in
Fässer verpackt zur Versendung gebracht wird. Diese Verfahrungsweise liefert bei
gutem frischen Rohmaterial $53-56^0/_0$ Extract. — Der Färber taxirt den Werth des
Extractes nach der Grösse des unlöslich zurückbleibenden Bodensatzes, sowie nach der
Menge Zeug, die er mit einem gewissen Gewicht des Extractes satt zu färben vermag
und nach der Beschaffenheit der erhaltenen Farbe. Es ist natürlich, dass das Extract
um so besser ist, ein je besseres Material man zur Darstellung des Extractes ange-
wendet hat. In gleichen Gewichtstheilen verhält sich die Färbungsfähigkeit des guten
Extractes zu den Knoppern wie **3 : 1**; die Feststellung dieses Verhältnisses aber erfolgt
durch Probefärben und zwar nach dem einfachen Principe, dass **1** Pfund Extract ein
Stück mit Eisenmordant imprägnirten Kattun ebenso dunkel färben muss als **3** Pfund
Knoppern, selbstverständlich bei ganz gleicher Behandlungsweise; fällt nun die mit
Extract erhaltene Farbe lichter aus, so ist das Extract auch farbstoffärmer und zwar
beispielsweise um ein Drittheil, wenn die Farbe so licht ist, wie diejenige, welche
man erhält, wenn man **2** Pfd. Knoppern zum färben eines Stückes Kattun in Anwen-
dung gebracht werden. Unter Mitanwendung von Blauholzabkochung erhält man mit
Knoppernextract namentlich ein schönes Schwarz. —

H. Farbstoffe durch Oxydation mittels der Salpetersäure aus vegetabilischen Stoffen.

28. Pikrinsäure (Pikrinsalpetersäure).

Diese für die Wolle- und Seidenfärberei wichtige Säure wurde bereits von Haus-
mann im Jahr **1788** entdeckt, aber in der neuesten Zeit erst von Quinon in den französischen Färbereien als Farbematerial eingeführt. In der Färberei benutzt man diese

Säure zur Erzeugung von gelben und grünen Farbetönen auf Wolle und Seide; die gelben Töne sind zwar sehr schön, doch leider nicht fest, sodass schon einfaches Waschen nach dem Färbebad der Fülle und dem Glanz der Farbe erheblichen Eintrag thut. Auf Wolle soll man das Gelb dadurch fester machen, dass man die Stoffe zuvor mit Weinsteinsäure ansiedet. Gelb färbt man aus Pikrinsäure auch in Gemeinschaft mit Gelbholz, Orlean, Kurkuma. Häufiger benutzt man die Pikrinsäure zur Darstellung von Grün mit Hülfe von Indigo, welches sehr schön ist, sowie zur Erzeugung von zarten Uebergangsfarben, die man mit Querzitron oder Gelbholz vorgefärbt hat und zwar namentlich auf Stickgarne z. B. Zephyrwolle, weniger auf Zeuge. —

Bezüglich ihrer Darstellungsweise giebt es verschiedene Vorschriften, so schreibt z. B. E. Lea (Silliman's *american Journal*) folgendes Verfahren vor: 5 Unzen australisches Gummi, klein gestossen, werden mit 12 Unzen Salpetersäure von 1,42 sp. Gw. übergossen; sobald als die Salpetersäure einzuwirken beginnt, was plötzlich geschieht, werden noch 25 Unzen Wasser hinzugegossen; hierauf wird das Ganze während zwei Stunden gelinde erhitzt, wobei man ein wenig kaltes Wasser zusetzt, falls die Flüssigkeit überzusteigen droht; nach und nach treibt man die Hitze bis zu 80° und kocht bis auf die Hälfte ein. Indem nun von Neuem 4 Unzen Salpetersäure zugesetzt werden, kocht man von Neuem wie das erste Mal ein, setzt noch einmal 4—7 Unzen Säure zu und kocht aber diesmal bis auf 4 Unzen ein. Hierauf lässt man erkalten, wobei die Pikrinsäure in Gestalt eines festen Kuchens erstarrt; dieselbe wird nur in mit wenig Schwefelsäure angesäuertem Wasser gelöst, dann filtrirt, an Kali gebunden, das erhaltene Kalisalz zum Krystallisiren gebracht und endlich dieses mittels Salzsäure zerlegt, wobei man die Pikrinsalpetersäure rein erhält. Ein anderes, namentlich für Zwecke der Färberei recht praktisches Verfahren schreibt Kolbe vor: nach ihm wiegt man sich zunächst eine bestimmte Menge Salpetersäure von 1,33 sp. Gw. ab, erwärmt dieselbe in einer Porzellanschale bis auf + 60° und tröpfelt, nachdem man sie vom Feuer gebracht hat, langsam ein Drittheil ihres Gewichtes Kreosot hinein, denn die Entwicklung von salpetriger Säure und Kohlensäure, die mit jedem hineinfallenden Kreosottropfen stattfindet, bewirkt starkes Aufschäumen, Umherspritzen und beträchtliche Temperaturerhöhung und will desshalb gern übersteigen, was man aber durch Zusatz von einigen Tropfen kalter Salpetersäure verhindern kann. Hat man endlich das ganze Kreosot mit der Salpetersäure vermischt, so gibt man noch eine gleiche Menge Salpetersäure zu, als man anfangs verbraucht hatte, und treibt nun das Ganze allmählig in die Siedehitze. Man dampft von da ab das Fluidum vorsichtig und allmählig bis zur Syrupskonsistenz ein, so dass dasselbe beim Erkalten zu einem weichen Harzkuchen erstarrt; in diesem Zustande enthält der letztere Pikrinsäure, Salpetersäure und Harz. Diesen Harzkuchen wäscht man zunächst mit kaltem Wasser aus, hierauf behandelt man ihn wiederholt mit kochendem Wasser, filtrirt die Fluida, vereinigt sie mit einander und versetzt sie hierauf mit verdünnter Schwefelsäure (1 Th. Schwefelsäure, 1000 Th. Wasser), welches die Abscheidung des etwa mit aufgelösten Harzes zur Folge hat. Man filtrirt nun die überstehende Auflösung der Pikrinsäure ab und dampft sie allmählig zur Krystallisation ab. Auch durch Behandlung mit Steinkohlentheer, Aloe, Benzoe, Mastix, Indigo etc. mit Salpetersäure wird Pikrinsäure erhalten. — Um sie zu reinigen, ist es nothwendig, sie zunächst aus einer wässrigen Auflösung noch einmal krystallisiren zu lassen, dann mittels Aetzammoniak zu neutralisiren und nun das Salz durch Salzsäure zu zersetzen, welches die krystallinische Abscheidung der Pikrinsäure zur Folge hat. Die Pikrinsäure krystallisirt ungestört in citronengelben,

rhombischen Octaedern, die in Alkohol und Aether, sowie in kockendem Wasser sich
leicht auflösen, in kaltem Wasser aber schwer löslich sind; die Auflösung ist von gelber Farbe, ist giftig und reagirt sauer, $=C_{12}H_3N_3O_{14}$; für gewöhnlich aber kommt sie theils
als gelbes, krystallinisch-blättriges Pulver, theils als eine teigartige Masse, die durch
konzentrirendes Einkochen der Lösung und nachheriger Erkaltung der Masse erhalten
worden ist, im Handel vor. Verpackung theils in Flaschen, theils in Kistchen von sehr
unterschiedlicher Grösse und verschiedenem Gewicht. —

Verfälscht wird die Pikrinsäure zunächst mit S a l p e t e r; derselbe erhöht zwar die
gelbe Farbe der Säure, allein beeinträchtigt ihren Farbewerth. Die Prüfung der Pikrinsäure auf Salpeter ist einfach, da Weingeist diese Säure auflöst, nicht aber zugleich
den Salpeter; setzt man daher zu einer Pikrinauflösung wenige Tropfen Weingeist, so
entsteht sofort eine Trübung, welche die Gegenwart des Salpeters anzeigt. Will man
genauer verfahren, so schlägt man folgenden Weg ein: Man nimmt eine Quantität von
5 Gr. Pikrinsäure und digerirt diese in erhöhter Temperatur mit dem 5—10fachem Gewicht
Alkohol und filtrirt dann die alkoholische Lösung von dem Rückstande ab; diesen wäscht
man dann auf dem Filter mit warmem Alkohol aus und zwar so lange, bis derselbe
fast farblos abläuft. Wird dann das Filter sammt dem Rückstand bei $+ 100^0$ getrocknet, und das vorher bestimmte Gewicht des Filters von dem Gesammtfilter abgezogen,
so hat man gleich die Quantität des Verfälschungsmittels gefunden. Will man sich
nun von der Gegenwart des Salpeters überzeugen, so reicht es hin, das gefundene
Verfälschungsmittel zu trocknen und auf glühende Kohlen zu werfen; entsteht eine
Verpuffung, so kann man fast mit Gewissheit auf Salpeter schliessen, da man kaum
ein anderes Salz, als dieses zur Verfälschung der Pikrinsalpetersäure anwenden wird.
Vollkommne Gewissheit freilich erhält man nur durch die chemische Analyse. Man
verfälscht aber auch die Pikrinsalpetersäure mit Glaubersalz (schwefelsaures Natron);
die Prüfung auf dieses Salz erfolgt wie auf Salpeter, oder man tröpfelt zu einer Probe
der zu untersuchenden Säure eine Wenigkeit einer Auflösung von salzsaurem Baryt
und beobachtet, ob sich eine weisse Trübung bildet, die alsbald in Gestalt eines weissen schweren Niederschlages sich auf dem Boden des Gefässes ablagert; geschieht
dies, so ist die Gegenwart der Schwefelsäure unzweifelhaft 'und damit höchst wahrscheinlich auch die Gegenwart des Natron; denn es hat sich wenigstens immer die Gegenwart von Natron durch die chem. Analyse herausgestellt, wenn zuvor Schwefelsäure
gefunden worden war. Man verfälscht ferner die Pikrinsäure durch Zucker. Ein für
den Fabrikanten leicht ausführbares wenn auch nicht ganz zuverlässiges Verfahren
denselben nachzuweisen ist folgendes: Man fügt zu einer gewissen Menge der zu untersuchenden Pikrinsäure soviel kohlensaures Kali, bis die Säure vollkommen gesättigt
ist. Man dampft hierauf das pikrinsaure Salz im Wasserbade recht vorsichtig bis zur
Trockne ein und digerirt nun den Rückstand mit starkem Alkohol, welcher den Zucker
nicht aber das pikrinsaure Salz aufnimmt. Dampft man nun diese alkoholische Flüssigkeit bis zur Trockne ein, so muss ein süsslich schmeckender Rückstand bleiben,
wenn man Zucker als Verfälschungsmittel angewendet hatte. Die Verfälschung der
Pikrinsäure mittels harzartiger Körper oder auch Oxalsäure mag seltner vorkommen; auch
ist es zweifelhaft, ihre Gegenwart in der Säure als eine Verfälschung zu definiren, da
erstere von der Pikrinsäure selbst abstammen können, wenn man sie durch Behand·
lung harzartiger Körper mittels Salpetersäure gewonnen hat, letztere hingegen sehr
häufig bei Oxydationsprozessen, die durch die Salpetersäure eingeleitet werden, sich

gleichzeitig mit bildet und recht wohl in die Pikrinsäure gelangen kann, wenn die Darstellungsmanipulationen nicht mit Erfahrung und Sorgfalt geleitet werden.

Die Pikrinsäure kann aus chemischen Fabriken, welche mit Darstellung von Farbewaaren sich beschäftigen, wofern es der Konsument nicht vorziehen sollte, sie selbst zu bereiten, bezogen werden. Verpackung s. oben.

I. Farbstoffe aus dem Anilin durch Oxydation mittels chromsaurem Kali und Schwefelsäure.

29. Anilein.

Man verwechselt gemeiniglich Anilein und Anilin mit einander und doch ist zwischen beiden insofern ein Unterschied, als Anilin nur das Material ist, aus welchem erst durch Einwirkung von oxydirenden Mitteln z. B. von chromsaurem Kali und Schwefelsäure das Anilein erzeugt wird.

Es wird für die Zwecke der Gewerbsindustrie aus dem schweren Steinkohlentheeröl gewonnen, von dem es einen Bestandtheil ausmacht; für andere Zwecke kann es aber auch aus dem Indigo durch Behandlung desselben mit Kalihydrat, aus anthranilsauren Salzen, wenn man sie der trocknen Destillation unterwirft, aus Nitrobenzid, wenn man dasselbe mit Schwefelwasserstoff behandelt etc. gewonnen werden. Um das Anilin aus dem schweren Steinkohlentheeröl zu erhalten, schüttelt man dasselbe zunächst mit konzentrirter Salzsäure, nimmt mittels eines Hebers die schwerere salzsaure Flüssigkeit unter dem Oel weg, filtrirt dieselbe und destillirt sie über Kalkhydrat in einem kupfernen Destillirapparat; was in die Vorlage übergeht, ist ein Gemisch aus Ammoniak, Anilin, Picolin und Chinolin. Man löst nun dasselbe wieder in Salzsäure auf, zerlegt es durch Kalihydrat, nimmt das auf der Oberfläche sich ansammelnde Oel weg und unterwirft es einer fraktionirten Destillation, wobei im Anfange fast reines Anilin übergeht. Um das Anilin endlich rein zu erhalten, löst man es in einer heissen alkoholischen Lösung von Oxalsäure auf, aus welcher Auflösung während der Abkühlung oxalsaures Anilin in Form von feinen nadelförmigen Krystallen sich abscheidet; das Salz wird durch ein Alkali zersetzt, das ausgeschiedene Anilin durch Kalihydrat entwässert und hierauf vermittels der Destillation rein erhalten.

Das Anilin hat folgende Eigenschaften: farblose irisirende Flüssigkeit von 1,02 sp. Gw. von angenehm aromatischem Geruch, von brennendem aber gewürzhaftem Geschmack, die selbst noch bei — 20^0 R. flüssig bleibt; bei $+ 182^0$ siedet sie, erzeugt auf Papier vorübergehend Fettflecke, bläut geröthetes Lakmuspapier nicht, verbrennt mit rusender Flamme und löst sich leicht in Holzgeist, Aether, Alkohol, in fetten und ätherischen Oelen; wenig löslich in Wasser; $= C_{12}H_7N$. Mit Sauerstoffsäuren gibt es Anilinsalze, die meist geruch- und farblos sind und an feuchter Luft rosenroth werden; in Wasser meist unlöslich, dagegen in Alkohol leicht löslich.

Aus diesem Anilin soll nun nach einem Berichte Calverts über das Patent von Parkins (betr. die Darstellung des Anileins) dasselbe auf folgende Weise gewonnen werden: Schwefelsaures Anilin wird in Wasser aufgelöst und hierauf die Schwefelsäure dieses mit einer hinreichenden Menge von zweifach chromsaurem Kali gesättigt; das Gemisch lässt man ungefähr 12 Stunden in Ruhe, während welcher Zeit man einen braunen Niederschlag erhält, den man filtrirt, hierauf in Steinkohlentheeröl wäscht und nun in Holzgeist auflöst; diese Auflösung, welche von schöner, intensiver violett röthlich brauner Farbe erscheint, ist das Anilein.

Um damit zu färben, giesst man eine entsprechende Quantität davon in einen mit
Wasser bestellten Kessel, siedet vorher die Wollestoffe mit Weinsteinsäure an und behandelt
hierauf jene unter allmähliger Steigerung der Temperatur in dem Färbebad so lange,
bis die Farbe so erscheint, wie man sie haben will. Das Ansieden kann auch weg-
bleiben, es reicht hin ein wenig Weinsteinsäure in das Farbebad gleich mit hinein zu
geben. Nach $\frac{1}{4}$ Stunde ist die Farbe beendigt. Da das Anilein die Stelle der Orseille zu vertreten geeignet ist, indem es röthlich violettblaue Töne erzeugt, so bezieht
sich die Anwendung des Anilins ebenso auf die Schönung vorgefärbter brauner Grund-
töne, als auf die Erzeugung selbstständiger violetter Farben, wie man sie mit Orseille
darzustellen im Stande ist. Die Anilinfarbe verhält sich gegen Luft und Licht sowie
gegen Säuren ungemein fest. Werden die Preise des Anilins später einmal erheblich
herabgestiegen sein, so unterliegt es keinem Zweifel, dass das Anilein häufiger noch
zur Darstellung des selbstständigen Anilein-Violettblau, das durch seine Schönheit ausgezeichnet ist, in grosser Menge verbraucht werden wird. Ausser in der Färberei ist
das Anilein auch zur Anfertigung von violettblauen Druckfarben auf Wolle, Baumwolle
und Seide zu verwenden, wenn man Eiweiss als Verdickungsmittel anwendet; nach anderen Angaben soll auch Gummi sich als solches eignen.

In *Newtons London Journal No. XL. 357* wird die Bereitungsweise des Anileins
und die Art, damit verschiedene Farben auf Stoffe zu erzeugen, folgender Weise beschrieben: Es wird zu einer gesättigten Auflösung von Anilin in Wassers eine gleiche
Quantität Essigsäure zugesetzt; dieser Anilinsalzlösung wird eine weitere Lösung von
Chlorwasser oder etwas unterchlorigsaurem Kalk beigefügt, wodurch ein Wechsel der
Farbe stattfindet und sich eine klare färbende Flüssigkeit (das Anilein) von bräunlich-
rother Farbe bildet. Durch grössere oder geringere Mengen, oder durch grössere oder
geringere Konzentration der angewendeten Substanzen lassen sich verschiedene Schattirungen jener Flüssigkeit hervorbringen. Die auf diese Weise erhaltene färbende Flüssigkeit dient, wenn sie unmittelbar in Anwendung genommen wird, zum gewöhnlichen
Blaufärben; wird sie dagegen längere Zeit aufbewahrt, so färbt sie die Stoffe Purpur
und Lila. Nach der Erschöpfung derselben im Farbebad durch die dunkelsten Farben,
in Blau, Violett und Lila geht sie, bei fernerer Hinzufügung von mehr oder weniger
Chlorine oder unterchlorigsaurem Kalk zum Bade, nach und nach ins Schiefergrau,
Braun, Strohgelb u. s. w. über. Bei der Bereitung darf die letztere Substanz nur in
kleinen Quantitäten beigegeben werden, bis man die verlangte Schattirung der Farbe
erhalten hat.

Eine der geeignetsten Vorschriften, um diese verschiedenen Farben der Flüssigkeit
hervorzubringen, ist folgende: Man nimmt einen Theil gesättigte Anilinlösung in Wasser, einen Theil Essigsäure und einen Theil unterchlorigsauren Kalk. Durch die Zu-
gabe des letztern in grössern oder geringeren Mengen wird die Tiefe oder Abschwäch-
ung der Schattirungen des Violettblau regulirt und muss aus diesem Grunde mit Vorsicht zugegeben werden. Nach einer Weile geht diese Farbe in Lila über, dessen
dunklere oder lichtere Tinten durch die Mischungsverhältnisse des unterchlorigsauren
Kalkes und des Wassers bedingt sind. Anstatt der unterchlorigsauren Kalklösung kann
in die Flüssigkeit unter sorgfältiger Ueberwachung des Mischungsprocesses auch Chlorgas geleitet werden, bis der gewünschte Effect in den oben angegebenen Nüancen erreicht ist.

In grosser Menge wird Anilein in London von einer Fabrik erzeugt, deren Firma
uns nicht bekannt ist; das im Handel vorkommende Anilein ist daher zumeist englisches; un-

sers Wissens soll es gegenwärtig aber in Berlin fast von gleicher Farbeintensität erzeugt werden, wie denn deutsche Farbewaaren-Fabriken die Aufgabe Anilein von preisswürdiger Qualität darzustellen, mit solcher Energie in die Hand genommen haben, dass die Lösung derselben in Bälde nicht zweifelhaft erscheint. Neben dem englischen Anilein beginnt bereits das deutsche (berliner) Conkurrenz zu machen; dasselbe gilt auch von Frankreich und der Schweiz. Probesendungen gewöhnlich in blechernen Büchsen à 1 Pfund, auf Bestellungen in Büchsen bis zu 10 Pfund und darüber. Verpackung der Büchsen in hölzernen mit Sägespähnen ausgefütterten Kisten.

Fucsin, Rosalin sind Bezeichnungen für eine besondere Modifikation des Anileins, deren besondere Eigenthümlichkeit auf ihrer karminrothen Farbe beruht; man kann mit ihr in derselben Weise Stoffe in allen Nüancen rosa färben, oder aus ihr Rosadruckfarben bereiten, wie dies mit Anilein bezüglich des Blauvioletts der Fall ist. Die Flüssigkeit reagirt etwas sauer, doch bleibt es dahin gestellt, ob die Säuren das einzige angewandte Mittel sind, die blaue Farbe des Anileins ins Karminrothe hinüber zu treiben. Verpackung und Versendung wie Anilin.

Als Ersatz des Fucsins wird ein aus Orseille bereitetes Präparat in den Handel gebracht, welches den Namen Orchelline führt. Dasselbe eignet sich sowohl zum Färben als zum Drucken und liefert ein so ächtes Violet, dass selbst Tischessig dasselbe nicht angreift. Zum Färben wird es gewöhnlich mit einer gleichen Quantität Oxalsäure gekocht und der Mischung etwas Ammoniak zugesetzt; die erhaltene Flüssigkeit kann dann, indem man soviel von ihr zum Färbebad giesst, als nöthig ist, zur Herstellung verschiedener Nüancen mit Safflor, oder zur Schönung anderer Farben benutzt werden, was der Färber bei der gewöhnlichen Cudbeárefarbe mit gleicher Berechtigung nicht kann, weil Cud-Beáre keiner Säure widersteht. Es ist von pulvriger Beschaffenheit und dunkel röthlichbrauner Farbe. Versendung in Fässern nach Bestellung. Wird aus Frankreich bezogen, aber auch in deutschen Fabriken dargestellt.

Für Orchelline wird ferner ein Farbstoff als Ersatz im Handel gebracht, welches den Namen *Pourpoure francaise* führt; äusserlich hat es Aehnlichkeit mit Garancin und wird wie Orseille und Persio mittels Beizen auf Stoffe gefärbt.

Zum Schluss erwähnen wir noch eines neuen Farbstoffes, der seiner Abstammung nach eigentlich nicht hierher gehört; er stammt nämlich von der Querzitron und führt den Namen *Bi Quercitrique*, ein gelbes Pulver, welches sich zum Farbewerth der Querzitron wie 4 : 1 verhält. Es kommt aus Amerika und wird über Manchester bezogen. Da über die Darstellungsweise dieses Präparates etwas Näheres nicht zu erfahren war, so bleibt es dahingestellt, ob es nicht vielleicht mit Flavin intendisch ist.

Das sogenannte *Flower-Wood* (Blumenholz) ist ein Rothholzpräparat, welches sich zum Rothholz genau so verhält, wie das Garancin zum Krapp. Aeusserlich hat es mit dem Garancin auch die grösste Aehnlichkeit und wird über Hamburg aus England bezogen. In deutschen Fabriken wird es unsers Wissens noch nirgends dargestellt. Ueber die Darstellungsweise dieses Präparates sowie über dessen Farbewerth haben wir bisher nichts Bestimmtes erfahren können; Verpackung in Fässern nach Bestellung. Endlich gedenken wir noch des unter dem Namen Dahlia-Pulvers neu erfundenen Farbepräparates; es ist pulverförmig von brauner Farbe, zum Färben von Violett auf Wolle und Seide bestimmt, wozu es ohne allen Zusatz verbraucht werden kann. Fabrikation desselben, sowie das Rohmaterial, woraus es gewonnen wird, sind Geheimniss. Es ist glaublich, dass es ein Orseillepräparat ist.

Im Verlage von **Gebhardt und Reisland** in Leipzig ist erschienen und durch
alle soliden Buchhandlungen zu beziehen:

Encyklopädie

der

chemisch-technischen Wissenschaften.

Im Verein mit Gelehrten und Praktikern herausgegeben von
Dr. **Th. Kerndt,**
Docent der Technologie und Chemie an der Universität Leipzig etc.

Heft I.

Oele und Fette des Pflanzen-, Thier- und Mineralreichs.
Mit zwei Tafeln in Steindruck.

Dieses erste Heft der chemisch-technischen Wissenschaften ist von Herrn Dr. Carl
Stammer, einem technischen Chemiker guten Rufes, bearbeitet worden und führt den
besonderen Titel:

> **Die Oele und Fette des Pflanzen-, Thier- und Mineralreichs, ihre Gewin-**
> **nung und Benutzung nach dem neuesten Standpuncte der Theorie und Pra-**
> **xis; von Dr. Carl Stammer.**

Nachdem der gewandte Herr Verfasser die allgemeinen Eigenschaften der Pflan-
zenfette und Oele, deren Vorkommen, technische Gewinnung und Reinigung sorgfältig
behandelt hat, schildert er vorzugsweise im Interesse des Seifen- und Kerzenfabrikan-
ten die thierischen Fette und beschreibt die neuesten Methoden der Darstellung von
Kerzen, Maschinenschmieren und Firnissen, desgleichen die Benutzung der hierbei fal-
lenden Nebenproducte, indem die sorgfältigen Zeichnungen in Steindruck wo nöthig
als Stütze dienen.

Im zweiten Theile, welcher von den Oelen und Fetten mineralischen Ursprungs
handelt, ist die zur Tagesfrage gewordene Destillation des Torfes, bituminösen Schiefers,
der Stein- und Braunkohlen überaus klar, umfassend und parteilos erörtert worden,
wie dies in gleich werthvoller Weise bis jetzt in keinem Werke der Fall war. An die
Grundprincipien des Gewinnungsprocesses der Rohmaterialien schliesst sich die Besprechung der verschiedenen Methoden, z. B. von Young, Brown, Warren de la Rue, Bell-
ford, Wagemann, Vohl u. s. w., nach welchen Paraffin, Mineralöl, Maschinenöl u. s. w.
vortheilhaft erzeugt werden kann.

Im dritten Theile wird der Werth der Fette und Oele besprochen und die Resultate der verschiedenen Versuche über Leuchtkraft, sowie die verschiedenen Prüfungsmethoden der Fettkörper geschildert.

Heft II.

Die Farbewaaren in Beziehung auf ihre Abstammung, Bestandtheile, Eigenschaften, technische Anwendung, Prüfung und merkantilischen Vertrieb, für Farbewaarenhändler, Droguisten, Apotheker, Chemiker und Färber

von

Dr. A. Lachmann.

Wir empfehlen dieses 2. Heft der Encyklopädie, welches soeben die Presse verlassen wird, allen denjenigen Männern, die in theoretischer oder in praktischer Hinsicht es mit den Farbewaaren zu thun haben. Jedes Heft unserer Encyklopädie wird auch einzeln abgegeben.

Empfehlende Ausstattung in Bezug auf Papier, Druck und Zeichnungen charakterisiren die Encyklopädie der chemisch-technischen Wissenschaften, welche der als hervorragender Techniker allgemein bekannte Herausgeber der Polytechnischen Centralhalle im Verein mit Gelehrten und Praktikern als ein höchst zeitgemässes Werk herauszugeben unternommen hat.

Gebhardt und Reisland.

"Es ist ohne Zweifel ein glücklicher Gedanke gewesen, bei Herausgabe dieser in den ersten Stadien ihrer Entwicklung begriffenen Enzyklopädie insofern von der inneren Einrichtung anderer gleichartiger Werke abzuweichen, als in ihr nicht einzelne Artikel im bunten Durcheinander, sondern freie Hefte, die das Bereich eines ganzen Industriezweiges auf einmal umfassen, in Gestalt für sich abgeschlossener Teile der Enzyklopädie auf einander folgen.
Wer die grosse Wichtigkeit der Farbewaren für die Gewerbsindustrie kennt, dem wird es nicht auffallen, dass ihnen in einem der ersten Hefte der Enzyklopädie ein Platz eingeräumt worden ist; nur musste dem Fortschritt, der mit der Zeit auch im Bereich dieser Waren sich geltend gemacht hat, gebührende Rechnung getragen werden und das Aufnahme in die Farbewarenkunde finden, was in den technischen Journalen als wertvolle neuere Erfindungen, als wichtige Resultate gewissenhafter Forschungen niedergelegt ist."

Dieses Buch über die Farbewaren in Beziehung auf ihre Abstammung, Bestandteile, Eigenschaften, technische Anwendung, Prüfung und merkantilischen Vertrieb für Farbewarenhändler, Drogisten, Apotheker, Chemiker ist ein unveränderter Nachdruck der Originalausgabe von 1860.
Umfangreich werden die Farbstoffe aus dem Tierreich und aus dem Pflanzenreich dargestellt.

ISBN 978-3-95700-933-3

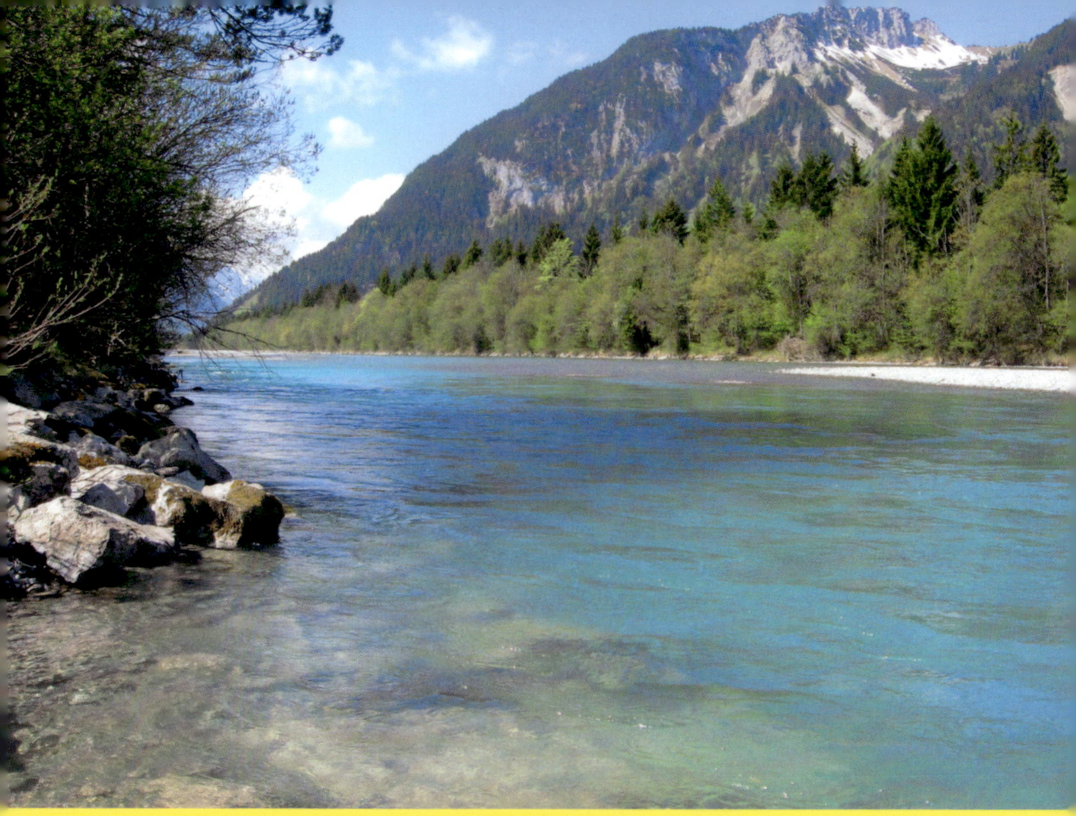

Ludwig Distel

Die Formen alpiner Hochtäler

insbesondere im Gebiet der Hohen Tauern und ihre Beziehungen zur Eiszeit

Verlag der Wissenschaften

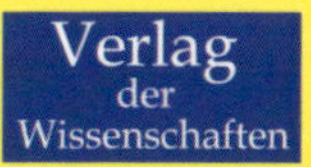